주요 금지급 과실파리 침입대비

위기 대응 매뉴얼(II)

김용균 · 김동순 · 박계청 · 한호연 공저

카람볼라과실파리

구아바과실파리

작은퀸즐랜드과실파리

남방고추과실파리

일본귤과실파리

홍릉과학출판사

머리말

국제 교역량 증가와 범세계적인 기후변화로 아열대성 해충인 금지급 과실파리류의 국내 침입 및 정착 가능성이 높아지고 있으며, 이러한 침입을 예측하고 대응하기가 점점 어려워지고 있다. 그러나 이러한 위험성에 대처하기 위해 여러 나라들이 정부 주관의 조직을 운영하면서 미리 마련된 대응프로그램을 가지고 훈련을 하고, 훈련과정에서 발견된 문제점을 수정하고 이를 기반으로 외래병해충 관리체계를 운영하고 있다. 실제 발생하였을 경우 이를 박멸하는 과정 동안 사전에 준비된 관리체계에서 발견된 문제점을 재수정하는 과정을 거쳐 보다 효율적으로 대처하고자 노력하고 있다.

이러한 시점에 본 저자들은 국내 검역 대상 금지급 과실파리 목록을 재정비하면서 10 종의 고 위해성 과실파리를 결정하였다. 이 가운데 5 종의 금지급 과실파리에 대해서 2017년에 외국 자료를 토대로 국내 현실에 맞추어 정리한 매뉴얼을 출간하였다. 이 매뉴얼에서는 오리엔탈과실파리, 지중해과실파리, 오이과실파리, 퀸즐랜드과실파리 및 복숭아과실파리에 대한 국내 침입 및 정착에 대해서 개별 종 별로 대처 매뉴얼을 작성하여 수록하였다. 금년(2018년)에 작성하는 매뉴얼은 이러한 작업의 후속적 성격으로 나머지 5 종의 금지급 과실파리에 대해서 대처 매뉴얼을 정리하게 되었다. 후속 매뉴얼에서는 카람볼라과실파리, 구아바과실파리, 작은퀸즐랜드과실파리, 남방고추과실파리 및 일본귤과실파리를 포함한다. 본 매뉴얼에서는 이들 금지급 과실파리류의 조기탐지를 위한 모니터링 기술, 발견 · 발생에 대한 사전준비, 위험평가의 신속 시행 및 과학적 지견에 근거한 해충 관리의 전체 과정을 수록하였다. 본 매뉴얼은 추후 이들 과실파리의 침입에 따라 기본 매뉴얼로 이용되지만, 경험을 통해 여러 현실적 한계를 극복하는 과정에서 본 매뉴얼의 수정은 불가피하다. 아무쪼록 본 책자가 금지급 과실파리를 대처하기 위한 한국형 매뉴얼을 구축하는 데 기본 지침서로 이용되기를 바란다.

2018년 12월 31일

저자 일동

차례

차례

차례

CHAPTER 02

차례

차례

차례

차례

차례

차례

차례

차례

차례

서론

농작물에 큰 피해가 우려되는 과실파리류는 과실파리상과(Tephritoidea)에 속하며 이는 모두 9 개의 과(Family)를 갖고 약 7,300 종의 종풍부도를 지닌 대형 분류군이다(Korneyev, 1999). 이러한 종 다양성은 분자계통분류 기법을 이용하여 이들 과실파리상과의 기원을 추적하면 최소 두 개의 단계통 분지를 포함하고 있는 것으로 나타내고 있다(Han and Ro, 2005). 이 가운데 가장 큰 종풍부도를 갖고 농작물에 경제적 피해를 주는 분류군이 과실파리과(Tephritidae)이며 여기에는 500 여 속, 약 4,400 종 이상이 포함되는 것으로 알려지고 있다(White and Elson-Harris, 1992; Norrbom et al., 1999). 그러나 과실파리과 신분류군들이 계속 추가되고 있으며, 분자 및 생태정보와 형태적인 분류형질들을 통합하는 새로운 계통학적 접근을 통하여 상위분류체계 및 각 종의 범위가 지속적으로 개정되고 있다. 예를 들어 오리엔탈과실파리 복합종(Bactrocera dorsalis species complex)은 오리엔탈과실파리를 포함한 유사종 85 종을 포함하며(Drew and Hancock, 1994; Clarke et al., 2005; Drew and Romig, 2013) 이들 가운데 5 종이 다식성 과실파리이다. 최근에 B. philippinensis Drew and Hancock은 B. papayae의 동종이명으로 처리되었다(Drew and Romig, 2013). 또 B. papayae는 B. invadens와 함께 B. dorsalis로 합쳐졌다(Schutze et al., 2015). 특히 생식호완성 분석 결과 B. invadens와 B. dorsalis는 임의교배가 가능하고, 자손의 성비, 성장 및 생식력에서 차이가 나타나지 않아 생물학적으로 동일종이라고 판명되었다(Bo et al., 2014). 이러한 종분류는 물론이고 속 수준에서도 분류 체계의 변화가 있어 Zeugodacus 속은 최근에 Bactrocera에서 분리되었다(Virgilio et al., 2015).

과실파리과에 속한 분류군 가운데 특히 6 개 속(Ceratitis, Anastrepha, Rhagoletis, Bactrocera, Zeugodacus, Dacus)의 과실파리가 농업적으로 중요한 해충군으로 분류된다. 물론 이들 속에 속한 과실파리 종들이 모두 해충은 아니다. 예를 들어, Bactrocera 및 Zeugodacus 속에 현재까지 651 개 종수를 포함하고 있는 것으로 알려지고 있는 데, 이들 가운데 약 50 종이 해충으로 분류된다(Vargas et al., 2015). 이들 과실파리과 해충 종들은 높은 침입력과 다식성으로 여러 과일과 채소를 가해하여 전 세계적으로 방제의 표적이 되고 있다. 이들의 피해가 양과 질적인 면에서 모두 막대하기에 과실을 생산하는 나라들은 특정 과실파리류가 발생하는 수출국들로부터 수입하는 물품에 대해서 완전방역처리를 요구하고 있다. 따라서 과실파리류 방제 개념은 밀도억제뿐만 아니라 완전박멸을 포함하는 방제 전략을 세우게 된다.

국내에서는 현재 검역본부에서 규정한 60 종의 금지해충 중에서 41 종(중복으로 확인된 1 종 제외)이 과실파리과에 속하는 분류군 들이다. 반면 관리해충으로 규정되어 있는 1,492 종 가운데 단 4 종의 과실파리만이 포함되어 있다. 즉 검역해충으로 부각된 대부분의 과실파리과 곤충이 금지해충으로 규정되어있다. 금지해충 41 종 가운데 동남아시아 및 오스트레일리아에 주로 분포하는 Bactrocera 및 Zeugodacus 속이 21 종으로 압도적인 다수를 차지하며, 중남미에 주로 분포하는 Anastrepha 속이 8 종, 북미에 주로 분포하는 Rhagoletis 속이 6 종을 차지하고 있다. 이 외에 Carpomya, Ceratitis, Zonosemata 속이 각각 1~3 종의 금지해충을 포함하고 있다. 관리해충은 Acanthiophilus, Epochra, Plioreocepta, Trupanea 속의 각 1 종씩이다. 그러나 최근에 주요 과실파리 해충의 연구 및 조사가 많이 이루어졌으며, 수많은 분류군들이 새롭게 기재된 바 있으므로, 목록의 수정이 절실한 상황이다. 따라서 새로운 정보에 입각하여, 과실파리의 위해성을 재조명하여 현재 규정되어 있는 목록을 최근 문헌을 중심으로 재 구성되고 있다. 이 작업은 주로 과실파리 해충의 분류 및 생태 관련 종합적인 정보를 포함하는 단행본, 논문, 소프트웨어, 온라인 데이터베이스 등 가장 중요한 자료 20 건을 선별하여 위해성을 검토하였으며, 검토의 기준은 기주식물의 범위 및 경제성, 과실파리의 분포 및 이동성, 도입 적응성 등으로 정하였다. 정해진 기준에 따른 등급분류 및 순위를 설정하였으며, 매년 본 과제의 연구원 및 검역본부 담당자들의 피드백을 받아 지속적으로 수정작업을 거칠 예정이다. 등급은 위험도에 따라 금지과실파리는 I 등급에서 III 등급까지 분류하는 동시에, 각 종별 개별순위도 부여하였다. 관리급 과실파리는 모두 IV 등급으로 하였으며, 순위의 의미가 거의 없는 관계로 부여하지 않았다.

- **제 I 등급(금지급)**: 광범위하게 분포하며 침투성이 큰 다식성 해충, 또는 원 서식범위를 넘어서 이주하여 큰 피해를 주고 있는 협식성 및 단식성 해충. 한국에서 숙주식물이 노지에서 재배되거나 자생하며, 월동 가능성이 높은 종들
- **제 II 등급(금지급)**: 분포범위가 상대적으로 제한되어 있는 다식성, 협식성, 단식성 해충으로서, 다른 지역으로 이주할 위험성이 커지고 있는 종들. 한국에 숙주식물이 노지에서 재배되거나 자생하며 월동가능성이 있는 종들
- **제 III 등급(금지급)**: 상대적으로 해충성이 적은 협식성 및 단식성 과실파리 해충. 한국에 숙주식물이 노지에서 재배되거나 자생하며 월동가능성이 있는 종들
- **제 IV 등급(관리급)**: 재배식물에 간혹 발생하는 과실파리로서, 한국에 숙주식물이 노지에서 재배되거나 자생하며 월동가능성이 있는 종들

위 기준에 따라 과실파리과 주요 해충들을 상세히 검토하여, 한국에 적용할 수 있는 금지급 및 관리급 과실파리 목록 초안을 완성하였다. 이 목록안을 살펴보면, 현재 규정되어 있는 금지

및 관리급 과실파리는 각각 41 종 및 4 종이나, 이번에 새롭게 제시된 과실파리는 각각 60 종 및 8 종이다. 이 목록에는 등급, 순위, 종명, 기존 등급, 등급분류 근거를 제시하였다. 결과적으로 금지급은 20 종 관리급은 4 종이 각각 증가하였으며, 내용면에서도 많은 변화가 있었다. 본 초안에서 제시된 60 종의 금지급 과실파리 중에는 36 종이 과거에도 금지급이었고, 1 종이 관리급이었으며, 23 종이 새롭게 금지급으로 제시되었다. 또한 8 종의 관리급 과실파리 중에는 1 종만이 과거의 관리급이었고 나머지 7 종은 새롭게 관리급으로 제시되었다. 따라서 과거에 금지급이었던 5 종과 관리급이었던 2 종은 목록에서 모두 제거하였다. 본 책자는 이들 금지급 과실파리 가운데 상위 10 선을 제시하며(표 1), 이 가운데 5 종(오리엔탈과실파리, 지중해과실파리, 오이과실파리, 복숭아과실파리, 퀸즐랜드과실파리)는 국내 최초의 위기 대처 매뉴얼 책자로 2017년에 발간되었다(Kim et al., 2017). 따라서 상위 10 선 가운데 나머지 5 종(카람볼라과실파리, 구아바과실파리, 작은퀸즐랜드과실파리, 남방고추과실파리, 일본귤과실파리)에 대해서 모니터링 방법, 동정 기술, 발생 예찰 및 방제에 관한 일련의 매뉴얼을 차례로 본 서에 기술하였다.

표 1 국내 검역대상 I급 금지급 과실파리 상위 10 선

순위	종명	국명	등급분류 근거
1	*Bactrocera dorsalis* (Hendel, 1912)	오리엔탈 과실파리	많은 국내 재배작물을 포함하는 다양한 식물 종을 가해하며, 분포범위가 동남아시아 전역에서 아프리카까지 넓은 대표적인 검역해충이다. 많은 지역에 도입된 사례들이 있다.
2	*Ceratitis capitata* (Wiedemann, 1824)	지중해 과실파리	북아프리카 원산이나 전 세계 많은 지역에 도입이 된 바 있는 매우 중요한 검역해충이다. 국내 작물로는 귤, 고추, 사과, 다양한 핵과류 등을 가해할 수 있다.
3	*Bactrocera tryoni* (Froggatt, 1897)	퀸즐랜드 과실파리	많은 국내 작물을 포함한 다양한 식물 종을 가해하는 다식성 해충이다. 원서식지인 호주에서 다양한 지역으로 도입된 기록이 있다.
4	*Bactrocera carambolae* (Drew & Hancock, 1994)	카람볼라 과실파리	오리엔탈과실파리와 구분하기 매우 힘들며, 동남아시아에서 분포범위가 중첩된다. 브라질 등 남미에 도입된 바 있으며, 카람볼라, 귤, 대추 등 다양한 열대작물을 공격하는 다식성 해충이다.
5	*Bactrocera zonata* (Saunders, 1842)	복숭아 과실파리	인도에서 베트남까지 광범위한 분포하며, 다양한 작물을 가해하는 다식성 해충이다. 국내 작물로는 귤, 복숭아 등을 가해할 수 있다.
6	*Bactrocera correcta* (Bezzi, 1916)	구아바 과실파리	인도에서 중국 남서부까지 널리 분포하며, 다양한 식물을 공격하는 다식성 해충이다. 국내 작물로는 귤, 양벚나무, 대추 등을 가해할 수 있다.
7	*Zeugodacus cucurbitae* (Coquillett, 1899)	오이 과실파리	파키스탄에서 동남아시아까지 넓게 분포하며, 다양한 지역으로 도입되었다. 박과류를 공격하는 과실파리 중에서 가장 위험한 해충이며, 박과류 외에도 11 개 식물의 과를 가해한 기록도 있다.
8	*Bactrocera neohumeralis* (Hardy, 1951)	작은퀸즐랜드 과실파리	호주, 파푸아뉴기니에 분포하며 매우 다양한 과를 공격하는 다식성 해충이다. 한국 재배 작물로는 귤, 복숭아, 자두, 살구, 배, 대추 등을 가해한 기록이 있다.
9	*Bactrocera latifrons* (Hendel, 1915)	남방고추 과실파리	동양구에 널리 분포하는 협식성 해충이나, 중요 작물인 고추를 가해하므로 주목할 필요가 있다.
10	*Bactrocera tsuneonis* (Miyake, 1919)	일본귤 과실파리	일본 남부(큐슈까지)와 중국 남서부에 분포하며 주로 귤을 가해한다. 그 분포범위로 볼 때 한국에 정착될 가능성이 큰 주요 검역해충이다.

CHAPTER 01

금지급 과실파리 생물정보

1 카람볼라과실파리 생물정보

1.1 카람볼라과실파리의 분류학적 위치

영 명	Carambola fruit fly
학 명	*Bactrocera carambolae* Drew and Hancock
강	곤충강(Insecta)
목	파리목(Diptera)
과	과실파리과(Tephritidae)

Bactrocera carambolae Drew and Hancock 1994: 11. — Malaysia. Perak: Kuala Kangsar. HT♀ BMNH.

Drew (1989)의 분류체계에 따르면, 많은 해충 종을 포함하는 Bactrocera 및 Dacus속은 Dacinae아과의 Dacini족에 속한다. Bactrocera carambolae는 Bactrocera속의 400여종 중 하나이다. 이 속은 동남아시아, 중국, 오스트레일리아 및 남태평양 섬들에서 아프리카까지 넓게 분포하고 있다. Bactrocera 속에 속한 많은 종들에 대해서 이들의 숙주 및 피해 상황이 아직 정확히 연구되지 않고 있으며 여기에 추가적으로 신종들이 매년 발견되는 상황이다. 따라서 정확히 집계할 수는 없지만, 전체적으로 매우 큰 경제적 피해를 주는 것으로 믿어지고 있다.

Bactrocera carambolae는 Bactrocera아속에 속한다. 따라서 카람볼라과실파리의 학명은 아속명을 포함하여 Bactrocera (Bactrocera) carambolae로 인용되기도 한다. 카람볼라과실파리는 국내 침입이 가장 우려되는 오리엔탈과실파리와 매우 비슷하여 구분하기가 힘들며, 분포범위도 광범위하게 중첩되어 동정에 많은 문제를 야기하는 실정이다. 그럼에도 불구하고 오리엔탈과실파리와는 명확히 생식적으로 격리된 근연종이다.

1.2 카람볼라과실파리의 생활사

카람볼라과실파리(Bactocera carambolae)는 오리엔탈과실파리 복합군(Bactrocera dorsalis complex)의 일종으로 포함되어 왔으며, 현재는 독립된 종으로 취급하고 있다. Chua (1992)는 말레이시아에서 발견된 Bactrocera 속 과실파리 일종을 Mal A로 임시로 명명하여 특성을 기재하였고, 그 후에 이 종이 B. carambolae로 확인되었으므로 Mal A에 대한 데이터도 카람볼라과실파리 자료로써 판단할 수 있다.

카람볼라과실파리 성충은 기주식물 껍질 아래 알을 낳으며, 보통 하루 만에 부화하는데 저온 조건에서는 20일까지 소요된다(Garcia 2009; CABI, 2017). 온도에 따른 발육기간은 15℃ 5.5일, 20℃ 2.9일, 25℃ 1.7일, 27℃ 1.4일, 30℃ 1.2일, 35℃ 1.1일 이다(Danjuma et al., 2014).

유충기간은 6~35 일(CABI, 2017)로 온도에 따라 변이가 크며, 적온에서 유충기간은 6~9 일이 된다(Garcia, 2009). 온도에 따른 유충발육기간은 15℃에서 29.0 일, 20℃에서 13.3 일, 25℃에서 7.8 일, 27℃에서 7.1 일, 30℃에서 6.7 일, 35℃에서 6.1 일이다(Danjuma et al., 2014).

용기간은 보통 10~12 일이나 저온에서 90 일까지 지연될 수 있으며(CABI, 2017), 최적온도에서는 불과 8~9 일이 소요된다(Garcia, 2009). 온도에 따른 번데기 발육기간은 15℃에서 30.1 일, 20℃에서 14.3 일, 25℃에서 10.5 일, 27℃에서 8.8 일, 30℃에서 7.7 일이며 35℃에서는 발육이 불가능하다(Danjuma et al., 2014).

성충은 연중 발생하며 산란전기간은 8~12 일, 생존기간은 1~3 개월이나 저온에서는 최대 12 개월까지 가능하다(CABI, 2017). 그러나 CABI (2017)의 자료는 Christenson and Foote (1960)의 B. dorsalis에 대한 기록에서 유래한 것으로 정확성이 떨어진다.

카람볼라과실파리 암컷 성충의 수명과 산란 수에 대한 다양한 보고가 존재한다(Chua, 1991; Garcia, 2009). Chua (1991)가 Mal A 계통을 이용한 실험에서 구아바와 카람볼라를 먹이로 한 경우 암컷 수명이 각각 63.3 일, 74.1 일, 산란 수는 각각 363.2 개, 659.5 개 이었다. 적합한 환경조건(26℃, 70% RH)에서는 카람볼라과실파리는 22 일 내에 생활사를 완료할 수 있으며, 생애 동안 1,000 개 이상 산란하고, 산란전기간은 10 일, 수명은 30~60 일이다(Garcia, 2009).

Hadi et al. (2012)과 Ndii et al. (2016)은 B. carambolae의 실내실험에서 각각 682.93 개, 665.13 개의 산란수를 얻었고, Hadi et al. (2012)은 산란전기간이 10 일에 달한다고 하였다(시험온도 불명). 인도네시아에서 Himawan et al. (2012)이 인공먹이를 이용하여 27~33℃에서 사육한 결과 산란전기간은 6~7 일 산란 수는 297~643 개로 나타났다(표 1-1).

카람볼라과실파리 개체군 증가에 중요한 영향을 미치는 요인은 강우와 먹이자원의 양으로 알려져 있다(Chua and Khoo, 1995). 먹이량이 풍부할 때 크기가 큰 암컷이 생성되고 산란수가 증가한다. 또한 카람볼라과실 과실 크기(길이)가 3~3.9 cm인 경우 산란수 9.3 개로부터 10~10.9 cm인 경우 35.3 개 까지 먹이량에 따라 산란수에 큰 차이가 있다(Chew, 1992).

▌표 1.1▐ 카람볼라과실파리의 발육(발육기간, 수명, 산란수)과 온도와의 관계

온도 (℃)	발육기간 (일)				성충			먹이	지역	인용문헌
	알	유충	용	알~성충 기간	산란전 기간	암컷 수명	산란수			
15	5.5	29.0	30.1	64.6	–[1]	–	–	구아바	태국	Danjuma et al., 2014
20	2.9	13.3	14.3	30.4	–	–	–	구아바	태국	Danjuma et al., 2014
25	1.7	7.8	10.5	19.9	–	–	–	구아바	태국	Danjuma et al., 2014
27	1.4	7.1	8.8	17.3	–	–	–	구아바	태국	Danjuma et al., 2014
30	1.2	6.7	7.7	15.5	–	–	–	구아바	태국	Danjuma et al., 2014
28-30	–	–	–	–	–	75 ~115	86.4 ~477.5	인공먹이	말레이지아	Chua, 1992
27-33	2	6.3	8.1	–	6	37.6	643.33	인공먹이	인도네시아	Himawan et al., 2012
27-33	2	7.5	8.3	–	7	29.9	324.37	인공먹이	인도네시아	Himawan et al., 2012
27-33	2	8.2	8.4	–	6	23.5	296.67	인공먹이	인도네시아	Himawan et al., 2012
35	1.1	6.1	–	–	–	–	–	구아바	태국	Danjuma et al., 2014

[1] 자료 없음

1.3 카람볼라과실파리의 분포 및 국내 정착 예측

카람볼라과실파리는 동남아시아의 인도네시아, 말레이시아, 태국 원산으로(표 1-2) 아메리카 대륙에서는 1975년 수리남의 파라마리보(Paramaribo)에서 처음 발견되었다(Godoy, 2006; van Sauers-Muller, 1991, 2008). 그 후 남아메리카 북부지역에 위치하고 있는 수리남(Suriname), 프랑스령 가이아나(Guiana), 브라질 북부 등 지역으로 확산되어 발생되고 있다(White et al., 1992).

표 1.2 카람볼라과실파리 분포지역(CABI, 2017)

대륙	국가/지역	분포상황
아시아(Asia)	브루나이(Brunei Darussalam)	존재
	인도(India)	제한적으로 분포
	- 안다만니코바르제도(Andamanand Nicobar Islands)	존재
	인도네시아(Indonesia)	제한적으로 분포
	- 자바(Java)	존재
	- 칼리만탄(Kalimantan)	존재
	- 누사텡가라(Nusa Tenggara)	존재
	말레이시아(Malaysia)	존재
	- 서말레이시아(Peninsular Malaysia)	존재
	- 사바(Sabah)	존재
	싱가포르(Singapore)	존재
	태국(Thailand)	제한적으로 분포
남미(South America)	브라질(Brazil)	제한적으로 분포
	- 아마파(Amapa)	제한적으로 분포
	프랑스령 기아나(French Guiana)	제한적으로 분포
	가이아나(Guyana)	박멸
	수리남(Suriname)	제한적으로 분포

카람볼라과실파리는 기후적으로 중앙 및 남아메리카의 열대와 아열대 지역, 사하라 이남 아프리카, 인도 동서부 해안지역, 호주 북부 지역 등이 정착 적합력이 높은 것으로 추정되었다(표 1-3).

▌표 1-3 ▌ MaxEnt 모형을 이용한 카람볼라과실파리 분포 예상 지역 좌표(Marchioro, 2016)

위도	경도	지역	기원
-8.740	117.533	Sumbawa Regency, Indonesia	원산지
-8.511	118.648	Bontokape, Indonesia	원산지
-8.500	115.489	Lombok, Indonesia	원산지
-7.492	110.004	Wonosobo Regency, Java	원산지
-7.000	110.000	Gringsing, Batang Regency, Indonesia	원산지
-6.910	107.610	West Java, Indonesia	원산지
-6.598	106.799	Bogor, Indonesia	원산지
-2.190	113.540	Palangkaraya, Indonesia	원산지
1.349	103.837	Pierce Lake, Singapore	원산지
2.500	103.200	Labis, Malaysia	원산지
2.967	101.867	Selangor Malaysia	원산지
3.030	101.750	Balakong, Malaysia	원산지
3.104	101.661	Kuala Lumpur, Malaysia	원산지
3.200	101.300	Kapar, Malaysia	원산지
3.900	101.410	Trolak, Malaysia	원산지
4.020	101.010	Teluk Intan, Malaysia	원산지
4.500	114.667	Belait, Brunei Darussalam	원산지
4.520	115.000	Limbang, Malaysia	원산지
4.583	101.083	Ipoh, Malaysia	원산지
5.450	116.000	Tambunan, Malaysia	원산지
5.500	117.000	Kinabatangan, Malaysia	원산지
5.543	101.342	Belum Perak, Malaysia	원산지
6.080	116.160	Kota Kinabalu, Malaysia	원산지
6.833	100.667	Songhkla, Thailand	원산지
9.300	98.990	Tha Chang, Thailand	원산지
10.100	98.750	Ranong, Thailand	원산지
12.150	92.750	Andaman Islands	원산지

16.167	107.833	Thua Thien Hue, Vietnam	원산지
22.340	88.220	Abhirampur, India	원산지
0.000	-51.283	Mazagão, Brazil	침입지역
0.000	-51.167	Santana, Brazil	침입지역
3.817	-51.886	Sant-Georges, French Guiana	침입지역
3.883	-51.833	Sant-Georges, French Guiana	침입지역
4.000	-53.250	Saül, French Guiana	침입지역
4.317	-52.133	Regina, French Guiana	침입지역
4.583	-52.467	Roura, French Guiana	침입지역
4.733	-52.333	Roura, French Guiana	침입지역
5.200	-57.167	Apoera, Suriname	침입지역
5.217	-57.183	Apoera, Suriname	침입지역
5.417	-55.333	Para, Suriname	침입지역
5.583	-56.250	Coronie, Suriname	침입지역
5.667	-55.583	Saramacca, Suriname	침입지역
5.867	-55.167	Paramaribo, Suriname	침입지역

카람볼라과실파리의 온도발육 내성을 기반으로 국내 정착 가능성을 추정하였다(그림 1-1). 결과적으로 이 과실파리가 국내에 정착할 가능성은 제주도 해안 지역을 제외하고는 비교적 낮을 것으로 판단된다.

(A)

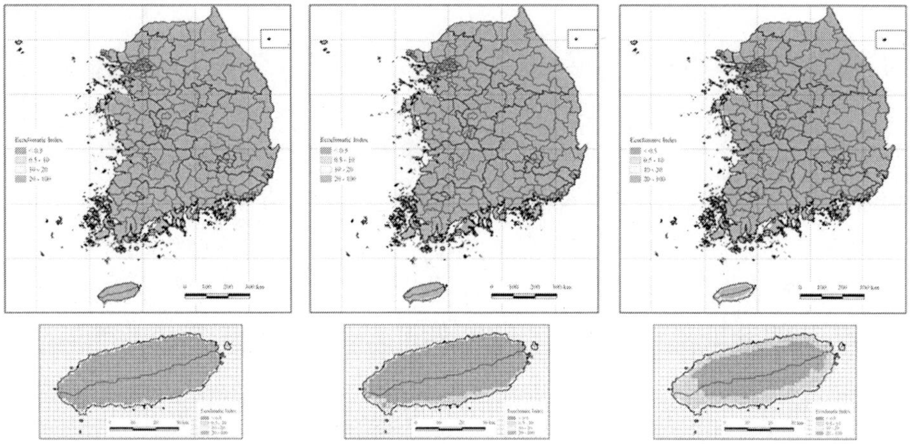

2011-2020 | 2051-2060 (RCP 8.5 scenario) | 2091-2100

(B)

매개변수	추정값	매개변수	추정값
DV0	11.8	TTCSA	-
DV1	25	THCSA	-
DV2	33	TTHS	35
DV3	35	THHS	0.005
SM0	0.1	DTHS	-
SM1	0.25	DHHS	-
SM2	1	SMDS	0.1
SM3	1.6	HDS	-0.03
TTCS	-	SMWS	1.6
THCS	-	HWS	0.001
DTCS	8	DVCS	10
DHCS	-0.0035	DVHS	35
PDD	384.6		

그림 1-1 카람볼라과실파리 국내 정착 적합도 추정. (A) RCP8.5 기후시나리오에 따른 카람볼라과실파리 기후적합 정착위험도 지도. Ecoclimatic Index (EI) 기준: 0 – 0.49 = unsuitable, 0.50 – 9.99 = marginal, 10 – 19.99 = suitable, >20 = optimal and 100 = perfect) (B) CLIMEX 모형 매개변수 적용값

1.4 카람볼라과실파리의 기주

카람볼라과실파리는 카람볼라(Averrhoa carambola) 과실의 심각한 해충으로 알려져 있으나, 망고 등 다양한 기주식물을 가해한다(CABI, 2017). 제시된 기주식물목록은 선호성이 높은 기주식물부터 드물게 우발적으로 가해하는 기주식물이 모두 포함되어 있다(표 1-4).

남아메리카 수리남지역에서 기주식물 조사결과 20 종의 식물이 심하거나 간헐적으로 피해를 받는 것으로 나타났으며, 감귤류는 자몽(grapefruit, Citrus paradisi Macf.)을 제외하고는 중요한 기주로서 역할을 하지 못하였다(van Sauers-Muller, 2005). 이 보고서에 유충이 발견되지 않은 기주목록이 포함되어 있으므로 국내 기주와 비교하는데 도움이 될 수 있다.

표 1-4 카람볼라과실파리의 기주목록(van Sauers-Muller, 2005; CABI, 2017)

과명	종명	일반명		기주등급
Anacardiaceae	*Anacardium occidentale*	cashew nut	캐슈넛	비주요기주 (기생율<10%)
	Mangifera indica	mango	망고	주요기주 (기생율≥10%)
Anacardiaceae	*Spondias dulcis (=Spondias cytherea)*	golden apple, pomme de cythere, otaheite apple	암바렐라	비주요기주 (기생율<10%)
	Spondias mombin	hog plum	호그플럼	비주요기주 (기생율<10%)
	Spondias purpurea	red mombin	호코테	비주요기주 (성충×)
Annonaceae	*Annona montana*	mountain soursop	산가시여지	비주요기주 (유충×)
	Annona muricata	soursop	가시여지	비주요기주 (유충×)
	Rollinia pulchrinervis	-		기주 (기생율자료 없음)
Apocynaceae	*Ambelania acida*	batbati		비주요기주 (성충×)
	Thevetia peruviana	exile tree	노랑(페루협죽도	비주요기주 (유충×)
Arecaceae	*Arenga pinnata*	sugar palm	사탕야자	기주 (기생율자료 없음)
Bromeliaceae	*Ananas comosus*	pine apple	파인애플	비주요기주 (성충×)
Caricaceae	*Carica papaya*	pawpaw	파파야	비주요기주 (성충×)
Clusiaceae	*Garcinia mangostana*	mangosteen	망고스틴	기주 (기생율자료 없음)
Combretaceae	*Terminalia catappa*	Singapore almond	열대아몬드	주요기주 (기생율≥10%)

Euphorbiaceae	*Amanoa guianensis*	swampoe-goejaba		비주요기주 (성충×)
	Manihot esculenta	cassava	카사바	비주요기주 (성충×)
Flacourtiaceae	*Casearia mariquitensis*	oema-odoe		비주요기주 (성충×)
	Flacourtia jangomas	babydruif	커피플럼	비주요기주 (성충×)
Guttiferae	*Garcinia dulcis*	moendoe	뭉두 망고스틴	주요기주 (기생율≥10%)
Lauraceae	*Persea americana*	avocado	아보카도	비주요기주 (유충×)
Lecythidaceae	*Couratari sp.*	ingipipa		비주요기주 (성충×)
Malpighiaceae	*Malpighia glabra*	acerola	아세롤라	기주 (기생율자료 없음)
	Malpighia punicifolia	West-Indian cherry	서인도체리	주요기주 (기생율≥10%)
Euphorbiaceae	*Amanoa guianensis*	swampoe-goejaba		비주요기주 (성충×)
	Manihot esculenta	cassava	카사바	비주요기주 (성충×)
Flacourtiaceae	*Casearia mariquitensis*	oema-odoe		비주요기주 (성충×)
	Flacourtia jangomas	babydruif	커피플럼	비주요기주 (성충×)
Guttiferae	*Garcinia dulcis*	moendoe	뭉두 망고스틴	주요기주 (기생율≥10%)
Lauraceae	*Persea americana*	avocado	아보카도	비주요기주 (유충×)
Lecythidaceae	*Couratari sp.*	ingipipa		비주요기주 (성충×)
Malpighiaceae	*Malpighia glabra*	acerola	아세롤라	기주 (기생율자료 없음)
	Malpighia punicifolia	West-Indian cherry	서인도체리	주요기주 (기생율≥10%)
Melastomatac	*Bellucia grossularioides*	mispel		비주요기주 (성충×)
	Loreya mespiloides	mispel		비주요기주 (성충×)
	Mouriria collocarpa	spikri-oedoe		비주요기주 (성충×)
	unknown	mispel		비주요기주 (성충×)
Meliaceae	*Lansium domesticum*	langsat	랑사트	기주 (기생율자료 없음)
Mimosaceae	*Inga acrocephala*	swit-bonki, kala-weko		비주요기주 (성충×)
	Inga alba	swit-bonki		비주요기주 (성충×)
	Inga leiocalycina	swit-bonki		비주요기주 (성충×)
	Inga sa.	swit-bonki		비주요기주 (성충×)
	Inga spp.	swit-bonki		비주요기주 (성충×)

Moraceae	*Artocarpus communis (=Artocarpus altilis)*	breadfruit	빵나무	비주요기주 (유충×)
	Artocarpus elasticus	-		기주 (기생율자료 없음)
	Artocarpus heterophyllus	jackfruit	잭프루트	비주요기주 (유충×)
	Artocarpus integer	champeadak	쳄페닥	기주 (기생율자료 없음)
	Artocarpus odoratissimus	tarap	마랑	기주 (기생율자료 없음)
	Artocarpus rigidus	monkey jackfruit		기주 (기생율자료 없음)
Myrtaceae	*Eugenia cf patrisii*	boskers		주요기주 (기생율≥10%)
	Eugenia stipitata	araca boi	아라카 보이	기주 (기생율자료 없음)
	Eugenia uniflora	Surina cherry	수리남체리	주요기주 (기생율≥10%)
	Psidium cattleianum	strawberry guava	스트로베리 구아바	기주 (기생율자료 없음)
	Psidium guajava	guava	구아바	비주요기주 (기생율<10%)
	Syzygium aqueum	watery rose-apple	워터애플	기주 (기생율자료 없음)
	Syzygium jambos	rose apple	로즈애플	주요기주 (기생율≥10%)
	Syzygium malaccense	Malay apple	말레이 애플	주요기주 (기생율≥10%)
	Syzygium samarangense	water apple	왁스잠부	주요기주 (기생율≥20%)
Oxalidaceae	*Averrhoa bilimbi*	bilimbi	빌림비	비주요기주 (유충×)
	Averroha carambola	carambola	스타프루트	주요기주 (기생율≥20%)
Palmae	*Bactris gasipaes*	paripoe	복숭아야자	비주요기주 (성충×)
	unknown	palmfruit		비주요기주 (성충×)
Papilionaceae	*Swartzia amshoffiana*	-		비주요기주 (성충×)
Phyllanthaceae	*Baccaurea motleyana*	rambai	람바이	기주 (기생율자료 없음)
Punicaceae	*Punica granatum*	pomegranate	석류	비주요기주 (유충×)
Rhamnaceae	*Ziziphus jujuba*	common jujube	대추	주요기주 (기생율≥10%)

Rhizophoraceae	*Rhizophora*	mangrove		기주 (기생율자료 없음)
Rubiaceae	*Genipa americana*	genipap, tapoeripa	자규아	비주요기주 (유충×)
Rutaceae	*Citrofortunella mitis*	calamondin	칼라만시	기주 (기생율자료 없음)
Rutaceae	*Citrus aurantiifolia*	lime	라임	비주요기주 (유충×)
	Citrus grandis	pummelo	포멜로	비주요기주 (성충×)
	Citrus limon	lemon	레몬	기주 (기생율자료 없음)
	Citrus limonia	mandarin lime	랑푸르	기주 (기생율자료 없음)
	Citrus reticulata	mandarin	만다린	비주요기주 (기생율<10%)
	Citrus sinensis	navel orange	오렌지	비주요기주 (기생율<10%)
	Citrus x paradisi	grapefruit	자몽	비주요기주 (기생율<10%)
	Fortunella margarita	oval kumquat	금감	기주 (기생율자료 없음)
	Triphasia trifolia	limeberry	라임베리	비주요기주 (유충×)
Sapindaceae	*Blighia sapida*	akee	아키	비주요기주 (성충×)
Sapotaceae	*Chrysobalanus icaco*	icaco plum	코코플럼	기주 (기생율자료 없음)
	Chrysophyllum cainito	caimito	스타애플	비주요기주 (기생율<10%)
	Manikara achras	sapodilla		비주요기주 (기생율<10%)
	Manilkara zapota	sapodilla	사포딜라	기주 (기생율자료 없음)
	Mimusops elengi	spanish cherry		기주 (기생율자료 없음)
	Pouteria campechiana (=Lucuma nervosa)	canistel, eggfruit	카니스텔	비주요기주 (성충×)
	Pouteria macrophylla	-		비주요기주 (성충×)
Solanaceae	*Capsicum annuum*	bell pepper	고추	기주 (기생율자료 없음)
	Capsicum chinense	habanero pepper	하바네로 칠리	기주 (기생율자료 없음)
	Solanum ferox (=Solanum lasiocarpum)	-		기주 (기생율자료 없음)
	Solanum lycopersicum (=Lycopersicon esculentum)	tomato	토마토	비주요기주 (유충×)

1.5 카람볼라과실파리의 피해 및 방제 기술

1.5.1 이동과 확산 방법

카람볼라과실파리의 이동과 확산은 주로 성충비행과 감염과실의 이동에 의하여 이루어진다. 과실의 수출입뿐만 아니라 일반 배의 화물 또는 비행승객의 과실 밀반입, 우편물을 통한 과실의 밀반입이 중요하다. 실제 뉴질랜드에서 연간 7~33 건의 화물과 10~28 건의 승객소지 수화물에서 과실파리류에 감염된 과실을 검출하였다(Baker and Cowley, 1991).

1.5.2 경로 매개체

다음은 카람볼라과실파리 충체 자신의 이동 능력 외에 다른 운반체에 의해 이동되는 수단이다.

감염부위	발육단계	내부	외부	지역내
과실(꼬투리 포함)	알, 유충	○	×	육안진단 가능 : 피해증상, 해충개체
식물재배 배지	번데기	○	×	육안진단 가능 : 피해증상, 해충개체

■ 운반체 역할을 하지 않는 것으로 알려진 식물체 부분 : 껍질, 구근(비늘줄기), 꽃(꽃받침 부위 포함), 잎, 뿌리, 줄기(신초, 가지 포함), 덩이줄기(tuber), 채근(구경 corms), 지하경(rhizome), 실생묘(seedling), 조직배양 식물, 종자, 목질부 등

1.5.3 검역 중요성

카람볼라실파리는 원산지인 아시아 열대지역과 침입지인 북아메리카에서 카람볼라, 망고 등 과수 작물에 매우 심각한 해충이다. 방제를 소홀히 하는 경우 심각한 피해를 유발할 수 있다.

1.5.3.1 경제적 영향

경제적 피해는 수출대상 국가의 검역조치로 농산물의 수출금지와 직접적 피해로 발생한다. 카람볼라과실파리는 열대과수의 주요한 해충으로 값비싼 검역비용과 박멸비용을 치러야 한다. 말레이시아에서 카람볼라 생산시 봉지재배를 하지 않는 경우 24.5~83.8%의 피해를 보인다(Chua and Khoo, 1995).

1.5.3.2 환경적 영향

카람볼라과실파리는 원산지나 침입지의 자연환경에 심각한 피해를 유발하는 해충은 아니다.

1.5.4 모니터링과 방제

1.5.4.1 의심 기주 조사

카람볼라과실파리 기주식물의 목록을 작성하고, 국내 해당지역에서 기주식물로 가능성 있는 종을 선정한다. 농경지 내에서는 주기적으로 약제방제를 실시하기 때문에 발견이 되지 않을 수 있다. 야생기주식물의 조사가 중요하면 특히 민간에서 정원수 또는 텃밭에서 재배되는 기주식물을 파악해야 한다.

1.5.4.2 조기경보시스템

상시 모니터링 트랩을 운영하여 감시가 필요하다. 항만, 공항, 대형 마켓, 농산물 집하장, 외래인 밀집지역 등 위험도가 높은 지역에 트랩을 설치하여 조기 검출한다.

1.5.4.3 발생 모니터링

찔린 자국 및 괴사와 관련된 흔적이 보이는 과실(지역적으로 재배된 또는 수입 과실의 샘플)은 검사해야 한다. 의심되는 과실은 절개하여 유충 유무를 점검해야 한다. 유충 동정은 어려워 분자지표를 이용하거나 성충으로 발육시켜 정확한 동정을 진행하게 된다. 우화 후 체벽의 경화와 체색을 갖추도록 며칠간 성충에게 설탕과 물을 공급한다.

1.5.4.4 법적 방제

카람볼라과실파리가 발생하는 지역에서 농작물을 수출하는 국가에 대해서는 엄격한 수확후 살충처리를 요구한다. 이 처리는 훈증, 열처리, 저온처리, 살충제 처리 또는 방사능 조사가 포함된다. 방사능 조사는 대부분 나라에서 허용하지 않으며, 현재 많은 국가들이 메틸브로마이드 훈증처리를 한다. 열처리는 대부분 과실의 유통 기간을 감소시키는 경향이 있다. 따라서, 법적 방제는 과실파리 발생이 없는 지역에서 생산된 과실 수입으로 제한하게 된다.

1.5.4.5 재배적 방제

일반적으로 과실파리에 대해 가장 효과적인 방제 기술 중 하나는 신문지, 종이박스 또는 길고 얇은 폴리에틸렌 주머니로 과실 열매를 싸는 것이다. 이는 산란에 대한 단순한 물리적 방제법으로 성충이 과실을 공격하기 전에 이뤄져야 한다. 과실에 대한 가해시기에 대한 생태자료가 부족하나, 다수의 Bactrocera 종은 과실이 성숙하기 전에 가해한다.

감염과실의 제거 방법은 소각 또는 매물(적어도 지표면에서 0.5 m 이하), 돼지 먹이 및 짙은 색 비닐봉지에 보관하여 태양에 방치함(이에 내부온도는 상승하여 유충을 죽임)으로써 가능하다. 또 다른 물리적 방제 방법으로 과실나무 아래 토양을 갈퀴질한다. 이는 번데기를 지상부로 노출시켜 건조 또는 다른 생물체에 의해 포식되게 한다.

1.5.4.6 화학적 방제

모든 작물의 전면 살포는 때때로 사용될 수 있지만, 미끼살포의 이용은 더 경제적이고 친환경적이다. 미끼살포는 단백질미끼와 살충제(예: 스피노사드, 합성피레스로이드계)의 혼합으로 구성된다. 과실파리 암수 모두는 암모니아를 내뿜는 단백질 재료에 유인된다. 그래서 살충제는 과수원내 단지 몇 개 장소에 적용될 수 있으며 파리는 이러한 장소로 유인될 것이다.

주로 이용되는 미끼는 산성을 띤 단백질 가수분해산물이며 이 종은 작물에 따라 심한 약해가 발생될 수 있다. 양조장 폐기물을 이용하여 효과적인 유인살충제가 개발되었다.

1.5.4.7 불임곤충방사 기술

불임곤충방사 기술은 이온화방사선을 이용하여 불임 수컷을 만들고 야외에 방사시켜 암컷의 차세대 생산 능력을 저하시키는 방제 기술로 오이과실파리의 경우는 일본 남부오키나와 섬과 여러 지역에서 성공한 예를 갖고 있다(Shiga, 1989).

1.5.4.8 수컷유살제 처리기술

카람볼라과실파리 수컷은 methyl eugenol (ME, 1,2-dimethoxy-4-(2-propenyl)benzene)에 유인된다(Iwahashi et al., 1996). 이 유인물질에 살충제를 혼합하여 유인된 수컷을 제거시키는 기술이다(수컷소거제, male annihilation). 농장 내에서 수컷 방제용으로 ME를 사용할 수 있으나, 수백미터 범위에 있는 수컷을 유인하여 제거한 만큼 카람볼라과실파리가 증가할 위험이 있다. 하지만, 카람볼라과실파리 박멸 프로그램에서 수컷소거제는 가장 널리 사용되는 방법이다.

2 구아바과실파리 생물정보

2.1 구아바과실파리의 분류학적 위치

영 명	Guava fruit fly
학 명	*Bactrocera correcta* (Bezzi) (파리목, 과실파리과)
강	곤충강(Insecta)
목	파리목(Diptera)
과	과실파리과(Tephritidae)

Chaetodacus correctus Bezzi 1916: 107. — India. Bihar: Pusa; Tamil Nadu: Coimbatore; Guindy; & Hagari. Syntype ♂♀ ZSI.

Dacus dutti Kapoor 1971: 480. — India. Maharashtra: Poona. Holotype ♂ INPC.

Strumeta paratuberculatus Philip 1950: 31. — Burma. Aingyi. Holotype ♂ ZSI.

Dacus bangaloriensis Agarwal & Kapoor 1983: 169. — India. Karnataka: Bangalore, B. T. Farm. Holotype ♂ INPC.

Bactrocera zonata: Bezzi 1913: 94. — misid. see Bezzi 1916: 106.

Drew (1989)의 분류체계에 따르면, 많은 해충 종을 포함하는 Bactrocera, Zeugodacus 및 Dacus속은 Dacinae아과의 Dacini족에 속한다. Bactrocera correcta는 Bactrocera속의 400여종 중 하나이다. 이 속은 동남아시아, 중국, 오스트레일리아 및 남태평양 섬들에서 아프리카까지 넓게 분포하고 있다. Bactrocera 속에 속한 많은 종들에 대해서 이들의 숙주 및 피해 상황이 아직 정확히 연구되지 않고 있으며 여기에 추가적으로 신종들이 매년 발견되는 상황이다. 따라서 정확히 집계할 수는 없지만, 전체적으로 매우 큰 경제적 피해를 주는 것으로 믿어지고 있다.

Bactrocera correcta는 Bactrocera아속에 속한다. 따라서 구아바과실파리의 학명은 아속명을 포함하여 Bactrocera (Bactrocera) correcta로 인용되기도 한다. 다른 대다수의 Bactrocera 종들은 타원형의 흑색 점이 측면 하단부 가까이에 있는 반면, 이 종은 이 점들이 연결되어 가로띠를 형성하는 것이 독특하다. 오리엔탈과실파리와 유사하나, 얼굴의 반점과 날개 전단부의 띠가 끊어진 점으로 쉽게 구분된다. 계통적으로는 B. zonata와 근연종이며 날개무늬가 거의 같으나, 대부분의 표본에서 가슴등판의 배경색이 B. correcta는 흑색 B. zonata는 적갈색인 점으로 구분된다.

2.2 구아바과실파리의 생활사

구아바과실파리(Bactrocera correcta (Bezzi))는 유충이 구아바 과실을 가해하는 과실파리 종으로 Bactrocrea correcta (Bezzi)와 Anastrepha striata가 있는데(White and Elson-Harris, 1994), 이 중 B. correcta를 구아바과실파리(Guava fruit fly)로 칭하고 있다.

구아바과실파리는 비휴면 연중발생하는 해충으로 발생지역의 온도조건에 따라 연간 3~8 세대까지 발생한다(Fletcher, 1987). 중국 운남지방에서는 고도 1,500 m 이하의 연평균기온이 15.8℃ 이상인 저지대에서 주로 발생하며(Liu, 2007), 따라서 오리엔탈과실파리가 고도 2,000 m까지 발견되는 것과 비교하면 저온적응성이 오리엔탈과실파리보다 낮은 것으로 보인다(Liu and Ye, 2009). 온도조건 18~33℃ 사이에서는 발육이 가능하지만, 성충은 18℃에서 비행은 가능하나 교미와 산란을 하지 않았으며, 발육 또한 매우 지연된다. 이는 다른 과실파리에서 관찰되는 것과 같이 성충이 저온에서 생식적 휴면에 돌입하기 때문일 것으로 추정하고 있다(Fletcher, 1987; Liu and Ye, 2009).

구아바과실파리의 발육기간은 알 1~3 일, 유충 6~7 일, 용 6~9 일 필요하고, 다음 세대전까지 12일이 소요된다(Lv et al., 2010; Rana et al., 1992). 반면, 중국(Liu and Ye, 2009)과 베트남(Kamiji, 2014)에서 인공먹이를 이용하여 얻은 온도별 발육기간, 성충수명, 산란수는 표 1-5와 같이 온도에 따라 큰 변이를 보고 있다.

온도발육매개변수에 대하여 Liu and Ye (2009)는 실내 온도발육실험 결과 알, 유충, 용, 성충의 산란전기간의 발육영점온도를 각각 8.5℃, 7.6℃, 9.5℃ , 15.7℃, 발육완료에 필요한 적산온도를 각각 26.3 DD, 200 DD, 166.7 DD, 333.3 DD로 추정하였다. 또한 Kamiji (2014)는 알, 유충, 용, 성충의 산란전기간의 발육영점온도를 각각 12.96℃, 12.17℃, 12.3℃, 14.19℃로, 발육완료에 필요한 적산온도를 각각 18.43 DD, 72.6 DD, 141.88 DD, 175.7 DD로 추정하고 있어 다소 차이를 보이고 있다. 세대기간 발육에 필요한 발육영점온도는 15.7℃로 보고하였다(Liu, 2007).

토양수분함량이 번데기의 우화율에 큰 영향을 미치며, 20% 이상에서는 수분함량이 높을수록 사망률이 증가하고 토양수분함량 100%에서는 우화율이 0%에 이른다(Wei and Zeng, 2011).

인도에서 구아바과실파리 수컷은 바질류 식물인 홀리바실(Tulsi plant, Ocimum sanctum)에 유인되는 것으로 알려져 있는데, 이 식물의 정유에는 약 20%의 메틸유제놀(methyl eugenol)이 함유되어 있다(Shah and Patel, 1976).

▌표 1-5▐ 구아바과실파리의 발육(발육기간, 수명, 산란수)과 온도와의 관계

온도 (℃)	온도 범위 (℃)	발육기간(일)			알~ 산란전 기간	성충				지역	인용문헌
		알	유충	용		산란전 기간	산란 기간	산란수	성충 (수)		
18	-[1]	2.8	17.6	18.5	-	불가	-	-	-	China	Liu and Ye, 2009
18.7	-	-	11.3	22.2	-	-	-	-	-	Vietnam	Kamiji, 2014
18.8	-	3.2	-	-	-	-	-	-	-	Vietnam	Kamiji, 2014
19.6	-	-	-	-	-	28.5	-	-	-	Vietnam	Kamiji, 2014
21.7	-	-	7.4	15.2	-	-	-	-	-	Vietnam	Kamiji, 2014
21.8	-	2.1	-	-	-	-	-	-	-	Vietnam	Kamiji, 2014
22.3	-	-	-	-	-	24.6	-	-	-	Vietnam	Kamiji, 2014
24	-	1.7	12.1	11.2	-	38.8	-	-	-	China	Liu and Ye, 2009
25	-	1.7	6.8	7.4	28.4	12.5	18.6	393.6	119.6 ~139.0	China	Jaleel et al., 2017
25.2	-	1.5	5.3	10.5	-	-	-	-	-	Vietnam	Kamiji, 2014
25.7	-	-	-	-	-	12.6	-	-	-	Vietnam	Kamiji, 2014
27.5	27~28	-	-	-	-	-	-	-	-	China	Liu et al., 2015
27.5	27~28	-	-	-	-	-	-	-	-	China	Liu et al., 2015
27.5	25~30	-	-	-	-	-	-	818.2	-	China	Liu et al., 2015
27.5	25~30	-	-	-	-	-	-	874.6	-	China	Liu et al., 2015
27.7	-	1.2	4.8	9.0	-	-	-	-	-	Vietnam	Kamiji, 2014
28.7	-	-	-	-	-	13.5	-	-	-	Vietnam	Kamiji, 2014
30	-	1.2	8.3	7.5	-	23.3	-	-	-	China	Liu and Ye, 2009
30.9	-	1.1	4.0	8.0	-	-	-	-	-	Vietnam	Kamiji, 2014
31.7	-	-	-	-	-	10.6	-	-	-	Vietnam	Kamiji, 2014
33	-	1.1	7.6	7.0	-	20.5	-	-	-	China	Liu and Ye, 2009
36	-	1.1	8.0	6.8	-	15.8	-	-	-	China	Liu and Ye, 2009

[1] 자료 없음

2.3 구아바과실파리의 분포 및 국내 정착 예측

구아바과실파리는 1916년 처음 인도 Bihar에서 발견되었으며(Bezzi, 1916), 주로 아시아지역에 분포하고 있다. 다만, 일본과 대만에서는 발생근거가 확실치 않으며 모두 미발생 지역으로 취급하고 있다(표 1-6).

표 1-6 구아바과실파리 분포지역(CABI, 2018)

대륙	국가/지역	분포상황
아시아(Asia)	부탄(Bhutan)	존재
	중국(Chna)	존재
	- 윈난(Yunnan)	존재
	인도(India)	널리 분포
	- 안드라 프라데시(Andhra Pradesh)	존재
	- 비하르(Bihar)	존재
	- 고아(Goa)	존재
	- 구자라트(Gujarat)	존재
	- 하리아나(Haryana)	존재
	- 히마찰 프라데시(Himachal Pradesh)	존재
	- 펀자브(Indian Punjab)	존재
	- 카르나타카(Karnataka)	널리 분포
	- 케랄라(Kerala)	존재
	- 마하라슈트라(Maharashtra)	존재
	- 타밀 나두(Tamil Nadu)	널리 분포
	- 우타르 프라데시(Uttar Pradesh)	존재
	- 서벵골(West Bengal)	존재
	일본(Japan)	없음, 검역기록만 있음
	미얀마(Myanmar)	존재
	네팔(Nepal)	존재
	파키스탄(Pakistan)	널리 분포
	스리랑카(Sri Lanka)	널리 분포
	대만(Taiwan)	없음(불확실)[1]
	태국(Thailand)	널리 분포
북미(North America)	미국(USA)	박멸됨
	- 캘리포니아(California)	박멸됨
	- 플로리다(Florida)	불확실

[1]대만: 기존 CABI 기록에는 대만 분포하는 것으로 표기되어 있었으나, 오류로 보이며 현재 대만에서는 구아바과실파리를 금지해충으로 취급하고 있음

북미대륙에는 아직 정착하지 못한 상태이나 캘리포니아(1986년 이후)와 플로리다(1999년 이후)에서 수차례 검출되어 박멸처리로 제거된 바 있다(Anderson and Dixon, 2008; Weems and Fasulo, 2011). 그림 1-2는 주로 서남아시아를 중심으로 분포하는 구아바과실파리의 분포지역을 보여주고 있다.

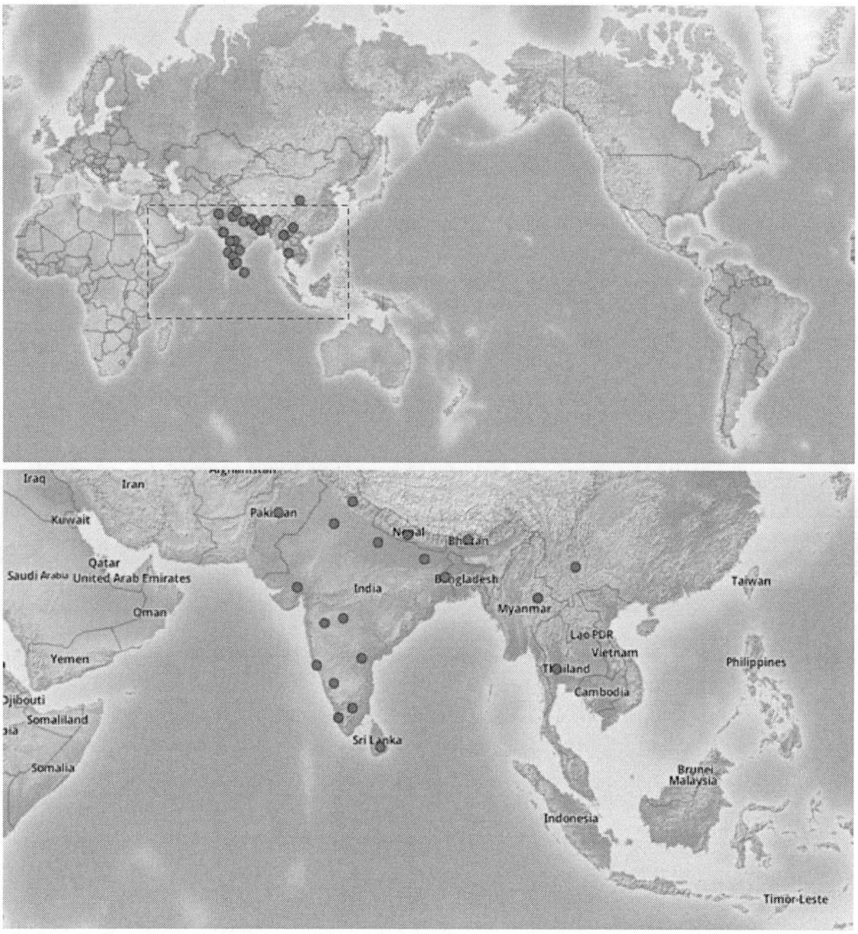

▌그림 1-2 ▌구아바과실파리 분포지역(CABI 2018, https://www.cabi.org/isc/datasheet/8703)

구아바과실파리의 온도발육 및 온도내성을 바탕으로 국내 정착가능성을 추정한 결과 제주 해안지역과 남해한 일부 지역에서 향후 기후변화에 따라 정착할 수 있는 것으로 나타났다(그림 1-3).

(A)

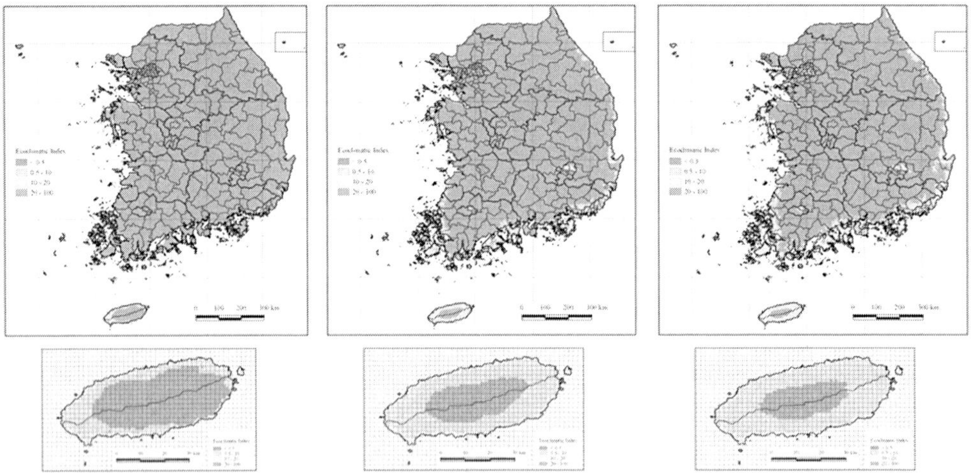

2011-2020　　2051-2060 (RCP 8.5 scenario)　　2091-2100

(B)

매개변수	추정값	매개변수	추정값
DV0	11.6	TTCSA	-
DV1	24	THCSA	-
DV2	34	TTHS	36
DV3	35	THHS	0.0008
SM0	0.1	DTHS	-
SM1	0.24	DHHS	-
SM2	0.85	SMDS	0.1
SM3	1.3	HDS	-0.00036
TTCS	9	SMWS	1.5
THCS	-0.0005	HWS	0.0006
DTCS	-	DVCS	-
DHCS	-	DVHS	-
PDD	454.5		

그림 1-3 구아바과실파리 국내 정착 적합도 추정. (A) RCP8.5 기후시나리오에 따른 구아바과실파리 기후적합 정착위험도 지도. Ecoclimatic Index (EI) 기준: 0 – 0.49 = unsuitable, 0.50 – 9.99 = marginal, 10 – 19.99 = suitable, >20 = optimal and 100 = perfect) (B) CLIMEX 모형 매개변수 적용값

2.4 구아바과실파리의 기주

구아바과실파리는 구아바(Psidium guajava) 과실의 심각한 해충으로 알려져 있으나, 구아바, 망고 등 다양한 기주식물을 가해한다(CABI, 2018). 제시된 기주식물 목록은 선호성이 높은 기주식물부터 드물게 우발적으로 가해하는 기주식물이 모두 포함되어 있다(표 1-7).

표 1-7 구아바과실파리의 기주목록(USDA-APHIS, 2014; CABI, 2018)

과명	학명	일반명	
Anacardiaceae	*Anacardium occidentale*	cashew nut	캐슈넛
	Bouea macrophylla	gandaria	마프랑
	Bouea oppositifolia	mariantree plum mango	-
	Mangifera indica	mango	망고
	Spondias dulcis	Jew plum yellow plum Otaheite apple goldena pple	암바렐라
	Spondias pinnata	common hog plum	마콕
	Spondias purpurea	red mombin	호코테
Annonaceae	*Polyalthia longifolia*	cemeterytree masttree	돛대나무 아쇼카나무
Apocynaceae	*Carissa carandas*	Bengal currants carandas plum karanda	카란다 카론다
Arecaceae	*Arecacatechu*	betelnut palm areca nut catecu Indian nut Pinang palm	비낭야자 베텔야자
Cactaceae	*Opuntia monacantha*	smoothtree pear droopingtree pear chochineal prickly pear	마블 선인장
Capparaceae	*Capparis sepiaria*	-	-
	Capparis thorelii	cáp thorel	-
	Maerua siamensis	-	-

Caricaceae	*Carica papaya*	pawpaw	파파야
Clusiaceae	*Garcinia dulcis*	Cludie mangosteen eggtree	-
	Garcinia xanthochymus	gamboge tree	노란망고스틴 감보즈
Combretaceae	*Terminalia bellirica*	beachalmond belleric	벨레릭
	Terminaliacatappa	Singapore almond sea almond tropical almond Indian alomnd	열대아몬드
Cucurbitaceae	*Benincasa hispida*	ash gourd wax gourd Chinese watermelon ash pumpkin winter melon	동과
	Coccinia grandis	ivy gourd	-
	Cucumis melo	melon	멜론 (참외 포함)
	Luffa aegyptiaca	spongegourd loofah dishrag gourd	수세미외
	Trichosanthes costata	ribbed orange gourd	-
	Trichosanthes cucumerina	annual gourd club gourd serpen tgourd snak egourd	뱀오이
Dipterocarpaceae	*Dipterocarpus obtusifolius*	koksat maixat keruing	-
Elaeocarpaceae	*Elaeocarpus hygrophilus*	Spanishplum jahtung-banghri	-
Euphorbiaceae	*Phyllanthusacidus*	star gooseberry	스타구즈베리
Flacourtiaceae	*Flacourtia indica*	governor'splum ramontchi	거버너플럼
	Flacourtia jangomas	Indian plum	커피플럼

Flacourtiaceae	*Flacourtia indica*	governor'splum ramontchi	거버너플럼
	Flacourtia jangomas	Indian plum	커피플럼
Irvingiaceae	*Irvingia malayana*	barking deer's mango	-
Lecythidaceae	*Careya arborea*	kumbi slow matchtree cockyappl tummy wood	-
	Careya sphaerica	kra doon	-
Loganiaceae	*Strychnos potatorum*	clearing nut tree	-
Malpighiaceae	*Malpighia emarginata*	acerola Barbados cherry West Indian cherry	아세롤라
	Malpighia glabra	acerola	아세롤라
Meliaceae	*Heynea trijuga*	buahpasat kalibaian	-
	Sandoricum koetjape	kechapi sengol red sangol	산톨
Moraceae	*Artocarpus chama*	chaplash	-
	Artocarpus integer	champedak	챔페닥
Musaceae	*Musax paradisiaca*	plantain banana	바나나
Myristicaceae	*Knema angustifolia*	horse blood	-
Myrtaceae	*Psidium guajava*	guava	구아바
	Syzygium aqueum	wateryrose-apple bellfruit	워터애플
	Syzygium borneense	kelat kerian	-
	Syzygium cumini	black plum Java plum rose apple jambolan	자바플럼
	Syzygium jambos	rose apple jambos	로즈애플

Myrtaceae	*Syzygium malaccense*	Malay apple rose apple	말레이 애플
	Syzygium nervosum	Daly River satin ash	-
	Syzygium samarangense	water apple Java apple wax jambu	왁스 잠부
Olacaceae	*Olax scandens*	namchai Khrai	-
Oxalidaceae	*Averrhoa carambola*	carambola starfruit	스타프루트
Phyllanthaceae	*Baccaurea racemosa*	menteng	-
	Flueggea virosa	common bushweed Chinses waterberry	-
Rhamnaceae	*Ziziphus jujuba*	common jujube	대추
	Ziziphus mauritiana	jujube	인도대추
	Ziziphus nummularia	jujube	-
	Ziziphus oenoplia	jacka ljujube wild jujube	-
Rosaceae	*Prunus avium*	sweet cherry bird cherry gean wild cherry	양벚나무
	Prunus cerasus	sour cherry dwarf cherry morello cherry tart cherry	신양벚나무
	Prunus persica	peach	복숭아
	Prunus salicina	plum	자두
Rubiaceae	*Coffea canephora*	Congo coffeetree roobusta coffee	로부스타 커피
Rutaceae	*Citrus maxima*	pummelo	포멜로
	Citrus reticulata	mandarin swee torange	만다린
	Clausena lansium	wampi	왐피
Sapindaceae	*Dimocarpus longan*	longan tree	용안 롱간
	Lepisanthes fruticosa	-	-

Sapotaceae	*Madhuca longifolia*	honeytree moatree	-
	Manilkara zapota	sapodilla	사포딜라
	Mimusops elengi	Spanish cherry medlar	-
Schoepfiaceae	*Schoepfia fragrans*	xiang fu mu	-
Tiliaceae	*Muntingia calabura*	Jamaica cherry Panama berry strawberrytree capulin	-
Vitaceae	*Vitis vinifera*	wild grape wine grape	포도

2.5 구아바과실파리의 피해 및 방제 기술

2.5.1 이동과 확산 방법

구아바과실파리의 이동과 확산은 주로 성충비행과 감염과실의 이동에 의하여 이루어진다. 과실의 수출입뿐만 아니라 일반 배의 화물 또는 비행승객의 과실 밀반입, 우편물을 통한 과실의 밀반입이 중요하다. 실제 뉴질랜드에서 연간 7~33건의 화물과 10~28건의 승객소지 수화물에서 과실파리류에 감염된 과실을 검출하였다(Baker and Cowley, 1991).

2.5.2 경로 매개체

다음은 구아바과실파리 충체 자신의 이동 능력 외에 다른 운반체에 의해 이동되는 수단이다.

감염부위	발육단계	내부	외부	지역내
과실(꼬투리 포함)	알, 유충	○	×	육안진단 가능 : 피해증상, 해충개체
식물재배 배지	번데기	○	×	육안진단 가능 : 피해증상, 해충개체

기타 비행기 화물의 옷, 신발, 소지품에 부착하여 장거리 이동이 가능하다.

■ 운반체 역할을 하지 않는 것으로 알려진 식물체 부분 : 껍질, 구근(비늘줄기), 꽃(꽃받침 부위 포함), 잎, 뿌리, 줄기(신초, 가지 포함), 덩이줄기(tuber), 채근(구경 corms), 지하경(rhizome), 실생묘(seedling), 조직배양 식물, 종자, 목질부 등

2.5.3 검역 중요성

2.5.3.1 경제적 영향

구아바과실파리는 원산지인 열대지역에서 구아바, 망고, 체리, 대추, 감귤, 고추 등 60여종의 열대과실과 채소류에 심각한 피해를 입히고 있다. 인도 Tamil Nadu 지역에서 구아바에 60~80%의 피해를 유발하고 있어 다른 과실파리보다 훨씬 피해가 크다(Jalaluddin et al., 1999). 피해는 유충이 내무에서 가해하면서 생기는 노출상처로 식물병원성 곰팡이나 세균이 침입하여 더욱 증가한다.

기타 경제적 피해는 수출대상 국가의 검역조치로 농산물의 수출금지와 직접적 피해로 발생할 수 있다. 구아바과실파리는 열대와 아열대 과수의 주요한 해충으로 무발생지역에 침입시 값비싼 검역비용과 박멸비용을 치러야 한다.

2.5.3.2 환경적 영향

구아바과실파리는 원산지나 침입지의 자연환경에 심각한 피해를 유발하는 해충은 아니다.

2.5.4 모니터링과 방제

2.5.4.1 의심 기주 조사

구아바과실파리 기주식물의 목록을 작성하고, 국내 해당지역에서 기주식물로 가능성 있는 종을 선정한다. 농경지 내에서는 주기적으로 약제방제를 실시하기 때문에 발견이 되지 않을 수 있다. 야생기주식물의 조사가 중요하면 특히 민간에서 정원수 또는 텃밭에서 재배되는 기주식물을 파악해야 한다.

2.5.4.2 조기경보시스템

상시 모니터링 트랩을 운영하여 감시가 필요하다. 항만, 공항, 대형 마켓, 농산물 집하장, 외래인 밀집지역 등 위험도가 높은 지역에 트랩을 설치하여 조기 검출한다. 수컷은 ME 미끼 트랩에 유인력이 잘되며, 오렌지색과 황색의 트랩이 녹색, 적색, 백색, 자색, 청색보다 훨씬 유인력이 높다(Mohamed, 1996).

2.5.4.3 발생 모니터링

찔린 자국 및 괴사와 관련된 흔적이 보이는 과실(지역적으로 재배된 또는 수입 과실의 샘플)은 검사해야 한다. 의심되는 과실은 절개하여 유충 유무를 점검해야 한다. 유충 동정은 어려워 분자지표를 이용하거나 성충으로 발육시켜 정확한 동정을 진행하게 된다. 우화 후 체벽의 경화와 체색을 갖추도록 며칠간 성충에게 설탕과 물을 공급한다.

2.5.4.4 법적 방제

구아바과실파리가 발생하는 지역에서 농작물을 수출하는 국가에 대해서는 엄격한 수확후 살충처리를 요구한다. 이 처리는 훈증, 열처리, 저온처리, 살충제 처리 또는 방사능 조사가 포함된다. 방사능 조사는 대부분 나라에서 허용하지 않으며, 현재 많은 국가들이 메틸브로마이드 훈증처리를 한다. 열처리는 대부분 과실의 유통 기간을 감소시키는 경향이 있다. 따라서, 법적 방제는 과실파리 발생이 없는 지역에서 생산된 과실 수입으로 제한하게 된다.

2.5.4.5 재배적 방제

다른 과실파리류에 사용하는 봉지재배 등 다양한 재배적 방제를 적용할 수 있다. 감염과실의 제거 방법은 소각 또는 매물(적어도 지표면에서 0.5 m 이하), 가축먹이(돼지 등) 및 짙은 색 비닐봉지에 보관하여 태양에 방치함(이에 내부온도는 상승하여 유충을 죽임)으로써 가능하다. 또 다른 물리적 방제 방법으로 과실나무 아래 토양을 갈퀴질한다. 이는 번데기를 지상부로 노출시켜 건조 또는 다른 생물체에 의해 포식되게 한다. 침수를 시키는 경우 번데기를 사멸시키기 위하여 24 시간 이상이 필요하다(CABI, 2018)

구아바과실의 비선호적인 형태가 저항성 품종의 결정에 중요한 역할을 하는 것으로 보고되었다. 착색전 지베렐린 살포가 산란과 유충발육에 내성을 증가시킨다(Mohamed, 1996; Jalaluddin et al., 1999).

2.5.4.6 화학적 방제

모든 작물의 전면 살포는 때때로 사용될 수 있지만, 미끼살포의 이용은 더 경제적이고 친환경적이다. 미끼살포는 단백질미끼와 살충제(예: 스피노사드, 합성피레스로이드계)의 혼합으로 구성된다. 말라치온 독미끼도 사용이 가능하다(Mohamed, 1996). 포장에서 침입하는 성충을 방제하는 경우는 과원 울타리에 ha 당 12 개의 비율로 트랩을 설치한다(Mohamed, 1996).

과실파리 암수 모두는 암모니아를 내뿜는 단백질 재료에 유인된다. 주로 이용되는 미끼는 산성을 띤 단백질 가수분해산물이다. 양조장 발효 폐기물도 효과적인 유인로 개발되어 있다.

님(neem)을 원료로 한 azadirachtin 함유 약제의 토양관주로 용화되는 유충을 방제할 수 있다(Mohamed, 1999).

2.5.4.7 불임곤충방사 기술

불임곤충방사 기술은 이온화방사선을 이용하여 불임 수컷을 만들고 야외에 방사시켜 암컷의 차세대 생산 능력을 저하시키는 방제 기술로 구아바과실파리에는 적용된 바 없다.

2.5.4.8 수컷유살제 처리기술

구아바과실파리 수컷은 methyl eugenol (ME, 1,2-dimethoxy-4-(2-propenyl)benzene)에 유인된다. 이 유인물질에 살충제를 혼합하여 유인된 수컷을 제거시키는 기술이다(수컷소거제, male annihilation). 농장내에서 수컷 방제용으로 ME를 사용할 수 있으나, 수백미터 범위에 있는 수컷을 유인하여 제거한 만큼 구아바과실파리가 증가할 위험이 있다. 하지만, 구아바과실파리 박멸 프로그램에서 수컷소거제는 가장 널리 사용되는 방법이다.

3 작은퀸즐랜드과실파리 생물정보

3.1 작은퀸즐랜드과실파리의 분류학적 위치

영 명	Lesser Queensland fruit fly
학 명	*Bactrocera neohumeralis* (Hardy) (파리목, 과실파리과)
강	곤충강(Insecta)
목	파리목(Diptera)
과	과실파리과(Tephritidae)

Dacus tryoni var. neohumeralis Hardy 1951: 169. — New name for humeralis Perkins 1934.

Chaetodacus humeralis Perkins 1934: 42. — Australia. Queensland: Cairns. Lectotype ♀ QMBA. Preoccupied by Bezzi (1915); Lectotype designated by Drew 1989: 115.

Chaetodacus tryoni var. sarcocephali: Tryon 1927: 188. — misidendification in part, see Drew 1989: 114.

Drew (1989)의 분류체계에 따르면, 많은 해충 종을 포함하는 Bactrocera, Zeugodacus 및 Dacus속은 Dacinae아과의 Dacini족에 속한다. Bactrocera neohumeralis는 Bactrocera속의 400여종 중 하나이다. 이 속은 동남아시아, 중국, 오스트레일리아 및 남태평양 섬들에서 아프리카까지 넓게 분포하고 있다. Bactrocera 속에 속한 많은 종들에 대해서 이들의 숙주 및 피해 상황이 아직 정확히 연구되지 않고 있으며 여기에 추가적으로 신종들이 매년 발견되는 상황이다. 따라서 정확히 집계할 수는 없지만, 전체적으로 매우 큰 경제적 피해를 주는 것으로 믿어지고 있다.

Bactrocera neohumeralis는 Bactrocera아속에 속한다. 따라서 작은퀸슬랜드과실파리의 학명은 아속명을 포함하여 Bactrocera (Bactrocera) neohumeralis로 인용되기도 한다. 이 종은 계통적으로 B. tryoni 및 B. aquilonis와 매우 유사하여, DNA 바코드로도 구분하기 힘들다. 그러나 형태적으로는 어깨판이 가슴등판과 비슷하게 어두운 색인 점으로 근연종들과 쉽게 구분할 수 있다.

3.2 작은퀸즐랜드과실파리의 생활사

작은퀸즐랜드과실파리는 퀸즐랜드과실파리와 형태적으로 매우 유사하여 서로 오동정되기도 한다. 그러나 전자는 한낮에 교미하고 후자는 황혼에 교미가 이루어지는 등 시간적으로 다른 교미행동을 통하여 생식적으로 격리되어 있다(Drew, 1989).

호주본토에서 퀸즐랜드과실파리와 작은퀸즐랜드과실파리의 북방한계는 유사하지만, 작은퀸즐랜드과실파리의 분포는 해안지대에 좁게 한정되어 있고 남쪽으로 확장되지 않는다(May, 1963).

Meats (2006)의 발육실험 결과에 따르면 25~28℃ 온도범위에서 알~유충 8~10일(용화관측), 알-유충-용 19~22일(성충관측), 산란관측 26~28일, 따라서 세대기간(알-알)은 26~28일이 된다. 18℃ 조건에서는 각각 13~15일, 35~38일, 52~54일이었다(표 1-8).

성충은 연중 발생하며 우화 1~2주 후에 교미하고 교미당일부터 산란한다. 작은퀸즐랜드과실파리 성충의 무반응임계온도(torpor threshold)는 2.2℃로 추정되었으며, -4℃에서 50% 개체군이 사망하는 시간은 6.76 시간이었다(Meats, 2006).

성충은 온도조건에 따라 1~3 개월 생존할 수 있다(Christenson and Foote, 1960). 작은퀸즐랜드과실파리는 멜로루어(Melolure: raspberry ketone formate)보다는 큐루어(cuelure)에 보다 잘 유인된다(Royer, 2015). 기타 작은퀸즐랜드과실파리의 성충 수명이나 산란수에 대한 연구 자료는 잘 알려지지 않았다.

표 1-8 작은퀸즐랜드과실파리의 발육과 온도와의 관계(Meats, 2006)

온도(℃)	알-유충	용	산란전기간	세대기간
18	14	22.5	16.5	53
26.5 (25~28)	9	11.5	6.5	27

3.3 작은퀸즐랜드과실파리의 분포 및 국내 정착 예측

작은퀸즐랜드과실파리는 호주 퀸즐랜드 지역에 국한하여 분포하고 있다(표 1-9, 그림 1-4). 퀸즐랜드에서 연간 강우량이 760 mm 이상인 지역에서 발견되고 있다(Drew, 1982a).

‖ 표 1-9 ‖ 작은퀸즐랜드과실파리 분포지역(CABI, 2018)

대륙	국가/지역	분포상황
오세아니아 (Oceania)	호주 (Australia)	존재
	- 뉴사우스웨일스 주 (New South Wales)	제한적으로 분포
	- 퀸즐랜드 주 (Queensland)	제한적으로 분포
	파푸아뉴기니 (Papua New Guinea)	존재

‖ 그림 1-4 ‖ 작은퀸즐랜드과실파리 분포지역(CABI 2018, https://www.cabi.org/isc/datasheet/8727)

작은퀸즐랜드과실파리의 온도발육 및 온도내성을 바탕으로 국내 정착가능성은 비교적 낮을 것으로 예상된다(그림 1-5).

(A)

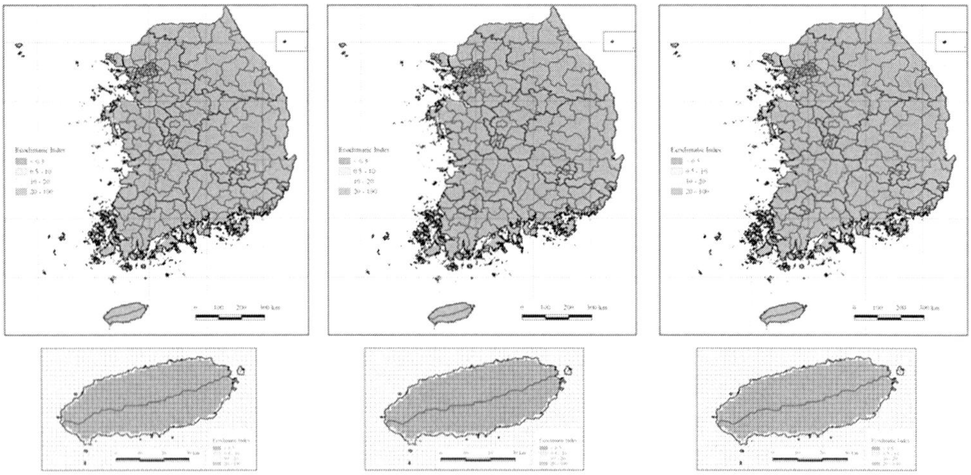

2011-2020　　2051-2060 (RCP 8.5 scenario)　　2091-2100

(B)

매개변수	추정값	매개변수	추정값
DV0	9.2	TTCSA	-
DV1	28	THCSA	-
DV2	33	TTHS	38
DV3	38	THHS	0.0055
SM0	0.25	DTHS	-
SM1	0.8	DHHS	-
SM2	3	SMDS	0.2
SM3	5	HDS	-0.015
TTCS	8	SMWS	5
THCS	-0.0035	HWS	0.002
DTCS	35	DVCS	-
DHCS	-0.002	DVHS	-
PDD	467.8		

그림 1-5 작은퀸즐랜드과실파리 국내 정착 적합도 추정. (A) RCP8.5 기후시나리오에 따른 카람볼라과실파리 기후적합 정착위험도 지도. Ecoclimatic Index (EI) 기준: 0 - 0.49 = unsuitable, 0.50 - 9.99 = marginal, 10 - 19.99 = suitable, >20 = optimal and 100 = perfect) (B) CLIMEX 모형 매개변수 적용값

3.4 작은퀸즐랜드과실파리의 기주

작은퀸즐랜드과실파리는 기주범위가 넓으며 퀸즐랜드과실파리와 기주이용 양상이 비슷하다(표 1-10). 주요 기주로는 구아바(Psidium guajava), 야생 구아바(Psidium cattleianum), 커피(Coffea arabica), 열대아몬드(Terminalia catappa) 등이다(Hancock et al., 2000).

표 1-10 작은퀸즐랜드과실파리의 기주목록(CABI, 2018)

과명	학명	일반명	
Anacardiaceae	*Anacardium occidentale*	cashew nut	캐슈넛
	Mangifera indica	mango	망고
	Spondias mombin	hog plum	호그플럼
	Spondias purpurea	red mombin	호코테 카자
Annonaceae	*Annona glabra*	pond apple	폰드애플
	Annona muricata	soursop	가시여지
	Annona reticulata	custardapple oxheart bullock'sheart	커스터드애플
	Annona squamosa	sugar apple	슈가애플
	Cananga odorata	perfume tree	일랑일랑
	Rollinia mucosa	Biriba	비리바
Arecaceae	*Phoenix dactylifera*	date-palm	대추야자
Capparaceae	*Crateva religiosa*	Bengal quince	-
Caricaceae	*Carica papaya*	pawpaw	파파야
Clusiaceae	*Calophyllum inophyllum*	Alexandrian laurel	용화수
Combretaceae	*Terminalia*	-	-
	Terminalia catappa	Singapore almond	열대아몬드 카타파
Ebenaceae	*Diospyros blancoi*	mabolo	마볼로 벨벳애플
	Diospyros kaki	persimmon	감
Malpighiaceae	*Malpighia emarginata*	acerola Barbadoscherry WestIndiancherry	아세롤라

Moraceae	*Morus nigra*	black mulberry	블랙 멀베리
Musaceae	*Musaxparadisiaca*	plantain	바나나
Myrtaceae	*Eugenia brasiliensis*	brazil cherry	브라질체리
	Eugenia uniflora	Surinam cherry	수리남체리
	Feijoa sellowiana	Horn of plenty	피조아 페이조아
	Myrciaria cauliflora	jaboticaba	자보티카바
	Psidium cattleianum	strawberry guava	야생구아바 스트로베리 구아바
	Psidium guajava	guava	구아바
	Syzygium aqueum	watery rose-apple	워터애플
	Syzygium jambos	rose apple	로즈애플
	Syzygium malaccense	Malay apple	말레이 애플
	Syzygium paniculatum	australian brush-cherry	-
	Syzygium samarangense	water apple	왁스 잠부
Oxalidaceae	*Averrhoa carambola*	carambola starfruit	카람볼라 스타프루트
Passifloraceae	*Passiflora edulis*	passionfruit	패션프루트
Passifloraceae	*Passiflora foetida*	red fruit passion flower	시계초
	Passiflora quadrangularis	giant granadilla	자이언트 그라나딜라
	Passiflora suberosa	corkystem passionflower	-
Rhamnaceae	*Ziziphus jujuba*	common jujube	대추
Rosaceae	*Eriobotrya japonica*	loquat	비파
	Malus sylvestris	crab-apple tree	사과
	Prunus armeniaca	apricot	살구
	Prunus domestica	plum	서양자두
	Prunus persica	peach	복숭아
	Prunus salicina	Japanese plum	자두

Rosaceae	*Eriobotrya japonica*	loquat	비파
	Malus sylvestris	crab-apple tree	사과
	Prunus armeniaca	apricot	살구
	Prunus domestica	plum	서양자두
	Prunus persica	peach	복숭아
	Prunus salicina	Japanese plum	자두
	Pyrus communis	European pear	서양배
	Rubus rosifolius	roseleaf raspberry	-
Rubiaceae	*Coffea arabica*	arabica coffee	커피
Rutaceae	*Casimiroa edulis*	white sapote	화이트 사포테
	Citrus aurantiifolia	lime	라임
	Citrus limon	lemon	레몬
	Citrus maxima	pummelo	포멜로
	Citrus reticulata	mandarin	만다린
	Citrus sinensis	navel orange	당귤, 오렌지
	Citrus x paradisi	grapefruit	자몽
	Clausena lansium	wampi	왐피
	Fortunella japonica	round kumquat	금감 금귤
Sapotaceae	*Chrysophyllum cainito*	caimito	스타애플
	Manilkara zapota	sapodilla	사포딜라
	Pouteria caimito	Abiu	아비우
	Synsepalum dulcificum	miracle fruit	미라클프룻
Solanaceae	*Capsicum annuum*	bell pepper	고추
	Cyphomandra betacea	tree tomato	타마릴로
	Solanum laciniatum	kangaroo apple	캥거루사과
	Solanum lycopersicum	tomato	토마토
	Solanum seaforthianum	Brazilian nightshade	-
Tiliaceae	*Muntingia calabura*	Jamaica cherry	-
Vitaceae	*Vitis labrusca*	fox grape	-

3.5 작은퀸즐랜드과실파리의 피해 및 방제 기술

3.5.1 이동과 확산 방법

다른 과실파리류와 같이 작은퀸즐랜드과실파리의 이동과 확산도 주로 성충비행과 감염과실의 이동에 의하여 이루어진다. 또한 과실의 수출입뿐만 아니라 일반 배의 화물 또는 비행승객의 과실 밀반입, 우편물을 통한 과실의 밀반입이 중요하다.

3.5.2 경로 매개체

■ 다음은 작은퀸즐랜드과실파리의 자체이동 능력(비행) 외에 다른 운반체에 의해 이동되는 수단이다.

매개체	내용	장거리	지역내
항공기	유충 및 알에 감염된 과실	○	
대량화물	모든 발육단계	○	
소모성물품 (유람선에 실은 식량 등)	모든 발육단계	○	
부유 식물체/쓰레기	유충 및 알에 감염된 과실	○	○
육상 교통수단	번데기	○	○
화물 (선원들의 사물함 포함)	유충 및 알에 감염된 과실	○	○
메일/우편	알 및 유충에 감염된 과실	○	○
식물 또는 식물 일부	알 및 유충에 감염된 과실	○	○
토양, 모래, 자갈 등	번데기	○	○
바람	성충		○
히치하이크	성충	○	○

■ 식물(농산물) 국제무역

감염부위	발육단계	내부	외부	진단
과실(꼬투리 포함)	알, 유충	○	×	육안진단 가능 : 피해증상, 해충개체
식물재배 배지	번데기	○	×	육안진단 가능 : 피해증상, 해충개체

기타 비행기 화물의 옷, 신발, 소지품에 부착하여 장거리 이동이 가능하다.

■ 운반체 역할을 하지 않는 것으로 알려진 식물체 부분 : 껍질, 구근(비늘줄기), 꽃(꽃받침 부위 포함), 잎, 뿌리, 줄기(신초, 가지 포함), 덩이줄기(tuber), 채근(구경 corms), 지하경(rhizome), 실생묘(seedling), 조직배양 식물, 종자, 목질부 등

3.5.3 검역 중요성

3.5.3.1 경제적 영향

호주 퀸즐랜드에서 퀸즐랜드과실파리와 중복감염이 일어나기 때문에 한 종의 피해를 구분하기는 쉽지 않다. 퀸즐랜드과실파리와 동등한 피해를 유발하는 것으로 추정된다(Drew, 1982a).

3.5.3.2 환경적 영향

작은퀸즐랜드과실파리는 원산지나 침입지의 자연환경에 심각한 피해를 유발하는 해충은 아니다.

3.5.4 모니터링과 방제

3.5.4.1 의심 기주 조사

작은퀸즐랜드과실파리 기주식물의 목록을 작성하고, 국내 해당지역에서 기주식물로 가능성 있는 종을 선정한다. 농경지 내에서는 주기적으로 약제방제를 실시하기 때문에 발견이 되지 않을 수 있다. 야생기주식물의 조사가 중요하면 특히 민간에서 정원수 또는 텃밭에서 재배되는 기주식물을 파악해야 한다.

3.5.4.2 조기경보시스템

상시 모니터링 트랩을 운영하여 감시가 필요하다. 항만, 공항, 대형 마켓, 농산물 집하장, 외래인 밀집지역 등 위험도가 높은 지역에 트랩을 설치하여 조기 검출한다.

수컷은 cue-lure에 유인되며 델타트랩을 사용하여 모니터링할 수 있다(White and Elson-Harris, 1994). 단백질 트랩을 사용하는 경우 암수를 동시에 유인할 수 있으며 가수분해 단백질(protein autolysate) 또는 자가용해 단백질(protein autolysate)이 이용된다(Drew, 1982b). 성충은 유색 점착트랩에 유인되며 밝은 황색을 선호한다(Hill and Hooper, 1984).

• **자가용해 단백질(protein autolysate)** : autolysis는 자체소화과정을 말한다. 자체 소유의 효소에 의하여 파괴된다. 효소추출물과 유사한 방법으로 생산되나 이 과정에서 세포벽이 제거되지 않는 형태로 남는다. 이 형태는 부분적으로 수용성이 있다.

- **가수분해 단백질**(protein hydrolysate) : 단백질을 가수분해하여 제조한 아미노산; 정확히는 단백질을 산, 알칼리 또는 효소로 분해하여 얻은 아미노산의 한 혼합물이다.

3.5.4.3 발생 모니터링

트랩조사뿐만 아니라 포장에서 과실파리에 감염된 과실(또는 식물체)를 조사하는 것이 필요하다. 다양한 증상을 확인하여 모니터링할 수 있다: 변색, 수지분비(gummosis), 궤양성 병변(lesions = 흑갈변, 딱지/함몰 등), 탈출구멍, 특이한 냄새가 나는 과실, 즙액분비(ooze), 기타 고사식물체(초본성 식물의 경우).

찔린 자국 및 괴사와 관련된 흔적이 보이는 과실(지역적으로 재배된 또는 수입 과실의 샘플)은 반드시 검사를 실시한다. 의심되는 과실은 절개하여 유충 유무를 점검해야 한다. 유충 동정은 어려워 분자지표를 이용하거나 성충으로 발육시켜 정확한 동정을 진행하게 된다. 우화 후 체벽의 경화와 체색을 갖추도록 며칠간 성충에게 설탕과 물을 공급한다.

3.5.4.4 법적 방제

작은퀸즐랜드과실파리가 발생하는 지역에서 농작물을 수출하는 국가에 대해서는 엄격한 수확후 살충처리를 요구한다. 이 처리는 훈증, 열처리, 저온처리, 살충제 처리 또는 방사능 조사가 포함된다. 방사능 조사는 대부분 나라에서 허용하지 않으며, 현재 많은 국가들이 메틸브로마이드 훈증처리를 하고 있으나 사용규제가 강화되고 있다. 열처리는 대부분 과실의 유통 기간을 감소시키는 경향이 있다. 따라서, 법적 방제는 과실파리 발생이 없는 지역에서 생산된 과실 수입으로 제한하게 된다.

3.5.4.5 재배적 방제

다른 과실파리류에 사용하는 봉지재배 등 다양한 재배적 방제를 적용할 수 있다. 감염과실의 제거 방법은 소각 또는 매물(적어도 지표면에서 0.5 m 이하), 가축먹이(돼지 등) 및 짙은색 비닐봉지에 보관하여 태양에 방치함(이에 내부온도는 상승하여 유충을 죽임)으로써 가능하다. 또 다른 물리적 방제 방법으로 과실나무 아래 토양을 갈퀴질한다. 이는 번데기를 지상부로 노출시켜 건조 또는 다른 생물체에 의해 포식되게 한다.

3.5.4.6 화학적 방제

작물재배지에서 살충제 전면살포 방법을 적용할 수 있지만, 제한된 지점에 독미끼 살포방법은 더 경제적이고 친환경적이다. 미끼살포는 단백질 미끼와 살충제(예: 스피노사드, 합성피레스로이드계)의 혼합으로 구성된다. 말라치온 독미끼도 사용이 가능하다(Roessler, 1989; Bateman,

1982).

과실파리 암수 모두는 암모니아를 내뿜는 단백질 재료에 유인된다. 주로 이용되는 미끼는 산성을 띤 단백질 가수분해산물이다(식물 약해 주의). Smith and Nannan (1988)은 자가용해 단백질을 개발하였다. 양조장 발효 폐기물도 효과적인 유인제로 개발되어 있다(Heimoana et al., 1997).

3.5.4.7 불임곤충방사 기술

불임곤충방사 기술은 이온화방사선을 이용하여 불임 수컷을 만들고 야외에 방사시켜 암컷의 차세대 생산 능력을 저하시키는 방제 기술로 작은퀸즐랜드과실파리에는 적용된 바 없다.

3.5.4.8 수컷유살제 처리기술

작은퀸즐랜드과실파리 수컷은 cuelure에 유인된다. 이 유인물질에 살충제를 혼합하여 유인된 수컷을 제거시키는 기술이다(수컷소거제, male annihilation). 농장내에서 수컷 방제용으로 유살제를 사용할 수 있으나, 장거리 범위에 있는 수컷을 유인하여 제거한 만큼 작은퀸즐랜드과실파리가 증가할 위험이 있다. 하지만, 작은퀸즐랜드과실파리 박멸 프로그램에서 수컷소거제는 가장 널리 사용되는 방법이 될 수 있다.

4 남방고추과실파리 생물정보

4.1 남방고추과실파리의 분류학적 위치

영 명	Solanum fruit fly
학 명	*Bactrocera latifrons* (Hendel) (파리목, 과실파리과)
강	곤충강(Insecta)
목	파리목(Diptera)
과	과실파리과(Tephritidae)

Chaetodacus latifrons Hendel 1915: 425. — Taiwan. Tainan. Lectotype ♂ BMNH. Lectotype designated by White & Liquido 1995: 251. Suspension of I.C.Z.N. rules required to validate usage.

Dacus parvulus Hendel 1912[2098]: 21. — Taiwan. Kanshirei. Syntype ♂♀ DEI, NMW. In interest of stability, authors reject this valid prior name; see White& Liquido (1995); type data (Hardy 1968: 113).

Chaetodacus antennalis Shiraki 1933: 56. —T aiwan. TaiP20nan. Syntype ♂♀ NTU.

Drew (1989)의 분류체계에 따르면, 많은 해충 종을 포함하는 Bactrocera, Zeugodacus 및 Dacus속은 Dacinae아과의 Dacini족에 속한다. Bactrocera latifrons는 Bactrocera속의 400여종 중 하나이다. 이 속은 동남아시아, 중국, 오스트레일리아 및 남태평양 섬들에서 아프리카까지 넓게 분포하고 있다. Bactrocera 속에 속한 많은 종들에 대해서 이들의 숙주 및 피해 상황이 아직 정확히 연구되지 않고 있으며 여기에 추가적으로 신종들이 매년 발견되는 상황이다. 따라서 정확히 집계할 수는 없지만, 전체적으로 매우 큰 경제적 피해를 주는 것으로 믿어지고 있다.

Bactrocera latifrons는 Bactrocera아속에 속한다. 따라서 남방고추과실파리의 학명은 아속명을 포함하여 Bactrocera (Bactrocera) latifrons로 인용되기도 한다. 이 종은 B. musae 종군 및 B. dorsalis 종군의 과실파리들과 유사하나 전체적으로 황갈색인 복부등판과 암컷의 산란관 말단부가 3 부분으로 갈라진 것으로 구분 가능하다.

4.2 남방고추과실파리의 생활사

남방고추과실파리(Bactrocera latifrons)는 유충이 고추 등 가지과 식물을 주로 과실파리 해충이다. 이 종은 비휴면으로 연중 발생하는 해충으로 발생지역의 온도조건에 따라 여러 세대가 발생한다. 1983년 하와이에서 발견되었고 하와이에서 고추(Capsicum annum L.)가 가장 많이 감염되는 기주식물 이었다(Vargas and Nishida, 1985a). 태국에서도 고추의 심각한 문제해충이며, 암컷 수명은 31.1일이고 10일째 산란을 시작하였고, 고추 착과기부터 수확기까지 전기간 가해한다(Wingsanoi and Siri, 2012). 말레이지아에서는 고추에서 60~80% 피해가 나오는 것으로 알려져 있다(Vijaysegaran and Osman, 1991).

남방고추과실파리의 최적온도는 24℃이고, 16℃ 이하와 32℃ 이상 온도범위에서는 발육이 저해된다(Vargas et al., 1996, 1997). 활동온도범위가 오이과실파리나 지중해과실파리보다 좁고 개체군 증식능력이 떨어진다. 남방고추과실파리는 다른 과실파리에 비하여 번식력이 떨어져서 경쟁력이 약한 것으로 알려져 있다(Vargas and Nishida, 1985b; Yang, 1992). 인도에서 가지(Solanum melongena)를 기주 식물로 사육한 결과 알기간은 1.2일, 전체 생활사는 18일 이었다(Kumar and Agarwal, 2003).

실내사육결과에 따르면 발육영점온도(적산온도, DD)는 알 10.9℃(41.4 DD), 유충 6℃(185.9 DD), 용 9.4℃(193.9 DD)이며, 알-성충 발육에 필요한 적산온도는 421.2 DD이었다(Vargas et al., 1996: 발육영점온도 무시 단순 합산하였음). 반면 중국에서 발육하한온도 15.7℃와 415.4 DD를 적용하여 세대수를 추정하였다(Ma et al., 2012). 중국에서 월동 최저온도는 -3.7℃, 월하 최고온도 36℃로 추정되었다(EPPO, 2017: 중국출처의 학위논문에서 인용).

지금까지 알려진 남방고추과실파리의 온도별 발육기간, 암컷성충의 산란전기간 및 수명, 총 산란수와 순산란수(부화된 알 수), 기타 생명표 통계량인 내적자연증가율(*Rm*)과 세대기간(*T*)은 표 1-11과 같다.

남방고추과실파리 수컷은 α-ionol에 유인되며(Flath et al., 1994), 케이드 오일(cade, 향나무속 일종)을 추가하는 경우 유인력이 높아지지만(McQuate and Peck, 2001; McQuate et al., 2004), 다른 과실파리 유인제로 사용하는 ME 또는 Cuelure 만큼 유인력이 좋지 못하다. ME와 구조적으로 유사한 물질인 isoeugenol, methyl-isoeugenol, dihydroeugenol 등은 포장실험에서 α-ionol + 케이드 오일 트랩보다 유인력이 저조하였다(McQuate et al., 2018).

단백질원의 종류도 유인력에 차이가 있는 것으로 보고되었으며, 단백질-미끼(Solulys AST, 옥수수 침지액(CSL, corn steep liquor) 발효로 생산된 단백질의 일종)가 토룰라 효모(Torula yeast) 미끼보다 유인력이 좋았다(EPPO, 2017). 기타 탄자니아에서 검출조사시 α-ionol 유인제는 유인력이 저조하여 비실용적이었으며 실제는 가지과 작물의 과실을 직접 조사하는 방법을 동원하였다.

표식재포획 실험(단백질 트랩이용)에서 방사후 이동거리는 200 m를 초과하지 않았으며, 재포획률은 수컷 3.86%, 암컷 2.5% 이었다(Peck and Mcquate, 2004).

남방고추과실파리 성충의 저온사망률은 14~15℃에서 90 일 동안 30% 이상이 생존하였다(Takano, 2014). 또한 암컷성충 95% 사망에 필요한 소요 일수는 8℃에서 13 일, 10℃에서 29 일, 12℃에서 38 일이었고, 동일 조건에서 수컷은 각각 8 일, 17 일, 24 일이었다. 따라서 일본 큐슈 남쪽지역에서 생존하지 못하는 것으로 추정되었다. 딱정벌레 일종에서와 같이(Renault et al., 2004) 남방고추과실파리는 항온(12℃)보다 변온조건인 11℃ (22 h)/20℃ (2 h) (즉 평균 11.8℃)에서 생존률이 훨씬 증가하였다(Takano, 2014).

표 1-11 남방고추과실파리의 발육(발육기간, 수명, 산란수)과 온도와의 관계

온도 (℃)	발육기간(일)			암컷수명 및 산란수				*Rm*	*T*	기주	인용문헌
	알	유충	용	산란전	수명	총산란	순산란				
16.0	9.3	24.0	28.3	14	58.5	70.2	1.4	-0.018	91.2	인공	Vargas et al. (1996, 1997)
18.0	5.7	14.5	24.8	10.4	80.3	408.6	173.4	0.055	73.1	인공	Vargas et al. (1996, 1997)
24.0	3.2	9.0	13.0	6.3	46.3	462.8	143.3	0.092	43.6	인공	Vargas et al. (1996, 1997)
26.5	-	-	-	-	-	945.2	-	0.12	46.6	가지	Ishida et al. (2005)
26.6	2.3	8.5	10.2	10.7	64.1	256.2	-	0.09	48.1	고추	Vargas and Nishida, (1985a)
29.0	2.0	7.3	9.2	5.3	36.4	379.8	169.3	0.119	31.7	인공	Vargas et al. (1996, 1997)
32.0	2.0	7.3	8.9	7.2	15	4.9	0.2	-	-	인공	Vargas et al. (1996, 1997)

[1] 자료 없음

4.3 남방고추과실파리의 분포 및 국내 정착 예측

남방고추과실파리는 동아시아와 동남아시아 지역에서 주로 분포한다(표 1-12). 현재는 아프리카 지역에서 발견되어 분포범위가 증가하고 있다.

표 1-12 남방고추과실파리 분포지역(CABI, 2018)

대륙	국가/지역	분포상황
아시아(Asia)	브루나이(Brunei Darussalam)	존재
	캄보디아(Cambodia)	없음, 불확실
	중국(China)	존재
	- 광둥성(Guangdong)	존재
	- 광시(Guangxi)	존재
	- 하이난성(Hainan)	존재
	- 홍콩(Hong Kong)	존재
	- 윈난성(Yunnan)	존재
아시아(Asia)	동티모르(East Timor)	존재
	인도(India)	존재
	- 히마찰프라데시 주(Himachal Pradesh)	존재
	- 카르나타카 주(Karnataka)	존재
	- 케랄라 주(Kerala)	존재
	- 타밀나두 주(Tamil Nadu)	존재
	- 서벵골 주(West Bengal)	존재
	인도네시아(Indonesia)	존재
	일본(Japan)	제한적으로 분포
	- 류큐 제도(Ryukyu Archipelago)	존재
	요르단(Jordan)	없음, 불확실
	라오스(Laos)	존재
	말레이시아(Malaysia)	제한적으로 분포
	- 서 말레이시아(Peninsular Malaysia)	존재
	- 사바(Sabah)	존재
	파키스탄(Pakistan)	존재
	싱가포르(Singapore)	존재
	스리랑카(Sri Lanka)	존재
	대만(Taiwan)	존재
	태국(Thailand)	존재
	베트남(Vietnam)	존재

아프리카(Africa)	케냐(Kenya)	존재
	탄자니아(Tanzania)	존재
북미(North America)	미국(USA)	제한적으로 분포
	- 캘리포니아 주(California)	박멸됨
	- 하와이 주(Hawaii)	존재

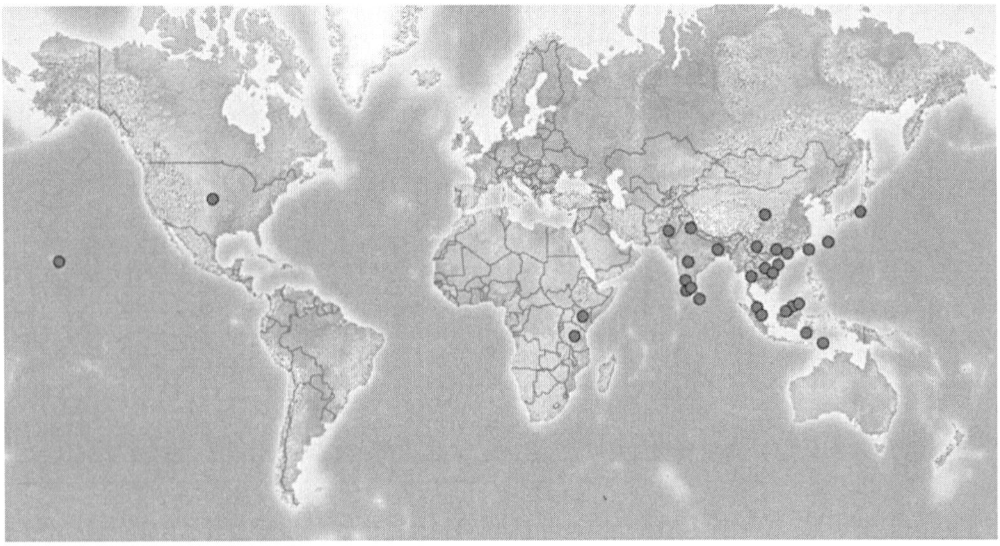

그림 1-6 남방고추과실파리 분포지역(CABI 2018, https://www.cabi.org/isc/datasheet/8719)

남방고추과실파리의 온도발육 및 온도내성을 바탕으로 국내 정착가능성은 제주 지역은 물론이고 남부 해안 지역에 침입하여 정착할 가능성이 높을 것으로 예상된다(그림 1-7).

(A)

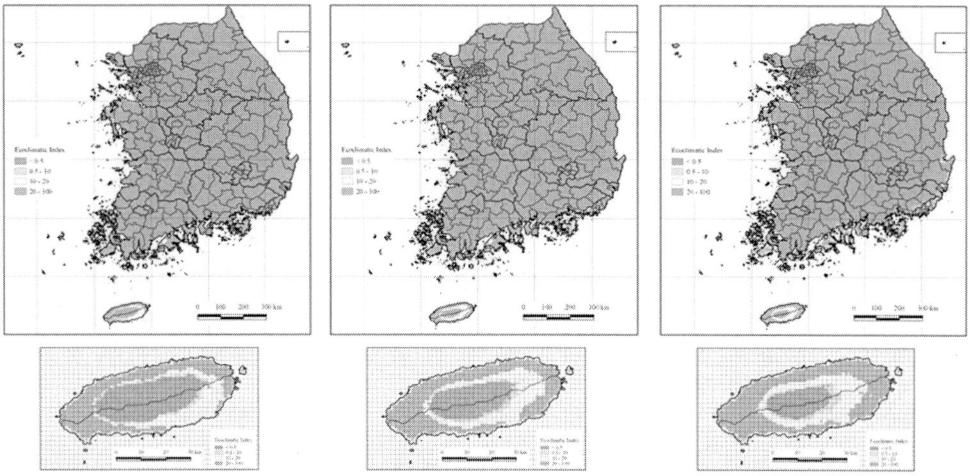

2011-2020 | 2051-2060 (RCP 8.5 scenario) | 2091-2100

(B)

매개변수	추정값	매개변수	추정값
DV0	10.4	TTCSA	-
DV1	18	THCSA	-
DV2	33	TTHS	36.0
DV3	36	THHS	0.005
SM0	0.1	DTHS	-
SM1	0.5	DHHS	-
SM2	1	SMDS	0.1
SM3	1.8	HDS	-0.005
TTCS	2	SMWS	1.8
THCS	-0.1	HWS	0.002
DTCS	-	DVCS	-
DHCS	-	DVHS	-
PDD	517.5		

▌그림 1-7▐ 남방고추과실파리 국내 정착 적합도 추정. (A) RCP8.5 기후시나리오에 따른 카람볼라과실파리 기후적합 정착위험도 지도. Ecoclimatic Index (EI) 기준: 0 – 0.49 = unsuitable, 0.50 – 9.99 = marginal, 10 – 19.99 = suitable, >20 = optimal and 100 = perfect) (B) CLIMEX 모형 매개변수 적용값

4.4 남방고추과실파리의 기주

남방고추과실파리는 고추, 가지, 토마토 등 가지과 작물이 주요한 기주식물이지만 박과류(Cucurbitaceae)에서도 발육할 수 있는 것으로 보고되었다(표 1-13).

또한 드물게 구아바(Psidium guajava), 석류(Punica granatum), 감귤류(Citrus aurantifolia)도 공격하는 것으로 나타났다(Allwood et al., 1999).

표 1-13 남방고추과실파리의 기주목록(CABI, 2018)

과명	학명	일반명	
Cucurbitaceae	*Citrullus lanatus*	watermelon	수박
	Cucumis dipsaceus	hedgehog gourd	박 일종
	Diplocyclos palmatus	-	-
	Momordica	-	-
Solanaceae	*Capsicum*	peppers	고추류
	Capsicum annuum	bell pepper	고추
	Capsicum chinense	habanero pepper	하바네로 칠리
	Capsicum frutescens	chilli	고추일종 타바스코
	Lycopersicon pimpinellifolium	currant tomato	토마토 일종
	Physalis peruviana	Cape gooseberry	금땅꽈리 골든베리 케이프 구즈베리
	Solanum aethiopicum	african scarlet eggplant	에티오피아 가지
	Solanum anguivi	-	-
	Solanum incanum	grey bitter-apple	-
	Solanum lycopersicum	tomato	토마토
	Solanum macrocarpon	local garden egg	가지 일종
	Solanum melongena	aubergine	가지
	Solanum nigrum	black nightshade	까마중
	Solanum pseudocapsicum	Jerusalem-cherry	예루살렘 체리
	Solanum scabrum	-	-
	Solanum torvum	turkey berry	터키 베리

4.5 남방고추과실파리의 피해 및 방제 기술

4.5.1 이동과 확산 방법

남방고추과실파리는 원산지인 동남아 열대지역에서 하와이(1983년), 아프리카(탄자니아 2006년, 케냐 2007년), 일본(Yonaguni = 첫 발견 1984년, 재발견 1999년; 오키나와 = 2010년, Kuba et al., 2006), 캘리포니아 (첫 발견 1998년, 박멸선언 2006년) 등으로 침입하였다(EPPO, 2017).

공항이나 항만에서 수시로 검출되어 차단되고 있는데 2007~2009년 프랑스 드골공항에서 72건이 기록되었다(Papadopoulos et al., 2013). 표식재포획 실험에서 방사 후 이동거리는 200 m (Peck and Mcquate, 2004)로 분산 능력은 다른 종에 비해 낮으나 초기 침입 후 확산은 자력이동이 중요한 영향을 미친다.

4.5.2 경로 매개체

■ 다음은 남방고추과실파리 충체 자신의 이동 능력 외에 다른 운반체에 의해 이동되는 수단이다.

매개체	내용	장거리	지역내
항공기	유충 및 알에 감염된 과실	○	
대량화물	모든 발육단계	○	
소모성물품 (유람선에 실은 식량 등)	모든 발육단계	○	
부유 식물체/쓰레기	유충 및 알에 감염된 과실	○	○
육상 교통수단	번데기	○	○
화물 (선원들의 사물함 포함)	유충 및 알에 감염된 과실	○	○
메일/우편	알 및 유충에 감염된 과실	○	○
식물 또는 식물 일부	알 및 유충에 감염된 과실	○	○
토양, 모래, 자갈 등	번데기	○	○
바람	성충		○
히치하이크	성충	○	○

■ 식물(농산물) 국제무역

감염부위	발육단계	내부	외부	진단
과실(꼬투리 포함)	알, 유충	○	×	육안진단 가능 : 피해증상, 해충개체
식물재배 배지	번데기	○	×	육안진단 가능 : 피해증상, 해충개체

기타 비행기 화물의 옷, 신발, 소지품에 부착하여 장거리 이동이 가능하다.

■ 운반체 역할을 하지 않는 것으로 알려진 식물체 부분 : 껍질, 구근(비늘줄기), 꽃(꽃받침 부위 포함), 잎, 뿌리, 줄기(신초, 가지 포함), 덩이줄기(tuber), 채근(구경 corms), 지하경(rhizome), 실생묘(seedling), 조직배양 식물, 종자, 목질부 등

4.5.3 검역 중요성

4.5.3.1 경제적 영향

남방고추과실파리는 유충이 기주식물 과실내부에서 가해하여 피해를 입힌다. 선호기주인 가지과(Solanaceae) 식물에서는 과실 1 kg 당 최대 수 백 마리의 성충이 우화하기도 하며, 가지과 기주가 아닌 경우 과실 kg 당 30 마리 이하로 피해가 적다(McQuate and Liquido, 2013). 말레이지아에서는 고추에서 60~80% 피해가 나오는 것으로 알려져 있다(Vijaysegaran and Osman, 1991). 탄자니아에서 토마토 일종(까마중 유사식물)(Solanum anguivi)에 90% 피해, 에피오피아 가지(S. aethiopicum)와 과지과 식물 일종(S. scabrum)에 60% 이상의 피해가 발생하고, 고추(Capsicum annuum), 화초가지(S. macrocarpon), 가지과 식물 일종(S. sodomeum) 등에서는 피해가 적었다(Mziray et al., 2010).

4.5.3.2 환경적 영향

남방고추과실파리는 원산지나 침입지의 자연환경에 심각한 피해를 유발하는 해충은 아니다.

4.5.4 모니터링과 방제

4.5.4.1 의심 기주 조사

남방고추과실파리 기주식물의 목록을 작성하고, 국내 해당지역에서 기주식물로 가능성 있는 종을 선정한다. 농경지 내에서는 주기적으로 약제방제를 실시하기 때문에 발견이 되지 않을 수 있다. 야생기주식물의 조사가 중요하면 특히 민간에서 정원수 또는 텃밭에서 재배되는 기주식물을 파악해야 한다. 페로몬 또는 단백질 트랩의 유인력이 저조하기 때문에 기주식물(과실) 조사가 효과적일 수 있다.

4.5.4.2 조기경보시스템

상시 모니터링 트랩을 운영하여 감시가 필요하다. 항만, 공항, 대형 마켓, 농산물 집하장, 외래인 밀집지역 등 위험도가 높은 지역에 트랩을 설치하여 조기 검출한다.

남방고추과실파리 수컷 유인제는 α-ionol + 케이드 오일을 사용한다. 단백질 유인제는 암수를 모두 조사할 수 있으며 단백질-미끼(Solulys AST, 옥수수 침지액(CSL, corn steep liquor) 발효로 생산된 단백질의 일종)가 토룰라 효모-미끼(Torula yeast) 보다 유인력이 우수하다. 트랩의 유인력이 저조하기 때문에 가지과 작물의 과실을 직접 조사하여 조기 검출하는 방법을 병행할 수 있다.

4.5.4.3 발생 모니터링

찔린 자국 및 괴사와 관련된 흔적이 보이는 과실(지역적으로 재배된 또는 수입 과실의 샘플)은 검사해야 한다. 의심되는 과실은 절개하여 유충 유무를 점검해야 한다. 유충 동정은 어려워 분자지표를 이용하거나 성충으로 발육시켜 정확한 동정을 진행하게 된다. 우화 후 체벽의 경화와 체색을 갖추도록 며칠간 성충에게 설탕과 물을 공급한다.

4.5.4.4 법적 방제

남방고추과실파리가 발생하는 지역에서 농작물을 수출하는 국가에 대해서는 엄격한 수확후 살충처리를 요구한다. 이 처리는 훈증, 열처리, 저온처리, 살충제 처리 또는 방사능 조사가 포함된다. 방사능 조사는 대부분 나라에서 허용하지 않으며, 메틸브로마이드 훈증처리가 적용되고 있으나 현재 많은 국가들이 금지하는 추세에 있다. 열처리는 과실의 유통 기간을 감소시키는 경향이 있고, 특히 남방고추과실파리는 다른 종에 비하여 열에 내성이 강한 것으로 알려져 있다(Jang et al., 1999). 따라서, 법적 방제는 과실파리의 발생이 없는 지역에서 생산된 과실의 수입을 제한하게 된다.

4.5.4.5 재배적 방제

다른 과실파리류에 사용하는 봉지재배 등 다양한 재배적 방제를 적용할 수 있다. 봉지는 씌우는 시기는 산란시기 이전에 실시해야한다. 일반적인 과실파리류는 과실 성숙기에 산란을 실시하나, 남방고추과실파리의 산란과 과실의 성숙도에 대한 정보가 없다. 다만, 고추에서는 착과기부터 수확기까지 전기간 동안 가해하는 것으로 알려져 있다(Wingsanoi and Siri, 2012)

감염과실의 제거 방법은 소각 또는 매몰(적어도 지표면에서 0.5 m 이하), 가축먹이(돼지 등) 및 짙은 색 비닐봉지에 보관하여 태양에 방치함(이에 내부온도는 상승하여 유충을 죽임)으로써 가능하다. 또 다른 물리적 방제 방법으로 과실나무 아래 토양을 갈퀴질한다. 이는 번데기를 지상부로 노출시켜 건조 또는 다른 생물체에 의해 포식되게 한다.

4.5.4.6 화학적 방제

모든 작물의 전면 살포는 때때로 사용될 수 있지만, 미끼살포의 이용은 더 경제적이고 친환경적이다. 다른 과실파리류 방제와 같은 방법으로 미끼살포는 단백질미끼와 살충제(예: 스피노사드, 합성피레스로이드계)의 혼합으로 구성된다.

과실파리 암수 모두는 암모니아를 내뿜는 단백질 재료에 유인된다. 주로 이용되는 미끼는 산성을 띤 단백질 가수분해산물이다. 양조장 발효 폐기물도 효과적인 유인로 개발되어 있다.

4.5.4.7 불임곤충방사 기술

불임곤충방사 기술은 이온화방사선을 이용하여 불임 수컷을 만들고 야외에 방사시켜 암컷의 차세대 생산 능력을 저하시키는 방제 기술로 남방고추과실파리에는 적용된 바 없다.

4.5.4.8 수컷유살제 처리기술

남방고추과실파리 수컷은 methyl eugenol (ME)이나 curlure에 유인되지 않는다. 수컷 유인제인 "α-ionol + 케이드 오일"에 살충제를 혼합하여 수컷유살제로 사용할 수 있다. 하지만 유인력이 약하기 때문에 방제효과는 저조할 수 있다.

5 일본귤과실파리 생물정보

5.1 일본귤과실파리의 분류학적 위치

영 명	Japanese orange fly
학 명	*Bactrocera tsuneonis* (Miyake, 1919)
강	곤충강(Insecta)
목	파리목(Diptera)
과	과실파리과(Tephritidae)

Dacus tsuneonis Miyake 1919: 92. — Japan. Kyushu: Oita Pref., Tsugumi. Syntype ♂♀ Unknown. Syntype presumed lost (Shiraki 1933: 116).

Dacus cheni Chao 1987: 4. — China. Guangxi: Pingxiang. Holotype ♂ PQMAB.

Dacus ferrugineus: Kuwana 1910: 23. — Misidentification (See Miyake 1919: 88).

Drew (1989)의 분류체계에 따르면, 많은 해충 종을 포함하는 Bactrocera, Zeugodacus 및 Dacus속은 Dacinae아과의 Dacini족에 속한다. Bactrocera tsuneonis는 Bactrocera속의 400여종 중 하나이다. 이 속은 동남아시아, 중국, 오스트레일리아 및 남태평양 섬들에서 아프리카까지 넓게 분포하고 있다. Bactrocera 속에 속한 많은 종들에 대해서 이들의 숙주 및 피해 상황이 아직 정확히 연구되지 않고 있으며 여기에 추가적으로 신종들이 매년 발견되는 상황이다. 따라서 정확히 집계할 수는 없지만, 전체적으로 매우 큰 경제적 피해를 주는 것으로 믿어지고 있다.

Bactrocera tsuneonis는 Tetradacus아속에 속한다. 따라서 일본귤과실파리의 학명은 아속명을 포함하여 Bactrocera (Tetradacus) tsuneonis로 인용되기도 한다. 이 종은 같은 아속의 중국귤과실파리(B. minax)와 형태 및 유전적으로 매우 유사하나 날개 말단의 황갈색 반문이 약간 작고 앞쪽에서 약간 끊어진 것으로 구분할 수 있다.

5.2 일본귤과실파리의 생활사

일본귤과실파리(Bactrocera tsuneonis)는 기주범위가 감귤류에 한정되어 있는 해충으로 일본, 중국 등에 분포하는 과실파리류이다. 주로 온대지역(일본)에 서식하는 일화성 해충으로 중국과 일본에서는 휴면태인 번데기로 월동하는 과실파리 해충으로 알려져 있다(Zhang, 1989; Yasuda et al., 1994).

월동 번데기는 다음해 성충으로 우화하는데 일본 에히메에서는 평균적으로 6월 19일에 우화가 시작되고 6월 30일에 종료되었다(Kanazaki et al., 2011). 유인트랩을 이용하여 성충의 발생을 조사한 결과(2009년) 무방제 과원에서 6월 하순~7월 상순부터 성충 발생이 확인되기 시작했으며, 방제 과원에서는 7월 하순부터 성충이 확인되었다. 성충 최대 발생일은 8월 6일로, 이 때 교미하는 성충들도 다수 발견되었다. 8월 19일에는 다수의 산란흔이 확인되었다. 또한 2010년 조사에서는 7월 7일 성충이 처음 확인되었고, 8월 10일~8월 17일 사이에 많은 성충이 포획되었다. 일본에서 Tatemoto (2008)가 10월 하순~11월 상순 두 과원에서 피해를 조사한 결과 각각 8~34%, 12~50%로 나타났다.

우화성충의 난소 내의 알은 7월 중순에는 50%가 성숙하며 산란전기간은 총 17~26일 이다(Fukai, 1953; Yasumatsu and Nagatomi, 1959). Nishi (2008)는 효모를 넣은 인공사료를 이용한 실험에서 이와 비슷하게 산란전기간을 24 일이라고 하였고 암컷 수명은 평균 60~70 일, 산란수는 140~165 개로 나타났다. 포트재배 감귤에 산란시키는 경우 알과 유충기간의 합계는 거의 93 일(알: 23 일, 유충: 70 일) 이었다. 포장상태에서 일본귤과실파리 성비는 거의 1:1 로 유지된다. CABI/EPPO (2018) 문서에서는 알 기간은 1~3 일, 유충 기간은 4~35 일이고 용화 1~2 주 후 성충으로 우화하는 것으로 기록하고 있어 차이가 있다.

일본귤과실파리 성충의 먹이에 관해서는 감귤원 및 인접 산림에 서식하는 진딧물, 깍지벌레가 분비하는 감로가 유일한 먹이자원으로 알려져 있다(표 1-14).

표 1-14 일본귤과실파리 성충의 먹이인 감로 분비곤충과 기주식물(Yasumatsu and Nagatomi, 1959)

감로분비 곤충	기주식물
Amphorophora lespedezae Essig et Kuwana	*Lespedeza* sp.
Aphis citricidus Kirkaldy	*Citrus* spp.ect.
Ceraphis quercus Takahashi	*Quercus gilva* Blume
Cereoplastes rubens Maskell	*Citrus* spp. Etc.
Greenidea kuwanai Pergande	*Quercus gilva* Bume
Lachnus tropicalis van der Goot	*Quercus gilva* Bume
Toxoptera aurantii Boyer	*Eurya japonica* Thunberg

일본귤과실파리의 행동은 하루 중의 온도변화와 관계가 있는데, 감귤원은 일반적으로 주변보다 기온이 높기 때문에 한여름 기온이 높아지면 감귤원에서 빠져나와 인근의 서늘한 산림이나 계곡에 숨는 현상이 관찰되었다(Yasumatsu and Nagatomi, 1959). 산란은 오후 2시에서 해지기 전의 시간동안에 만 이루어진다(Nishi, 2008). 보통 한 개의 산란구멍이 발견되며 2~6개의 알이 보이지만 최종 유충 1 마리만 살아남는다(Weems and Fasulo, 2015).

미국 플로리다 지침서(Weems and Fasulo, 2015)에 따르면, 일본귤과실파리는 7 월에서 8 월에 주로 산란한다. 유충은 10 월 첫째 날 나타나고 감귤 사낭(juice sack)을 섭식하기 시작하며 한 마리 유충이 2~10 개의 사낭을 가해한다. 과실에 침입한 유충은 11 월 상순경 다자라고 이때쯤 낙과되며, 과실에서 탈출한 노숙유충은 토양에서 번데기로 된다(종종 과실이 나무에 상태에서 유충이 탈출하는 겨우도 있다). 3령 유충의 탈출행동의 경우 조생온주밀감에서 비교적 이르게, 만생온주밀감에서는 늦게, 아침온도가 내려간 날에 많이 탈출하였다. 그러나 탈출에는 어두움에서 밝음으로의 조도변화는 관여하지 않은 것으로 나타났다(Nishi, 2008)

종령유충은 15~25℃ 온도범위에서 모두 용화가 가능하였고, 20℃에서 가장 빠르게 용화하였으며 용기간은 휴면을 고려하여 83~158 일로 길다(Yasuda et al., 1994).

5.3 일본귤과실파리의 분포 및 국내 정착 예측

일본귤과실파리는 일본, 중국, 동남아시아 일부지역에서 보고되었다(표 1-15, 그림 1-8).

표 1-15 일본귤과실파리 분포지역(CABI/Plantwise, 2018)

국가	지역	분포상황
중국	Sichuan Sheng	일부지역 제한분포
	Hunan Sheng	분포(세부정보 부재)
	Guangxi Zhuangzu Zizhiqu	분포(세부정보 부재)
	Jiangsu Sheng	분포(세부정보 부재)
일본	Ryukyu Archipelago	분포(세부정보 부재)
	Kyushu	분포(세부정보 부재)
대만	Taiwan (N16.1, E107.8)	분포(세부정보 부재)
베트남	Vietnam (N24, E121)	분포(세부정보 부재)

그림 1-8 일본귤과실파리 분포지역(CABI/Plantwise 2018, https://www.plantwise.org/)

일본귤과실파리의 온도발육 및 온도내성을 바탕으로 국내 정착가능성은 제주 지역은 물론이고 남부 해안 지역에 침입하여 정착할 가능성이 높을 것으로 예상된다(그림 1-9).

(A)

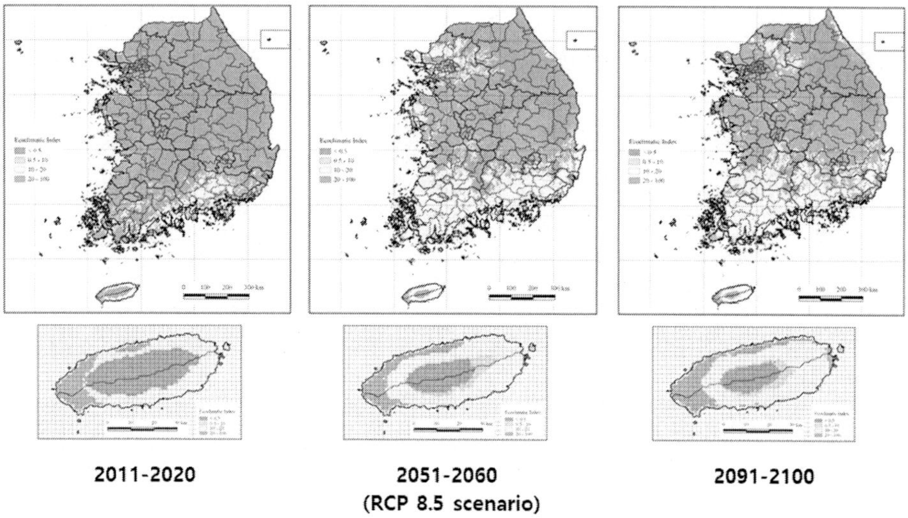

(B)

매개변수	추정값	매개변수	추정값
DV0	11.3	TTCSA	-
DV1	22	THCSA	-
DV2	29	TTHS	38
DV3	38	THHS	0.008
SM0	0.4	DTHS	-
SM1	0.5	DHHS	-
SM2	0.9	SMDS	0.4
SM3	2	HDS	-0.0001
TTCS	-	SMWS	2
THCS	-	HWS	0.006
DTCS	-	DVCS	-
DHCS	-	DVHS	-
DPD0	12	PDD	1,974
DPT0	18	DPD0	15
DPT1	8		

▌그림 1-9▐ 일본귤과실파리 국내 정착 적합도 추정. (A) RCP8.5 기후시나리오에 따른 카람볼라과실파리 기후적합 정착위험도 지도. Ecoclimatic Index (EI) 기준: 0 – 0.49 = unsuitable, 0.50 – 9.99 = marginal, 10 – 19.99 = suitable, >20 = optimal and 100 = perfect) (B) CLIMEX 모형 매개변수 적용값

5.4 일본귤과실파리의 기주

일본귤과실파리는 감귤류(Citrus) 식물에 국한하여 발생하는 다른 작물에서는 보고되지 않았다(표 1-16).

표 1-16 일본귤과실파리의 기주목록(CABI/Plantwise, 2018)

과명	학명	일반명	
Cucurbitaceae	*Citrus aurantium*	sour orange	
	Citrus reticulata	mandarin	감귤
	Citrus sinensis	navel orange	
	Fortunella margarita	oval kumquat	
	Fortunella x crassifolia	meiwa kumquat	

5.5 일본귤과실파리의 피해 및 방제 기술

5.5.1 이동과 확산 방법

일본귤과실파리는 원산지인 아시아지역에서 다른 대륙으로 침입한 사례가 없는 상태이다. 다른 과실파리류와 같이 자발적인 비행 또는 기류를 타고 장거리 이동이 가능한 것으로 보인다.

5.5.2 경로 매개체

■ 다음은 일본귤과실파리 충체 자신의 이동 능력 외에 다른 운반체에 의해 이동되는 수단이다.

매개체	내용	장거리	지역내
항공기	유충 및 알에 감염된 과실	○	
대량화물	모든 발육단계	○	
소모성물품(유람선에 실은 식량 등)	모든 발육단계	○	
부유 식물체/쓰레기	유충 및 알에 감염된 과실	○	○
육상 교통수단	번데기	○	○
화물(선원들의 사물함 포함)	유충 및 알에 감염된 과실	○	○
메일/우편	알 및 유충에 감염된 과실	○	○
식물 또는 식물 일부	알 및 유충에 감염된 과실	○	○
토양, 모래, 자갈 등	번데기	○	○
바람	성충		○
히치하이크	성충	○	○

■ 식물(농산물) 국제무역

감염부위	발육단계	내부	외부	진단
과실(꼬투리 포함)	알, 유충	○	×	육안진단 가능 : 피해증상, 해충개체
식물재배 배지	번데기	○	×	육안진단 가능 : 피해증상, 해충개체

기타 비행기 화물의 옷, 신발, 소지품에 부착하여 장거리 이동이 가능하다.

■ 일본귤과실파리에 감염된 과실은 늦게 낙과되기 때문에 미숙과 형태로 수확하여 이용하는 품종(감귤)의 경우 위험성이 높다.

■ 운반체 역할을 하지 않는 것으로 알려진 식물체 부분 : 껍질, 구근(비늘줄기), 꽃(꽃받침

부위 포함), 잎, 뿌리, 줄기(신초, 가지 포함), 덩이줄기(tuber), 채근(구경 corms), 지하경 (rhizome), 실생묘(seedling), 조직배양 식물, 종자, 목질부 등

5.5.3 검역 중요성

5.5.3.1 경제적 영향

일본귤과실파리 발생지역(일본)에서 일반적인 피해정도는 10~20%에 달하며, 방제가 소홀한 경우 수확기 50% 피해에 이를수 있다(Miyake, 1919). 중국에서 일부지역의 피해정도는 20~25%로 보고되었다(CABI/Pantwise, 2018).

5.5.3.2 환경적 영향

일본귤과실파리는 원산지나 침입지의 자연환경에 심각한 피해를 유발하는 해충은 아니다.

5.5.4 모니터링과 방제

5.5.4.1 의심 기주 조사

일본귤과실파리 기주식물의 목록을 작성하고, 국내 해당지역에서 기주식물로 가능성 있는 종을 선정한다. 농경지 내에서는 주기적으로 약제방제를 실시하기 때문에 발견이 되지 않을 수 있다. 야생기주식물의 조사가 중요하면 특히 민간에서 정원수 또는 텃밭에서 재배되는 기주식물을 파악해야 한다. 수컷 유인용 페로몬이 없기(White and Elson-Harris, 1994) 때문에 단백질 트랩을 이용해야 한다. 단백질 트랩은 유인력이 저조하기 때문에 기주식물(과실) 조사가 효과적일 수 있다.

5.5.4.2 조기경보시스템

상시 모니터링 트랩을 운영하여 감시가 필요하다. 항만, 공항, 대형 마켓, 농산물 집하장, 외래인 밀집지역 등 위험도가 높은 지역에 트랩을 설치하여 조기 검출한다. 단백질 유인제는 다른 과실파리류의 경우를 참조한다.

5.5.4.3 발생 모니터링

산란구멍은 처음 흰색으로 변색되어 나타나고, 갈색의 끈적끈적한 과즙액이 흘러나온다. 시간이 지나면 구멍주위가 황색으로 변하고 확대되며 적색으로 변색되어 세로로 상처자국(기타 원형 또는 비규칙적인 형태)이 생긴다. 산란구멍으로 피해과실은 10월 중순까지는 쉽게 구분된다(Miyake, 1919).

산란이 의심되는 과실은 절개하여 유충 유무를 점검해야 한다. 유충 동정은 어려워 분자지표를 이용하거나 성충으로 발육시켜 정확한 동정을 진행하게 된다. 우화 후 체벽의 경화와 체색을 갖추도록 며칠간 성충에게 설탕과 물을 공급한다.

5.5.4.4 법적 방제

다른 과실파리류 검역조건과 같이 일본귤과실파리가 발생하는 지역에서 농작물을 수출하는 국가에 대해서는 엄격한 수확 후 살충처리를 요구한다. 이 처리는 훈증, 열처리, 저온처리, 살충제 처리 또는 방사능 조사가 포함된다. 법적 방제는 과실파리의 발생이 없는 지역에서 생산된 과실의 수입을 제한하게 된다.

5.5.4.5 재배적 방제

다른 과실파리류에 사용하는 봉지재배 등 다양한 재배적 방제를 적용할 수 있다. 봉지는 씌우는 시기는 산란시기 이전에 실시해야한다. 일반적인 과실파리류는 과실 성숙기에 산란을 실시하나, 일본귤과실파리는 7~8월 주로 산란하므로 이전에 실시해야 한다.

감염과실의 제거 방법은 소각 또는 매물(적어도 지표면에서 0.5 m 이하), 가축먹이(돼지 등) 및 짙은 색 비닐봉지에 보관하여 태양에 방치함(이에 내부온도는 상승하여 유충을 죽임)으로써 가능하다. 과실에서 탈출하여 토양에서 번데기로 된 개체는 다음해 우화하므로 우화시기 이전에 과실나무 아래 토양을 갈퀴질한다. 이는 번데기를 지상부로 노출시켜 건조 또는 다른 생물체에 의해 포식되게 한다.

5.5.4.6 화학적 방제

화학적 방제는 다른 과실파리에 준하여 실시한다. 미끼살포를 이용한 방제법으로 설탕액에 살충제를 혼합하여 살포하는 경우 좋은 효과가 있는 것으로 보고되었다(CABI/Plantwise, 2018).

5.5.4.7 불임곤충방사 기술

중국에서 불임곤충방사 기술이 적용된 바 있다. 불임수컷을 대량 방사했을 때 0.2~25% 이하로 피해를 낮출 수 있다(Wang et al., 1990).

5.5.4.8 수컷유살제 처리기술

일본귤과실파리 수컷용 유살제는 아직 개발되지 않았다.

CHAPTER 02

금지급 과실파리류 진단법

과실파리과는 형태적으로 매우 다양하므로 몇 가지 쉽게 정의할 수 있는 특징으로 정확히 구분하기는 쉽지 않다. 성충의 경우 다음과 같은 형질들이 동정에 도움이 된다(그림 2-1).

① 날개가 2 개이며 대부분 무늬가 있다.
② 암컷의 경우 배 끝에, 배 끝마디보다 긴 산란통이 있다.
③ 날개 후면부에서 날개가 찢어진 것 같은 부분 바로위에 시맥(wing vein)으로 이루어진 삼각형의 기주실(cell bcu 또는 cell cup)이 있는데 말단부가 뾰쪽하게 뻗어있다.

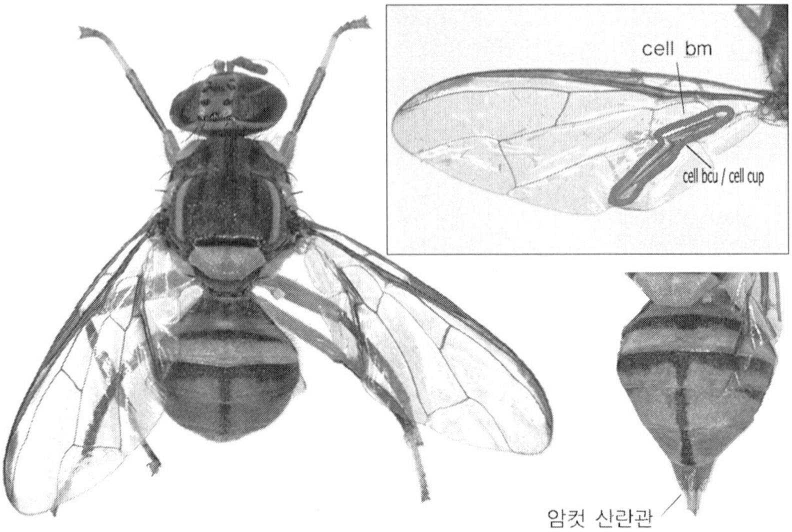

그림 2-1 오리엔탈과실파리 성충, 날개, 및 암컷 산란관

1 카람볼라과실파리 형태 및 진단법

1.1 유충

White and Elson-Harris (1992) 책자의 193쪽 참조

1.2 성충

중형의 Bactrocera이다(그림 2-2). 얼굴은 황갈색에 한 쌍의 타원형 흑색 점이 측면 하단부 가까이 있으며, 2쌍의 이마센털과 1쌍의 안센털을 갖고 있다. 가슴판(순판)은 흑색이며 횡단봉합선 뒤쪽 양 옆에는 한 쌍의 넓은 황색 세로띠가 소순판 측면 전방의 센털(intra-alar seta)에서 끝나며 중앙에는 황색 띠가 없다. 소순판과 어깨판, 날개 앞쪽에서 측판 하단 부근까지 황색이다. 다리의 넓적다리마디들은 모두 황색-황갈색이며, 앞다리넓적다리마디의 말단부 가까이에 대부분 갈색에서 흑갈색의 점이 있다. 앞다리 종아리마디는 옅은 갈색이며 뒷다리 종아리마디는 짙은 갈색이다. 날개는 투명하며 좁은 갈색 띠가 전단부를 따라 R_{4+5}를 약간 지나서 끝나며, 끝 부분이 확장된다. 기주실(bcu)과 둔맥(A)을 따라 추가적인 좁은 갈색 띠가 있다. 복부등판들은 황갈색-갈색 바탕에 흑갈색 무늬가 있으며 중앙 세로무늬가 뚜렷하다. 암컷의 산란통은 황갈색이며 바로 앞쪽 복부등판과 길이가 비슷하다.

카람볼라, 귤류, 대추 등 다양한 열대작물을 공격하는 심각한 해충이다. 가장 위험성이 높은 해충인 오리엔탈과실파리와는 매우 구분하기 힘들며, 그 분포범위가 중첩된다. 오리엔탈과실파리와 다른 점: 1) 배의 등판의 중앙 세로무늬가 더 넓다. 2) 날개 전단의 갈색 무늬가 시맥 R_{2+3}의 끝부분에서 좁아지지 않는 동시에 R_{4+5} 부근에서는 넓어진다. 3) 앞 넓적다리마디 뒤쪽 말단부 가까이에 종종 갈색 내지 흑갈색의 점이 있다.

▌그림 2-2▐ 카람볼라과실파리(*Bactrocera carambolae*)의 수컷. Photos by Ho-Yeon Han.

한국에서 카람볼라과실파리가 유인되는 트랩에 동시에 발견될 가능성 있는 과실파리 종들은 오리엔탈과실파리(Bactrocera dorsalis (Hendel)), 오이과실파리(Zeugodacus cucurbitae (Coquillett)), 호박과실파리(Zeugodacus depressus (Shiraki)), 호박꽃과실파리(Zeugodacus scutellatus (Hendel)), 녹나무과실파리(가칭; Bactrocera hyalina (Shiraki))이다. 이들 종들을 구별할 수 있는 검색표는 다음과 같다.

[검색표(성충)]

1. 가슴등판에 노란색의 세로줄이 2개이다 ······ 2
—. 가슴등판에 노란색의 세로줄이 3개이다 ······ 4
2. 소순판은 노란색이다 ······ 3
—. 소순판의 아래 반 정도가 검은색이다 ······ 녹나무과실파리
3. 날개 전단의 갈색 무늬가 시맥 R_{2+3}의 끝부분에서 좁아지며 R_{4+5} 부근에서 넓어지지 않는다; 앞 넓적다리 뒤쪽 말단부에 점이 없다 ······ 오리엔탈과실파리
—. 날개 전단의 갈색 무늬가 시맥 R_{2+3}의 끝부분에서 좁아지지 않는 동시에 R_{4+5} 부근에서는 넓어진다; 앞 넓적다리마다 뒤쪽 말단부 가까이에 종종 갈색 내지 흑갈색의 점이 있다 ······ 카람볼라과실파리
4. 소순판의 아래 반 정도가 검은색이다 ······ 호박꽃과실파리
—. 소순판은 노란색이다 ······ 4
5. 날개 검은 무늬가 크고 짙다 ······ 오이과실파리
—. 날개 검은 무늬가 작고 흐리다 ······ 호박과실파리

카람볼라과실파리

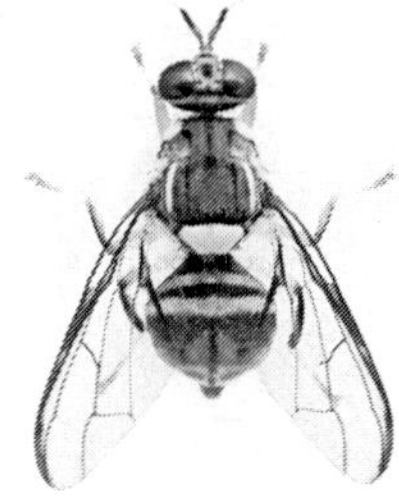

오리엔탈과실파리
(IAEA Imagebank 06410590)

녹나무과실파리

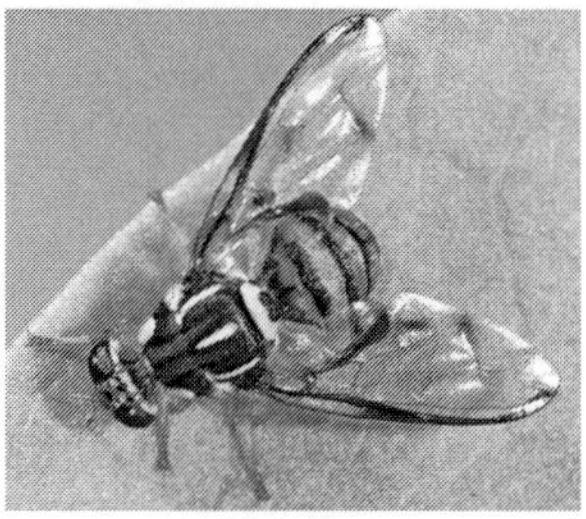

호박꽃과실파리

오이과실파리

호박과실파리

1.3 유인제

메틸유제놀(methyl eugenol)

2 구아바과실파리 형태 및 진단법

2.1 유충

자료 없음

2.2 성충

중형의 Bactrocera이다(그림 2-3). 얼굴은 황갈색에 하단부에 한 개의 중앙 가로띠가 있으며, 2쌍의 이마센털과 1쌍의 안센털을 갖고 있다. 가슴판(순판)은 대체적으로 흑갈색이며, 횡단봉합선 뒤쪽 양 옆에는 한 쌍의 뚜렷한 황색 세로띠가 소순판 측면 전방의 센털(intra-alar seta)에서 끝나며, 중앙에는 황색 띠가 없다. 소순판과 어깨판, 날개 앞쪽에서 측판 하단 부근까지 황색이다. 다리는 전체적으로 황갈색이다. 날개는 투명하며 좁은 황갈색 띠가 전단부를 따라 R_{2+3}을 약간 지나서 끝나며, R_{4+5}부분에 작은 흑갈색 반점이 있다. 기주실(bcu)은 연한 황갈색이며, 둔맥을 따라 띠가 없다. 복부등판들은 황갈색-갈색 바탕에 흑갈색 무늬가 있으며 3-5등판에 가는 중앙 세로무늬가 보이며, 3번 복부등판의 가로무늬와 함께 희미하게라도 T-자를 형성한다. 암컷의 산란통은 황갈색이다.

다른 대다수의 Bactrocera 종들은 타원형의 흑색 점이 측면 하단부 가까이에 있는 반면, 이 종은 이 점들이 연결되어 가로띠를 형성하는 것이 독특하다. 오리엔탈과실파리와 유사하나, 얼굴의 반점과 날개 전단부의 띠가 끊어진 점으로 쉽게 구분된다. 계통적으로는 B. zonata와 근연종이며 날개무늬가 거의 같으나, 대부분의 표본에서 가슴등판의 배경색이 B. correcta는 흑색 B. zonata는 적갈색인 점으로 구분된다.

그림 2-3 구아바과실파리(*Bactrocera correcta*) 수컷과 암컷. Downloaded and modified from IAEA Imagebank(male – IAEA0641584, female – IAEA0641588).

한국에서 구아바과실파리가 유인되는 트랩에 동시에 발견될 가능성 있는 과실파리 종들은 오리엔탈과실파리(Bactrocera dorsalis (Hendel)), 오이과실파리(Zeugodacus cucurbitae (Coquillett)), 호박과실파리(Zeugodacus depressus (Shiraki)), 호박꽃과실파리(Zeugodacus scutellatus (Hendel)), 녹나무과실파리(가칭; Bactrocera hyalina (Shiraki))이다. 이들 종들을 구별할 수 있는 검색표는 다음과 같다.

[검색표(성충)]

1. 가슴등판에 노란색의 세로줄이 2개이다 2
—. 가슴등판에 노란색의 세로줄이 3개이다 4
2. 소순판은 노란색이다 3
—. 소순판의 아래 반 정도가 검은색이다 .... 녹나무과실파리
3. 날개 전단의 갈색-흑갈색의 띠가 시맥 R_{2+3}의 끝부분에서 좁아지며 R_{4+5} 맥의 끝 부근에서 넓어지지 않는다 .... 오리엔탈과실파리
—. 날개 전단의 옅은 노랑색의 띠가 시맥 R_{2+3}의 끝부분 직전에서 끝나며, R_{4+5} 맥 끝부분에만 고립된 작은 흑갈색 점이 있다 .... 구아바과실파리
4. 소순판의 아래 반 정도가 검은색이다 .... 호박꽃과실파리
—. 소순판은 노란색이다 4
5. 날개 끝의 검은 무늬가 크고 짙다; 날개 하단부 DM-Cu 맥에 뚜렷한 갈색 띠가 있다 .... 오이과실파리
—. 날개 끝의 검은 무늬가 작고 흐리다; 날개 하단부 DM-Cu 맥에 갈색 띠가 거의 보이지 않는다 .... 호박과실파리

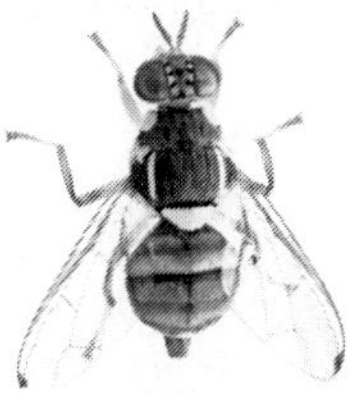

구아바과실파리
(IAEA Imagebank 0641588)

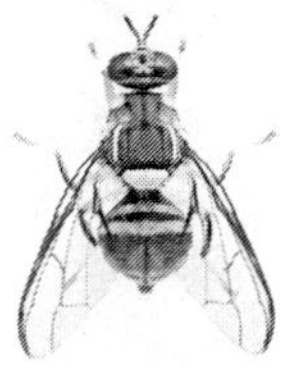

오리엔탈과실파리
(IAEA Imagebank 06410590)

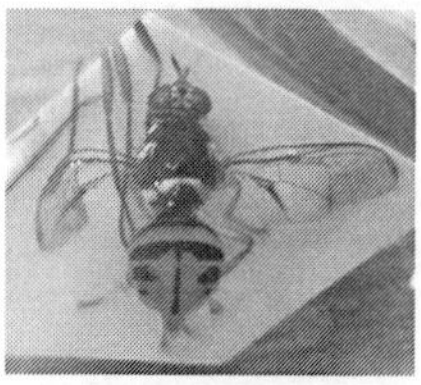

녹나무과실파리
(농림축산검역본부 제공)

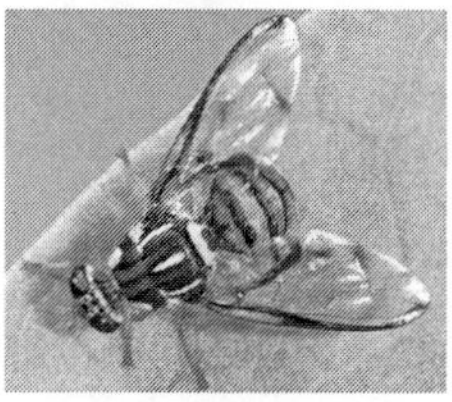

호박꽃과실파리

오이과실파리

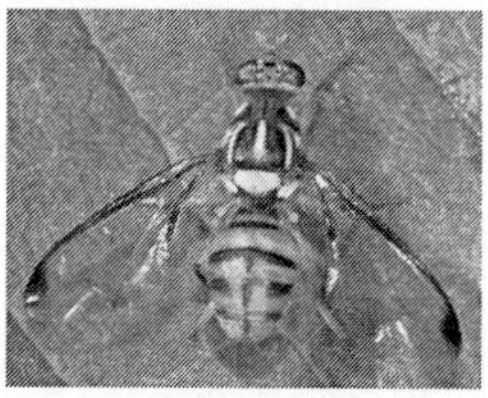

호박과실파리

2.3 유인제

메틸유제놀(methyl eugenol)

3 작은퀸즐랜드과실파리 형태 및 진단법

3.1 유충

White and Elson-Harris 책자의 (1992) 220쪽 참조

3.2 성충

중형의 Bactrocera이다(그림 2-4). 얼굴은 황갈색에 한 쌍의 타원형 흑색 점이 측면 하단부 가까이 있으며, 2쌍의 이마센털과 1쌍의 안센털을 갖고 있다. 가슴판(순판)의 배경 색깔은 적갈색이며, 횡단봉합선 뒤쪽 양 옆에는 한 쌍의 넓은 황색 세로띠가 소순판 측면 전방의 센털(intra-alar seta) 바로 앞에서 끝나며 중앙에는 황색 띠가 없다. 소순판, 날개 앞쪽에서 측판 하단 부근까지 황색이다. 다리는 대부분 황갈색이며, 뒷다리 종아리마디가 짙은 갈색이다. 날개는 투명하며 좁은 갈색 띠가 전단부를 따라 이어져서 시맥 R_{4+5} 말단부를 지나 시맥 M 말단부에 이르기 2/5쯤 전에 끝나며 띠의 말단부는 확장되지 않는다. 기주실(bcu)과 둔맥(A)을 따라 넓은 갈색의 띠가 있다. 복부등판 1+2는 황갈색에서 적갈색이며, 등판 3은 일반적으로 흑색이며, 등판 4-5도 거의 흑색이나 중앙부의 좁은 흑색의 세로띠 양쪽에 좁은 적갈색 부분이 있다. 암컷의 산란통은 복부와 동일하게 적황색이며 5번 복부등판과 길이가 비슷하다.

이 종은 계통적으로 B. tryoni 및 B. aquilonis와 매우 유사하여, DNA 바코드로도 구분하기 힘들다. 그러나 형태적으로는 어깨판이 가슴등판과 비슷하게 어두운 색인 점으로 근연종들과 쉽게 구분할 수 있다.

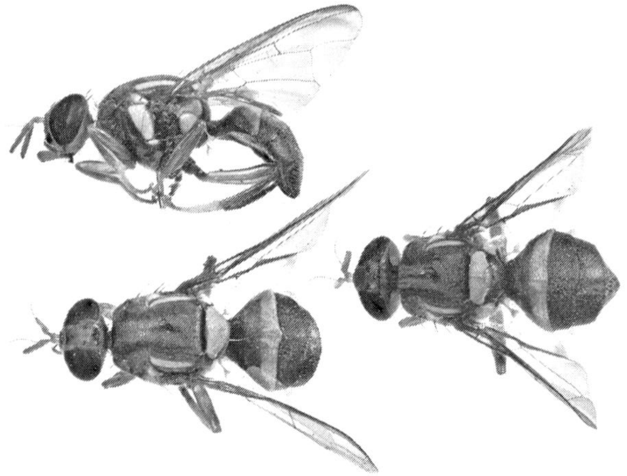

그림 2-4 작은퀸즐랜드과실파리(*Bactrocera neohumeralis*) 수컷. Photos by Ho-Yeon Han.

한국에서 작은퀸즐랜드과실파리가 유인되는 트랩에 동시에 발견될 가능성 있는 과실파리 종들은 오리엔탈과실파리(Bactrocera dorsalis (Hendel)), 오이과실파리(Zeugodacus cucurbitae (Coquillett)), 호박과실파리(Zeugodacus depressus (Shiraki)), 호박꽃과실파리(Zeugodacus scutellatus (Hendel)), 녹나무과실파리(가칭; Bactrocera hyalina (Shiraki))이다. 이들 종들을 구별할 수 있는 검색표는 다음과 같다.

[검색표(성충)]

1. 가슴등판에 노란색의 세로줄이 2개이다	2
—. 가슴등판에 노란색의 세로줄이 3개이다	4
2. 소순판은 노란색이다	3
—. 소순판의 아래 반 정도가 검은색이다	녹나무과실파리
3. 어깨판이 노란색이다	오리엔탈과실파리
—. 어깨판이 가슴등판과 같이 갈색이다	작은퀸즐랜드과실파리
4. 소순판의 아래 반 정도가 검은색이다	호박꽃과실파리
—. 소순판은 노란색이다	4
5. 날개 끝의 검은 무늬가 크고 짙다; 날개 하단부 DM-Cu 맥에 뚜렷한 갈색 띠가 있다	오이과실파리
—. 날개 끝의 검은 무늬가 작고 흐리다; 날개 하단부 DM-Cu 맥에 갈색 띠가 거의 보이지 않는다	호박과실파리

작은퀸즐랜드과실파리

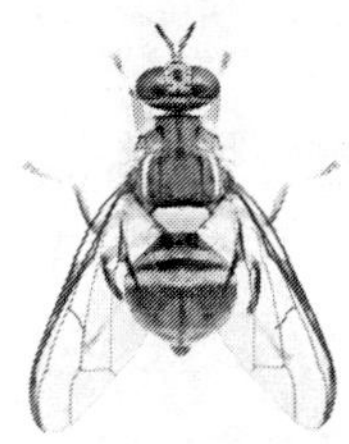
오리엔탈과실파리
(IAEA Imagebank 06410590)

녹나무과실파리
(농림축산검역본부 제공)

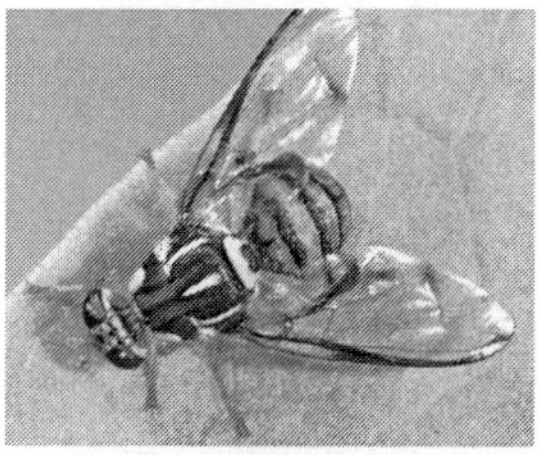
호박꽃과실파리

오이과실파리

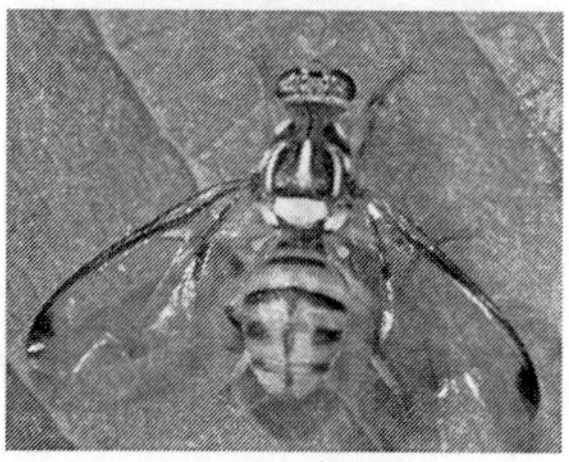
호박과실파리

3.3 유인제

큐루어(Cuelure)

4 남방고추과실파리 형태 및 진단법

4.1 유충

White and Elson-Harris (1992) 책자의 210쪽 참조

4.2 성충

중형의 Bactrocera이다(그림 2-5). 얼굴은 황갈색에 한 쌍의 타원형 흑색 점이 측면 하단부 가까이 있으며, 2쌍의 이마센털과 1쌍의 안센털을 갖고 있다. 가슴판(순판)은 대부분 흑색이며 측면과 후면에 갈색부분이 섞여있다. 가슴판 횡단봉합선 뒤쪽 양 옆에는 한 쌍의 넓은 황색 세로띠가 소순판 측면 전방의 센털(intra-alar seta)에서 끝나며 중앙에는 황색 띠가 없다. 소순판과 어깨판, 날개 앞쪽에서 측판 하단 부근까지 황색이다. 소순판과 어깨판, 날개 앞쪽에서 측판 하단 부근까지 황색이다. 다리의 넓적다리마디들은 모두 황색-황갈색이며 점이 없으며, 뒷다리 종아리마디는 어두운 색을 띠는 경우가 많다. 날개는 투명하며 좁은 황갈색 띠가 전단부를 따라 시맥R_{2+3}를 지나 R_{4+5}를 약간 지나서 끝나며, 끝 부분이 약간 확장된다. 기주실(bcu)과 둔맥(A)을 따라 추가적인 좁은 황갈색 띠가 있다. 복부등판들과 산란통은 전체적으로 황갈색이다.

이 종은 B. musae 종군 및 B. dorsalis 종군의 과실파리들과 유사하나 전체적으로 황갈색인 복부등판과 암컷의 산란관 말단부가 3부분으로 갈라진 것으로 구분 가능하다.

그림 2-5 남방고추과실파리(*Bactrocera latifrons*) 암컷. Photos by Ho-Yeon Han.

한국에서 남방고추과실파리가 유인되는 트랩에 동시에 발견될 가능성 있는 과실파리 종들은 오리엔탈과실파리(Bactrocera dorsalis (Hendel)), 오이과실파리(Zeugodacus cucurbitae (Coquillett)), 호박과실파리(Zeugodacus depressus (Shiraki)), 호박꽃과실파리(Zeugodacus scutellatus (Hendel)), 녹나무과실파리(Bactrocera hyalina (Shiraki))이다. 이들 종들을 구별할 수 있는 검색표는 다음과 같다.

[검색표(성충)]

1. 가슴등판에 노란색의 세로줄이 2개이다 ············ 2
—. 가슴등판에 노란색의 세로줄이 3개이다 ············ 4
2. 소순판은 노란색이다 ············ 3
—. 소순판의 아래 반 정도가 검은색이다 ············ 녹나무과실파리
3. 배 등판에 흑갈색의 무늬가 있다 ············ 오리엔탈과실파리
—. 배 등판은 전체적으로 황갈색-갈색이다 ············ 남방고추과실파리
4. 소순판의 아래 반 정도가 검은색이다 ············ 호박꽃과실파리
—. 소순판은 노란색이다 ············ 4
5. 날개 끝의 검은 무늬가 크고 짙다; 날개 하단부 DM-Cu 맥에 뚜렷한 갈색 띠가 있다 ············ 오이과실파리
—. 날개 끝의 검은 무늬가 작고 흐리다; 날개 하단부 DM-Cu 맥에 갈색 띠가 거의 보이지 않는다 ············ 호박과실파리

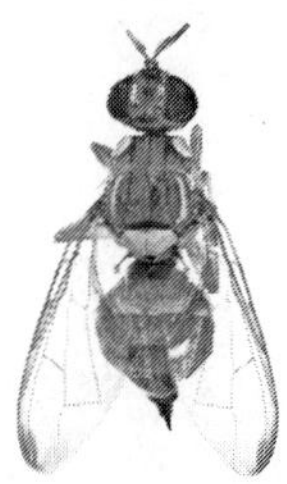
남방고추과실파리

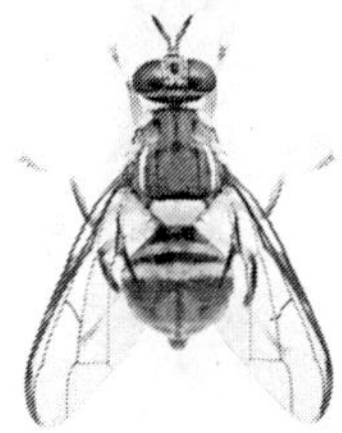
오리엔탈과실파리
(IAEA Imagebank 06410590)

녹나무과실파리
(농림축산검역본부 제공)

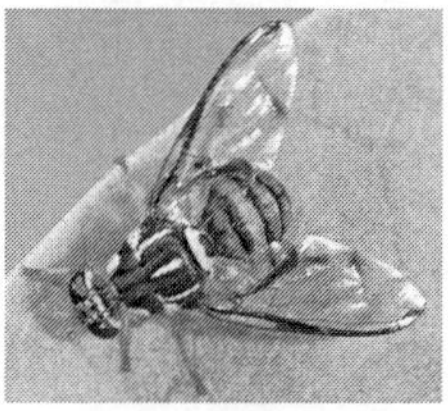
호박꽃과실파리

오이과실파리

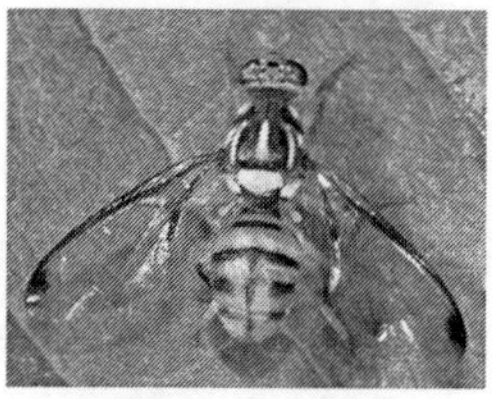
호박과실파리

4.3 유인제

Alpha-ionol과 cade oil에 어느 정도 유인이 됨

5 일본귤과실파리 형태 및 진단법

5.1 유충

자료 없음

5.2 성충

대형종이며 복부가 길쭉한 자루모양이다(그림 2-6). 얼굴은 황갈색에 한 쌍의 타원형 흑색 점이 있으며, 2쌍의 이마센털과 1쌍의 안센털을 갖고 있다. 가슴은 적갈색이며 어깨판과 소순판은 황색이며 가슴판(순판) 양 옆에 있는 한 쌍의 넓은 황색 세로띠는 어깨판과 연결되어 식작하여 소순판과 충분한 거리를 띠고 끝난다. 가슴판의 중앙, 횡단봉합선 뒤쪽에는 짧은 황색 세로띠가 있다. 다리는 전체적으로 황갈색을 띤다. 날개는 중맥(M) 앞쪽으로 황색을 띠며, 전연문(pterostigma)은 황갈색이며, R_{2+3} 말단 뒤쪽으로 R_{4+5} 말단부를 지나 M까지 도달하기 1/2부분까지 커다란 황갈색 반점이 있다. 기주실(bcu)는 황색이다. 복부는 황갈색이며, 제 3-5등판은 각각 전단부와 중앙부에 흑색의 T-무늬를 찾아볼 수 있다.

이 종은 중국귤과실파리(B. minax)와 매우 유사하나 날개 말단의 황갈색 반문이 약간 작고 앞쪽에서 약간 끊어진 것으로 구분할 수 있다.

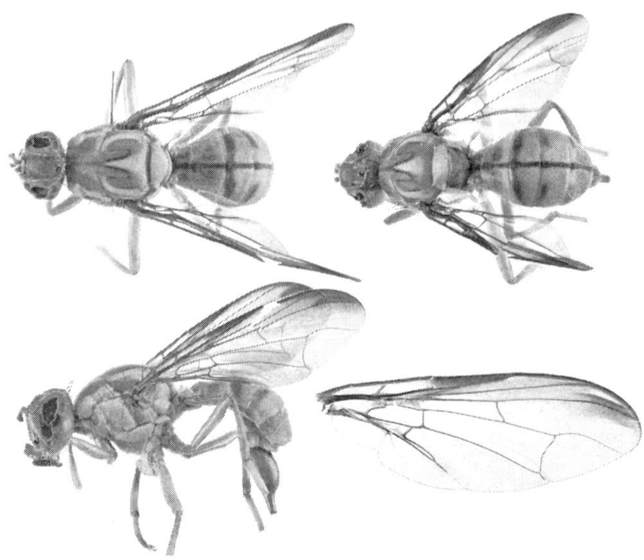

그림 2-6 일본귤과실파리(*Bactrocera tsuneonis*) 암컷(일본 혼슈). Photos by Ho-Yeon Han.

한국에서 일본귤과실파리의 예찰과정에서 혼돈될 수 있는 과실파리 종들은 오리엔탈과실파리(Bactrocera dorsalis (Hendel)), 오이과실파리(Zeugodacus cucurbitae (Coquillett)), 호박과실파리(Zeugodacus depressus (Shiraki)), 호박꽃과실파리(Zeugodacus scutellatus (Hendel)), 녹나무과실파리(Bactrocera hyalina (Shiraki))이다. 이들 종들을 구별할 수 있는 검색표는 다음과 같다.

[검색표(성충)]

1. 가슴등판에 노란색의 세로줄이 2개이다 ······ 2
—. 가슴등판에 노란색의 세로줄이 3개이다 ······ 3
2. 소순판은 노란색이다 ······ 오리엔탈과실파리
—. 소순판의 아래 반 정도가 검은색이다 ······ 녹나무과실파리
3. 소순판의 아래 반 정도가 검은색이다 ······ 호박꽃과실파리
—. 소순판은 노란색이다 ······ 4
4. 날개 검은 무늬가 크고 짙다 ······ 오이과실파리
—. 날개 검은 무늬가 작고 흐리다 ······ 호박과실파리
5. 가슴등판의 후반부가 노란 줄무늬를 제외하고 흑갈색이다 ······ 호박과실파리
—. 가슴등판의 후반부가 노란 줄무늬를 제외하고 황갈색이 우세하다 ······ 일본귤과실파리

일본귤과실파리

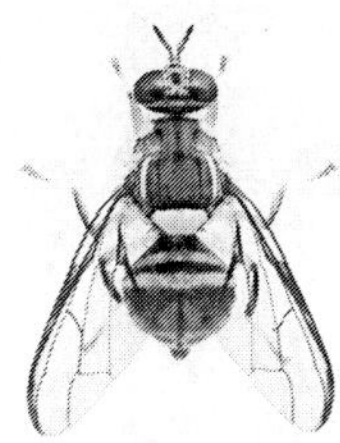
오리엔탈과실파리
(IAEA Imagebank06410590)

녹나무과실파리
(농림축산검역본부 제공)

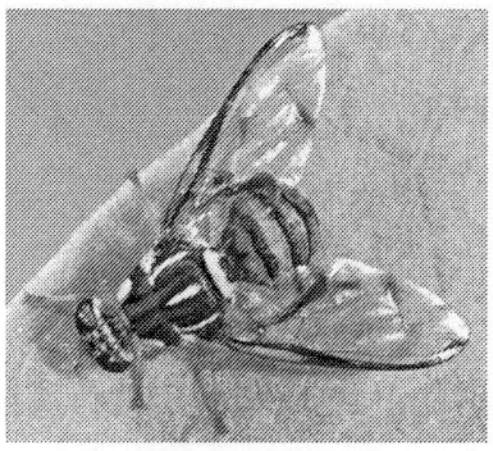
호박꽃과실파리

오이과실파리

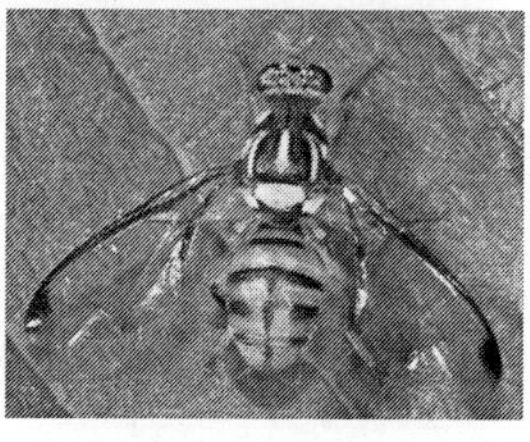
호박과실파리

5.3 유인제

알려지지 않음

6 금지급 과실파리 분자진단법

6.1 시료 준비법

모든 발육태(알, 유충, 번데기, 성충)를 재료로 활용가능하다. 성충은 다리 또는 가슴을 재료로 활용이 권장되며 이들 영역에 응애 등 다른 이물질이 부착할 수 있기에 재료로 사용 전 확인 및 제거한다. 번데기는 주로 기주의 외부환경에 존재하므로 내부기생성인 기생봉(천적)이 감염될 가능성이 있기에 사용 시 주의가 요구된다.

6.2 DNA 추출법

핵산 추출은 시판되는 핵산추출키트(예를 들면, Quiagen Dneasy Blood & Tissue Kit)를 사용한다. 추출방법은 구매한 핵산추출키트에 포함된 매뉴얼에 따라 DNA를 추출한다.

6.3 유전자증폭(PCR) 조건

① PCR premix는 iNtRON 또는 BIONEER 제품을 사용하며, 제품 구매시 제공되는 튜브(tube) 당 다음과 같이 재료를 혼합하여 분석을 실시한다.

DNA	1 ㎕
프라이머: 정방향 (10 pmol)	1 ㎕
프라이머: 역방향 (10 pmol)	1 ㎕
증류수	17 ㎕
전체 부피	20 ㎕

- **정방향 프라이머** : LCO1490 (5′-GGTCAACAAATCATAAAGATATTGG-3′)
- **역방향 프라이머** : HCO2198 (5′-TAAACTTCAGGGTGACCAAAAAATAC-3′)

② 분석에 사용되는 PCR 기계의 조건은 다음과 같다.

구 분	온도	시간	반복수
초기 변성	95℃	7 min	1 ×
변성 재생 합성	95℃ 45~55℃ 72℃	60 s 30 s 60 s	35 ×
최종단계	72℃	10 min	1 ×

③ 증폭된 PCR결과물은 마크로젠 등에 염기서열 분석의뢰 한다.

1) 염기서열 분석 의뢰한 회사에 BLAST까지 요청하여 동정결과를 수령하거나,
2) 염기서열 정보를 수령하여 직접 “해충DNA 바코드시스템(http://10.110.128.102/main/main.asp)” 또는 “BOLD SYSTEMS (http://boldsystems.org)”에 접속, BLAST하여 동정을 실시한다.

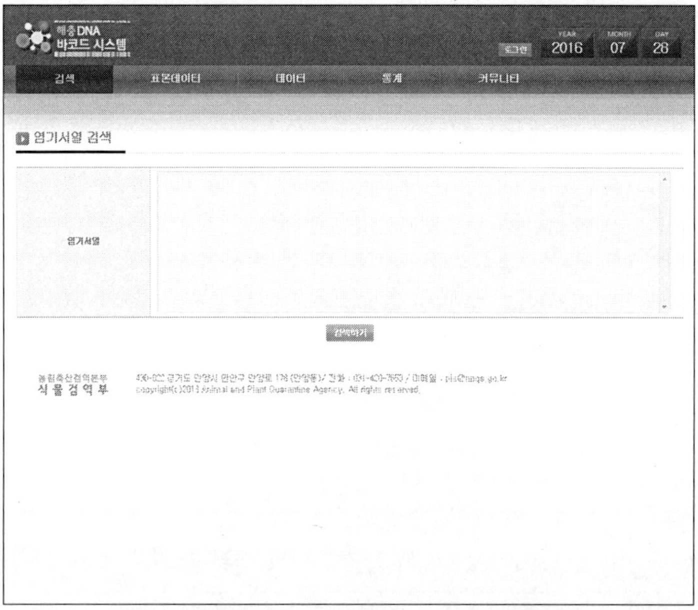

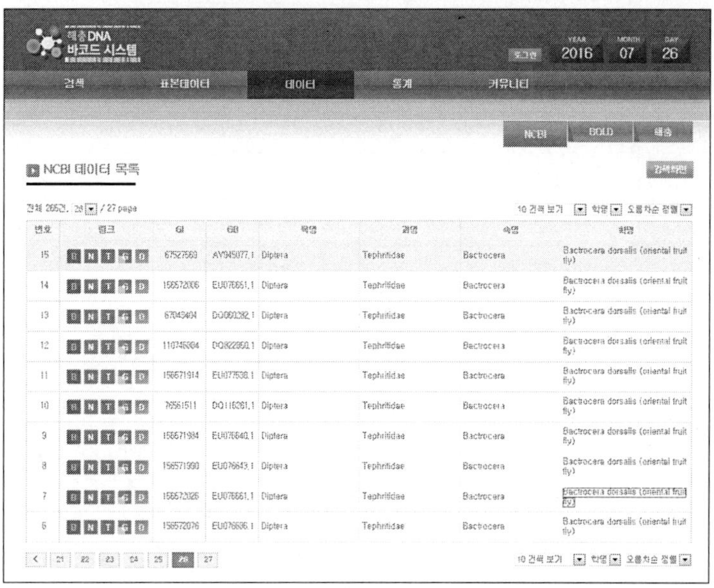

‖ 농림축산검역본부, 해충 DNA바코드 시스템 웹사이트 ‖

6.4 간이분자진단법

6.4.1 DNA 추출법

전체 게놈 DNA는 과실파리 성충 1 마리에 500 μl의 20% Chelex를 채우고 95℃에서 20 분간 가온한다. 이후 2 분간 얼음에 보관하여 반응을 정지시킨 후 다시 14,000 × g에서 3 분간 원심분리한 후 상등액을 추출하여 PCR에 이용한다.

6.4.2 PCR 조건

전체 반응용액이 25 μl를 기준으로 주형 DNA는 1 μl, 10x 완충용액은 2.5 μl, 기질 dNTP (각각 10 mM)는 2.5 μl, 진단 프라이머(10 pmol/μl, 표 2-1)는 각각 2.5 μl, Taq polymerase가 1 μl 그리고 탈이온증류수가 13 μl로 구성된다. 이 반응 용액을 검색 대상 종별로 상이한 반응조건(표 2-2)에서 PCR을 실시한다. 그림 2-7은 증폭물 결과의 특이성을 보여주고 있다. 이때 모든 종의 PCR 반응 양성대조는 CO-I 공통 프라이머(5′-CCCGGTAAAATTAAAATATAAACTTC-3′, 5′-GGATCACCTGATATAGC ATTCCC-3′)를 이용한다.

표 2-1 진단 프라이머 염기서열 및 증폭물 크기

대상곤충	방향	프라이머 서열(5′-3′)	증폭물 크기 (bp)
B. latifrions	정방향	TACACTATTATTAGTGAGAAGC	463
	역방향	GATAGGATCTCCTCCTCCAGCG	
B. dorsalis	정방향	CCCATATTATTAGTCAAGAATCAGGAAAG	452
	역방향	GATTTAATACTAGCCCTGTAAATAGGGGG	
Z. cucurbitae	정방향	ATTAGGATTTATTGTTTGAGCA	325
	역방향	TCAATGAACAAATCCTGCTATG	
B. tryoni	정방향	CTACCCCCTTCCCTTACACTAC	369
	역방향	GTCTCCTCCCCCAGCAGGGTCAAAAAG	
C. capitata	정방향	GGATTATTAGGATTTATTGTTTGAGCA	398
	역방향	GGATATCAATGAACAAATCCTGCTATG	
Z. depressus	정방향	ATAGTAGAAAATGGGGCTGGAACAGGC	260
	역방향	GCCAATACTGGTAGTGATAACAATAAC	
Z. scutellatus	정방향	ATTTTGACTACTGCCCCCTTCA	395
	역방향	ATTTCGATCTGTTAATAGCATT	

대상곤충	방향	프라이머 서열(5′-3′)	증폭물 크기 (bp)
B. latifrions	정방향	TACACTATTATTAGTGAGAAGC	463
	역방향	GATAGGATCTCCTCCTCCAGCG	
B. dorsalis	정방향	CCCATATTATTAGTCAAGAATCAGGAAAG	452
	역방향	GATTTAATACTAGCCCTGTAAATAGGGGG	
Z. cucurbitae	정방향	ATTAGGATTTATTGTTTGAGCA	325
	역방향	TCAATGAACAAATCCTGCTATG	
B. tryoni	정방향	CTACCCCCTTCCCTTACACTAC	369
	역방향	GTCTCCTCCCCCAGCAGGGTCAAAAAAG	
C. capitata	정방향	GGATTATTAGGATTTATTGTTTGAGCA	398
	역방향	GGATATCAATGAACAAATCCTGCTATG	
Z. depressus	정방향	ATAGTAGAAAATGGGGCTGGAACAGGC	260
	역방향	GCCAATACTGGTAGTGATAACAATAAC	
Z. scutellatus	정방향	ATTTTGACTACTGCCCCCTTCA	395
	역방향	ATTTCGATCTGTTAATAGCATT	

표 2-2 종별 진단 PCR의 반응 조건

	B.lat		*B.dor*		*B.try*		*C.cap*		*Z.dep*		*Z.scu*		
변성	94℃	30s	94℃	30s	94℃	30s	94℃	30s	94℃	30s	94℃	30s	
재생	53℃	30s	60℃	30s	63℃	30s	55℃	30s	55℃	30s	48℃	30s	× 35
합성	72℃	30s	72℃	30s	72℃	30s	72℃	30s	72℃	30s	72℃	30s	

	Z.cuc		
변성	94℃	30s	
재생	45℃	30s	× 10
합성	72℃	30s	
변성	94℃	30s	
재생	55℃	30s	× 30
합성	72℃	30s	

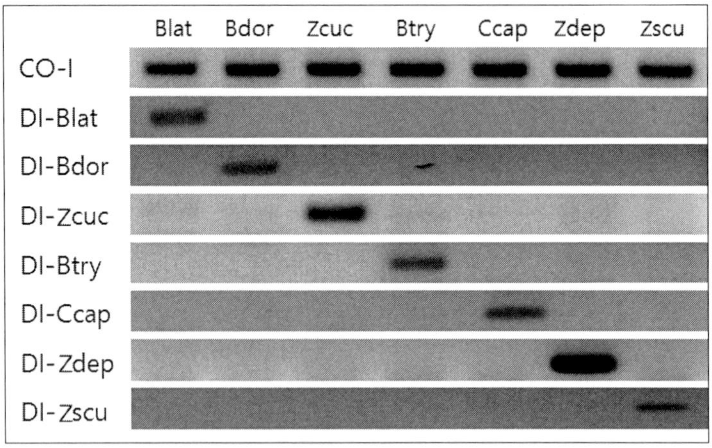

▌그림 2-7▐ 진단 PCR을 이용한 PCR 반응의 특이성

- B.lat　B. latifrons (남방고추과실파리)
- B.dor　B. dorsalis (오리엔탈과실파리)
- Z.cuc　Z. cucurbitae (오이과실파리)
- B.try　B. tryoni (퀸즐랜드과실파리)
- C.cap　C. capitata (지중해과실파리)
- Z.dep　Z. depressus (호박과실파리)
- Z.scu　Z. scutellatus (호박꽃과실파리)

7 과실파리 표본관리 및 정밀동정

델타트랩 등 끈끈이 판에서 채집된 의심 성충 표본은 조심스럽게 다루어져야 한다. 끈끈이 물질에 포획된 표본이 정확하게 동정됨을 보증하기 위해서 다음의 과정이 권고된다.

- 끈끈이판(트랩 삽입지)의 표본 주위를 잘라서 표본이 붙은 작은 끈끈이판 조각을 만든다. 이 작은 조각에 곤충핀(2호)을 꽂아 표본을 완성한다. 전문가에게 동정을 의뢰하기 위해 표본을 우송하려면 우송용 곤충상자에 위의 표본을 꽂아 단단히 고정시킨다. 이를 더 큰 상자에 넣고 상자 사이의 빈 공간에는 스티로폼 등의 충진제를 넣어 파손을 방지한다.
- 끈끈이판(트랩 삽입지)을 직접 잘라서 사용하지 않으려면, 작은 시약용 주걱(spatula)으로 끈끈이판에서 표본을 끈끈이와 함께 조심스럽게 떼어내어 카드종이에 붙인 후에 위와 같은 방식으로 보관용 표본을 제작한다.
- 의심 유충은 끓는 물속에 넣어 죽인 후, 바로 식혀서 70~75% 에탄올에 보존한다. 멕페일과 델타트랩에서 채집된 의심 성충 표본 및 다른 곤충 영기는 모두 동정 확인을 위해 에탄올 바이엘에 넣어 보관한다.

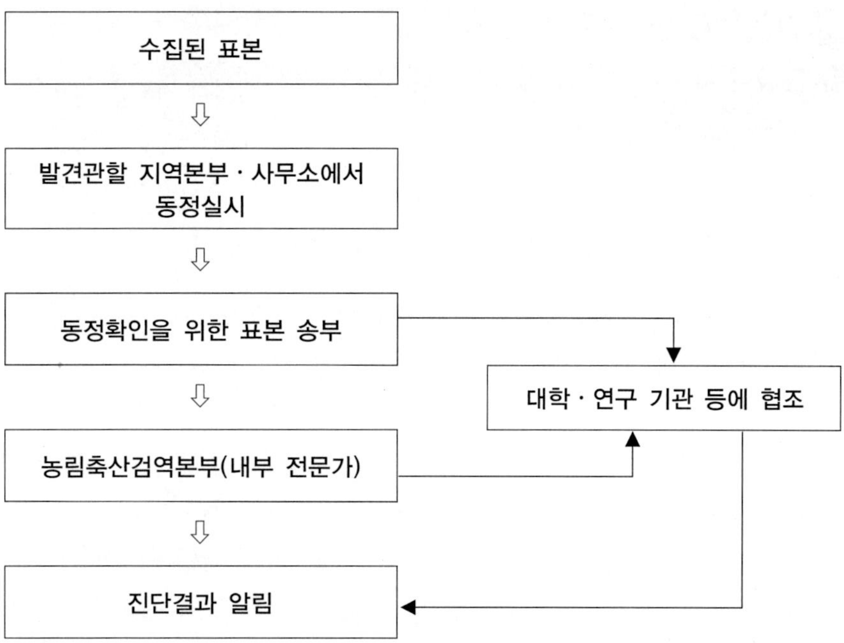

‖ 수집된 표본 동정(진단) 절차도 ‖

CHAPTER 03

금지급 과실파리 발생예찰

1 카람볼라과실파리 발생예찰

1.1 발생세대수

변온동물인 곤충은 온도에 따라 발육기간이 좌우된다. 알, 유충 및 성충의 생식발육은 대기온도에 의해 영향을 받는다. 다만, 번데기 단계 기간은 토양 내에서 경과함으로 토양온도의 영향을 받는다. 곤충은 일정한 범위의 온도에서만 발육이 가능하다. 따라서 발육이 가능한 최저온도인 발육영점온도와 발육완료에 필요한 총 온량(적산온도, degree-days, DD)을 추정하여 세대경과를 예측할 수 있다.

발육영점온도와 적산온도는 온도에 따른 발육기간에 대한 실험적 자료를 이용하여 추정한다. 표 3-1은 항온조건에서 카람볼라과실파리의 발육기간을 보여주는 자료이다. 발육기간에 역수를 취하여 발육률로 변환시켜 종속변수(y)로 사용하고, 온도를 독립변수(x)로 취급하여 선형모형을 추정한다($y = ax + b$). 이 선형모형에서 발육영점온도는 $-a/b$가 되며, 적산온도는 $1/a$가 된다.

카람볼라과실파리 각 발육단계별 발육영점온도와 적산온도를 추정한 결과는 표 3-1에 제시되어 있다. 이 자료는 포장에서 예찰 작업시 특정 발육단계의 발육완료를 추정하는데 활용할 수 있다.

카람볼라과실파리 침입후 발견 또는 박멸과정에서 발생세대수 추정은 의사결정을 위한 중요한 정보이다. 즉 상황에 따라 발생 세대기간에 따른 대응조치를 달리 적용한다. 이 때 각 발육단계의 발육영점온도와 적산온도를 이용하여 순차적으로 적산온도를 계산하여 세대기간을 추정할 수 있다. 즉 알, 유충, 번데기, 산란전기간이 완료되면 1세대가 완성되는 것으로 판단한다. 하지만, 이 방법은 정확할 수는 있으나 계산이 복잡하고 번데기 발육을 추정하기 위한 토양온도가 필요하기 때문에 현장에서 실용성이 떨어진다.

대체 방법으로 알-알기간의 세대기간을 적용할 수 있다. 알-알 세대기간의 발육영점온도

11.8℃와 적산온도 384.6 DD를 이용한다. 이 방법은 대기온도자료만을 이용하여 신속하고 간편하게 카람볼라과실파리 발생 세대수를 추정할 수 있는 장점이 있다.

대기온도자료는 발견 또는 발생된 지점에서 가장 기후학적으로 가까이 있는 기상대(기상청)의 기상자료를 이용한다. 기타 이동형 데이터 로거를 설치하여 현장의 온도를 직접 수집하고 그 값을 이용할 수도 있다. 일평균대기온도를 이용하여 적산온도를 계산하는데, 일최고온도와 최저온도를 알고 있는 경우 평균온도[(최고+최저)/2]로 계산하여 사용한다.

표 3-1 발육단계별 발육영점온도 및 발육완료에 필요한 적산온도

발육 단계	온도발육 선형모형			발육영점온도 (℃)	적산온도 (DD)
	회귀식(y: 발육율, x: 온도)	df	R^2		
알	y = 0.0388x - 0.3852	5	0.96	9.9	25.8
유충	y = 0.0068x - 0.0574	8	0.87	8.4	147.1
번데기	y = 0.0058x - 0.0503	8	0.99	8.7	172.4
산란전기간	y = 0.0114x - 0.1694	5	0.99	14.9	87.7
알-알기간	y = 0.0026x - 0.0307	4	0.996	11.8	384.6

일별 평균대기온도에서 발육영점온도 이상의 온도를 일유효온도라고 하며, 단위는 일도(day degrees, DD)가 된다. 대기온도가 발육영점온도보다 낮은 경우 일유효온도는 “0"를 적용한다. 적산온도는 이 일유효온도를 누적하는 것이다. 번데기의 경우 토양에서 존재하기 때문에 토양온도가 필요하지만 생육기에는 대기 온도와 큰 차이가 없으므로 대기온도 만을 이용하여 세대완료를 추정할 수 있다. 최종 발견일(또는 최초발견일) 다음날부터 적산온도를 계산하여 384.6 DD(발육영점온도 11.8℃ 적용) 되는 날이 1 세대가 완료되는 날이다(384.6 DD와 정확하게 일치하지 않는 경우는 이 적산온도 값을 초과하는 첫날을 1세대 완료일로 취급한다). 제공된 엑셀시트(사용법: 부록 1)를 이용하여 간편하게 계산할 수 있다.

1.2 월동 사망율 추정

발생세대수 추정을 하는 동안 겨울철과 만나는 경우 적산온도가 누적되지 않기 때문에 진행되고 있는 세대가 다음연도로 넘어가서 완료될 수 있다. 이런 경우 현장조사 활동의 중단은 발생세대수가 아닌 평균 대기온도를 기준으로 결정한다. 아직 온도와 카람볼라과실파리 비행에 대한 자료가 없으므로 유사종인 오리엔탈과실파리의 매뉴얼을 따라 결정한다. 즉, 성충비행활동 임계온도로 10℃를 적용하여 연속적으로 4일 이상 일평균대기온도가 10℃ 이하로 내려가면 조사를 중단할 수 있다. 또한 연속적으로 4일 이상 일평균 대기온도가 10℃ 이상 올라가면 조사를 재개한다. 조사를 재개한 경우 전년도(또는 이전)부터 이어서 계산한 적산온도에 근거한 세대수에 따라 현장조사의 의사를 결정한다.

노지작물에서는 겨울동안 조사중지가 가능하지만 시설재배(특히 가온재배 온실)의 작물은 상황에 따라 위험도를 평가하여 조사를 계속 실시한다.

부록 1 카람볼라과실파리 발생세대수 추정 엑셀시트 사용방법

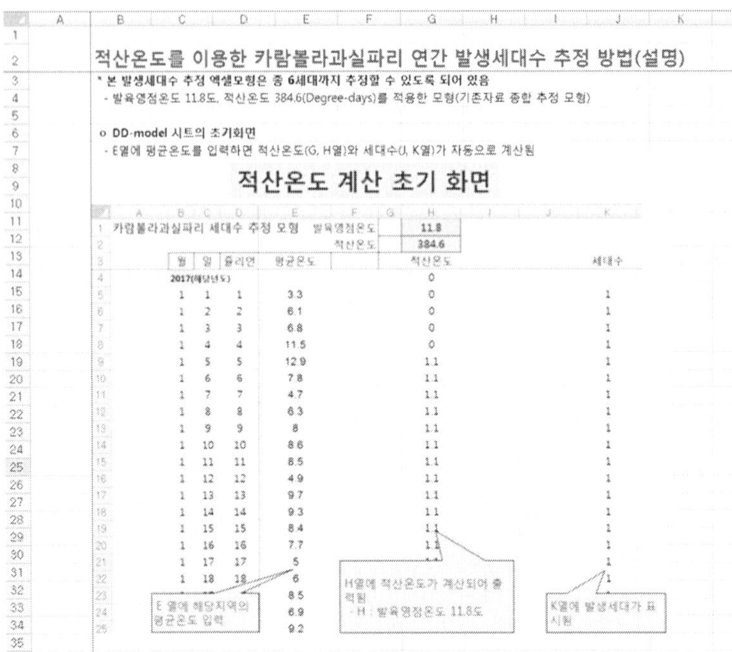
적산온도를 이용한 카람볼라과실파리 연간 발생세대수 추정 방법(설명)

* 본 발생세대수 추정 엑셀모형은 총 6세대까지 추정할 수 있도록 되어 있음
- 발육영점온도 11.8도, 적산온도 384.6(Degree-days)를 적용한 모형(기존자료 종합 추정 모형)

o DD-model 시트의 초기화면
- E열에 평균온도를 입력하면 적산온도(G, H열)와 세대수(J, K열)가 자동으로 계산됨

적산온도 계산 초기 화면

카람볼라과실파리 세대수 추정 모형 발육영점온도 11.8
적산온도 384.6

월	일	율리연	평균온도	적산온도	세대수
2017(해당년도)				0	
1	1	1	3.3	0	1
1	2	2	6.1	0	1
1	3	3	6.8	0	1
1	4	4	11.5	0	1
1	5	5	12.9	1.1	1
1	6	6	7.8	1.1	1
1	7	7	4.7	1.1	1
1	8	8	6.3	1.1	1
1	9	9	8	1.1	1
1	10	10	8.6	1.1	1
1	11	11	8.5	1.1	1
1	12	12	4.9	1.1	1
1	13	13	9.7	1.1	1
1	14	14	9.3	1.1	1
1	15	15	8.4	1.1	1
1	16	16	7.7	1.1	1
1	17	17	5		1
1	18	18	6		1
			8.5		
			6.9		
			9.2		

적산온도 계산 예제화면 1

T214

	A	B	C	D	E	F	H	K
1	카람볼라과실파리 세대수 추정 모형					발육영점온도	11.8	
2						적산온도	384.6	
3		월	일	줄리언	평균온도		적산온도	세대수
199		7	14	195	26.5		824.2	3
200		7	15	196	25.2		837.6	3
201		7	16	197	24.8		850.6	3
202		7	17	198	24.2		863	3
203		7	18	199	25		876.2	3
204		7	19	200	25.6		890	3
205		7	20	201	24.3		0	1
206		7	21	202	24.3		12.5	1
207		7	22	203			27.2	1
208		7	23	204			45.8	1
209		7	24	205			63.5	1
210		7	25	206			80.8	1
211		7	26	207			96.5	1
212		7	27	208			112.5	1
213		7	28	209			128.3	1
214		7	29	210	30.5			1
215		7	30	211	28.1			1
216		7	31	212	28.1			1
217		8	1	213	27.9			1
218		8	2	214	28.6			1
219		8	3	215	28			1
220		8	4	216	28.4		245.3	1
221		8	5	217	28.1		261.6	1
222		8	6	218	29.2		279	1

자동계산되는 것이므로 무시

- 2017년 7월 20 마지막 발견일 가정
- "0"를 입력
- 적산온도 계산이 다음날(7월 21일)부터 다시 시작됨

1세대 완료에 필요한 적산온도에 도달되지 않았으므로 "1세대로"로 출력되고 있음

적산온도 계산 예제화면 2

S228

	A	B	C	D	E	F	H	K
1	카람볼라과실파리 세대수 추정 모형					발육영점온도	11.8	
2						적산온도	384.6	
3		월	일	줄리언	평균온도		적산온도	세대수
217		8	1	213	27.9		195.7	1
218		8	2	214	28.6		212.5	1
219		8	3	215	28		228.7	1
220		8	4	216	28.4		245.3	1
221		8	5	217	28.1		261.6	1
222		8	6	218	29.2		279	1
223		8	7	219	29.7		296.9	1
224		8	8	220	27.5		312.6	1
225		8	9	221	27.8		328.6	1
226		8	10	222	28		344.8	1
227		8	11	223	27.2		360.2	1
228		8	12	224	25.2		373.6	1
229		8	13	225	27		388.8	2
230		8	14	226	26.5		403.5	2
231		8	15	227	27.2		418.9	2
232		8	16	228	25.5		432	2
233		8	17	229	25.2		44	2
234		8	18	230	26.1		460	2
235		8	19	231	25.9		474	2
236		8	20	232	26		488	2
237		8	21	233	26		502	2
238		8	22	234	25.2		516.2	2
239		8	23	235	25.4		529.8	2
240		8	24	236	24.5		542.5	2
241		8	25	237	22.8		553.5	2
242		8	26	238	24.8		566.5	2
243		8	27	239	25.5		580.2	2

1세대가 완료되고 8월 13일부터 2세대가 출현하기 시작함

2 구아바과실파리 발생예찰

2.1 발생세대수

변온동물인 곤충은 온도에 따라 발육기간이 좌우된다. 알, 유충 및 성충의 생식발육은 대기온도에 의해 영향을 받는다. 다만, 번데기 단계 기간은 토양 내에서 경과함으로 토양온도의 영향을 받는다. 곤충은 일정한 범위의 온도에서만 발육이 가능하다. 따라서 발육이 가능한 최저온도인 발육영점온도와 발육완료에 필요한 총 온량(적산온도, degree-days, DD)을 추정하여 세대경과를 예측할 수 있다.

발육영점온도와 적산온도는 온도에 따른 발육기간에 대한 실험적 자료를 이용하여 추정한다. 표 3-2는 항온조건에서 구아바과실파리의 발육기간을 보여주는 자료이다. 발육기간에 역수를 취하여 발육률로 변환시켜 종속변수(y)로 사용하고, 온도를 독립변수(x)로 취급하여 선형모형을 추정한다(y = ax + b). 이 선형모형에서 발육영점온도는 -a/b가 되며, 적산온도는 1/a가 된다.

기존자료를 종합하여 구아바과실파리 각 발육단계별 발육영점온도와 적산온도를 추정한 결과는 표 3-2에 제시되어 있다. 이 자료는 포장에서 예찰 작업시 특정 발육단계의 발육완료를 추정하는데 활용할 수 있다.

표 3-2 발육단계별 발육영점온도 및 발육완료에 필요한 적산온도

발육단계	온도발육 선형모형			발육영점온도(℃)	적산온도(DD)
	회귀식(y: 발육율, x: 온도)	df	R^2		
알	y = 0.0374x - 0.3139	10	0.90	8.4	26.7
유충	y = 0.013x - 0.1525	10	0.97	11.7	76.9
번데기	y = 0.00.59x - 0.0504	10	0.84	8.5	169.5
산란전기간	y = 0.0049x - 0.0579	5	0.80	11.8	204.1
알-알기간	y = 0.0026x - 0.0307	9	0.93	11.6	454.5

구아바과실파리 침입후 발견 또는 박멸과정에서 발생세대수 추정은 의사결정을 위한 중요한 정보이다. 즉 상황에 따라 발생 세대기간에 따른 대응조치를 달리 적용한다. 이 때 각 발육단계의 발육영점온도와 적산온도를 이용하여 순차적으로 적산온도를 계산하여 세대기간을 추정할 수 있다. 즉 알, 유충, 번데기, 산란전기간이 완료되면 1세대가 완성되는 것으로 판단한다. 하지만, 이 방법은 정확할 수는 있으나 계산이 복잡하고 번데기 발육을 추정하기 위한 토양온도가 필요하기 때문에 현장에서 실용성이 떨어진다.

대체 방법으로 알-알기간의 세대기간을 적용할 수 있다. 알-알 세대기간의 발육영점온도 11.6℃와 적산온도 454.5 DD를 이용한다(Kamiji (2014) 가 추정한 419.0 DD/12.9℃와 유사함). 이 방법은 대기온도자료만을 이용하여 신속하고 간편하게 구아바과실파리 발생 세대수를 추정할 수 있는 장점이 있다.

대기온도자료는 발견 또는 발생된 지점에서 가장 기후학적으로 가까이 있는 기상대(기상청)의 기상자료를 이용한다. 기타 이동형 데이터 로거를 설치하여 현장의 온도를 직접 수집하고 그 값을 이용할 수도 있다. 일평균대기온도를 이용하여 적산온도를 계산하는데, 일최고온도와 최저온도를 알고 있는 경우 평균온도[(최고 + 최저)/2]로 계산하여 사용한다.

일별 평균대기온도에서 발육영점온도 이상의 온도를 일유효온도라고 하며, 단위는 일도(day degrees, DD)가 된다. 대기온도가 발육영점온도보다 낮은 경우 일유효온도는 "0"를 적용한다. 적산온도는 이 일유효온도를 누적하는 것이다. 번데기의 경우 토양에서 존재하기 때문에 토양 온도가 필요하지만 생육기에는 대기 온도와 큰 차이가 없으므로 대기온도 만을 이용하여 세대완료를 추정할 수 있다. 최종 발견일(또는 최초발견일) 다음날부터 적산온도를 계산하여 454.5 DD (발육영점온도 11.6℃ 적용)되는 날이 1 세대가 완료되는 날이다(454.5 DD와 정확하게 일치하지 않는 경우는 이 적산온도 값을 초과하는 첫날을 1세대 완료일로 취급한다). 제공된 엑셀시트(사용법: 부록 2)를 이용하여 간편하게 계산할 수 있다.

발생세대수 추정을 하는 동안 겨울철과 만나는 경우 적산온도가 누적되지 않기 때문에 진행되고 있는 세대가 다음연도로 넘어가서 완료될 수 있다. 이런 경우 현장조사 활동의 중단은 발생세대수가 아닌 평균 대기온도를 기준으로 결정한다.

구아바과실파리의 발육단계별 발육영점온도(표 3-2 참조)는 알 8.4℃, 유충 11.7℃, 번데기 8.5℃, 산란전기간 11.8℃가 된다. 대기온도 기준 일평균온도가 이 발육영점온도들 중 어느 발육 한 단계의 값 이하인 경우 발육이 중지되어 세대진전이 정지되는 것을 의미한다.

즉 11.8℃(즉, 산란전기간)를 적용하여 연속적으로 4일 이상 일평균대기온도가 11.8℃ 이하로 내려가면 조사를 중단할 수 있다. 또한 연속적으로 4일 이상 일평균 대기온도가 11.8℃ 이상 올라가면 조사를 재개한다. 조사를 재개한 경우 전년도(또는 이전)부터 이어서 계산한 적산온도에 근거한 세대수에 따라 현장 계속조사 여부에 대한 의사를 결정한다.

노지작물에서는 겨울동안 조사중지가 가능하지만 시설재배(특히 가온재배 온실)의 작물은 상황에 따라 위험도를 평가하여 조사를 계속 실시한다.

2.2 월동사망율 추정

구아바과실파리는 성충태로 월동하는 것으로 보이며, Dou et al. (2011)은 성충의 저온에 대한 내성에 대하여 0℃에서는 24 시간 이상 생존하지 못하며 12 시간 동안 노출되는 경우 생존율 40%, 3℃에서 24 시간 동안 60% 이상이 생존, 6℃에서 48 시간 동안 50% 이상 생존, 9℃에서는 72 시간 동안 90% 이상이 생존한다고 보고하였다.

Dou et al. (2011)이 추정한 저온 지속시간에 따른 생존율 모형으로부터 성충이 99.99% 사망하기까지 걸리는 시간을 추정하면 다음과 같다.

표 3-3 저온에서 구아바과실파리 성충이 사망하는데 필요한 소요시간

온도 (℃)	99.99% 사망 소요시간(h)
0	40
3	114
6	208
9	180

- **번데기 우화율(생존률) 추정모형(Qin et al., 2015)** : 월별 평균 토양온도와 토양수분함량을 이용하여 우화생존률 추정

$$Z = -0.00346313X2 - 0.0000811Y2 + 0.16755X + 0.00939Y - 1.448$$

Z (ER) : 우화율, X : 토양온도(월평균), Y : 토양수분함량(월평균)

- **ER값에 따른 정착 적합도 판정** : 부적합 ER = 0, 경계지역 $0 < ER \le 0.3$, 적합 $0.3 < ER \le 0.6$, 최적 $0.6 < ER \le 1$

적산온도 계산 초기 화면

	A	B	C	D	E	F	H	K
1	구아바과실파리 세대수 추정 모형					발육영점온도	11.6	
2						적산온도	454.5	
3		월	일	줄리언	평균온도		적산온도	세대수
4		2017(해당년도)					0	
5		1	1	1	3.3		0	1
6		1	2	2	6.1		0	1
7		1	3	3	6.8		0	1
8		1	4	4	11.5		0	1
9		1	5	5	12.9		1.3	1
10		1	6	6	7.8		1.3	1
11		1	7	7	4.7		1.3	1
12		1	8	8	6.3		1.3	1
13		1	9	9	8		1.3	1
14		1	10	10	8.6		1.3	1
15		1	11	11	8.5		1.3	1
16		1	12	12	4.9		1.3	1
17		1	13	13	9.7		1.3	1
18		1	14	14	9.3		1.3	1
19		1	15	15	8.4		1.3	1
20		1	16	16	7.7		1.3	1
21		1	17	17	5		1.3	1
22		1	18	18	6		1.3	1
23		1	19	19	8.5			1
24					6.9			1
25					9.2			1
26					7.6			1
27		1	23	23	6.9			1
28		1	24	24	8		1.3	1

적산온도 계산 예제화면 1

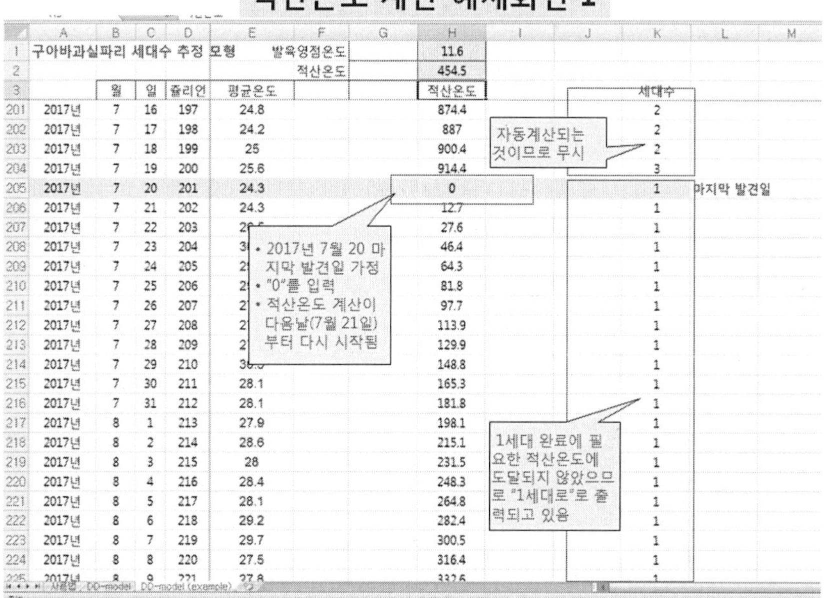

	A	B	C	D	E	F	H	K	L
1	구아바과실파리 세대수 추정 모형					발육영점온도	11.6		
2						적산온도	454.5		
3		월	일	줄리언	평균온도		적산온도	세대수	
201	2017년	7	16	197	24.8		874.4	2	
202	2017년	7	17	198	24.2		887	2	
203	2017년	7	18	199	25		900.4	2	
204	2017년	7	19	200	25.6		914.4	3	
205	2017년	7	20	201	24.3		0	1	마지막 발견일
206	2017년	7	21	202	24.3		12.7	1	
207	2017년	7	22	203	[illegible]		27.6	1	
208	2017년	7	23	204	[illegible]		46.4	1	
209	2017년	7	24	205	[illegible]		64.3	1	
210	2017년	7	25	206	[illegible]		81.8	1	
211	2017년	7	26	207	[illegible]		97.7	1	
212	2017년	7	27	208	[illegible]		113.9	1	
213	2017년	7	28	209	[illegible]		129.9	1	
214	2017년	7	29	210	[illegible]		148.8	1	
215	2017년	7	30	211	28.1		165.3	1	
216	2017년	7	31	212	28.1		181.8	1	
217	2017년	8	1	213	27.9		198.1	1	
218	2017년	8	2	214	28.6		215.1	1	
219	2017년	8	3	215	28		231.5	1	
220	2017년	8	4	216	28.4		248.3	1	
221	2017년	8	5	217	28.1		264.8	1	
222	2017년	8	6	218	29.2		282.4	1	
223	2017년	8	7	219	29.7		300.5	1	
224	2017년	8	8	220	27.5		316.4	1	
225	2017년	8	9	221	27.8		332.6	1	

적산온도 계산 예제화면 2

구아바과실파리 세대수 추정 모형

발육영점온도	11.6
적산온도	454.5

	월	일	줄리언	평균온도	적산온도	세대수
2017년	8	9	221	27.8	332.6	1
2017년	8	10	222	28	349	1
2017년	8	11	223	27.2	364.6	1
2017년	8	12	224	25.2	378.2	1
2017년	8	13	225	27	393.6	1
2017년	8	14	226	26.5	408.5	1
2017년	8	15	227	27.2	424.1	1
2017년	8	16	228	25.5	438	1
2017년	8	17	229	25.2	451.6	1
2017년	8	18	230	26.1	466.1	2
2017년	8	19	231	25.9	480.4	2
2017년	8	20	232	26	494.8	2
2017년	8	21	233	26	509.2	2
2017년	8	22	234	25.2	522.8	2
2017년	8	23	235	25.4	536.6	2
2017년	8	24	236	24.5	549.5	2
2017년	8	25	237	22.8	560.7	2
2017년	8	26	238	24.8	573.9	2
2017년	8	27	239	25.5	587.8	2
2017년	8	28	240	25.7	601.9	2
2017년	8	29	241	24.8	615.1	2
2017년	8	30	242	24.7	628.2	2
2017년	8	31	243	24.9	641.5	2
2017년	9	1	244	24.8	654.7	2
2017년	9	2	245	25.4	668.5	2

1세대가 완료되고 8월 18일부터 2세대가 출현하기 시작함

3 작은퀸즐랜드과실파리 발생예찰

3.1 발생세대수 추정 매개변수

변온동물인 곤충은 온도에 따라 발육기간이 좌우된다. 알, 유충 및 성충의 생식발육은 대기온도에 의해 영향을 받는다. 다만, 번데기 단계 기간은 토양 내에서 경과함으로 토양온도의 영향을 받는다. 곤충은 일정한 범위의 온도에서만 발육이 가능하다. 따라서 발육이 가능한 최저온도인 발육영점온도와 발육완료에 필요한 총 온량(적산온도, degree-days, DD)을 추정하여 세대경과를 예측할 수 있다.

발육영점온도와 적산온도는 온도에 따른 발육기간에 대한 실험적 자료를 이용하여 추정한다. 현재 알려진 작은퀸즐랜드과실파리의 발육기간을 보정하여 정리하면 표 3-1과 같다. 발육기간에 역수를 취하여 발육률로 변환시켜 종속변수(y)로 사용하고, 온도를 독립변수(x)로 취급하여 선형모형을 추정한다($y = ax + b$). 이 선형모형에서 발육영점온도는 $-a/b$가 되며, 적산온도는 $1/a$가 된다. 두 온도자료를 이용한 모형으로 통계적으로 취약하지만 현실적으로 이용할 수 있는 모형이다.

작은퀸즐랜드과실파리 침입후 발견 또는 박멸과정에서 발생세대수 추정은 의사결정을 위한 중요한 정보이다. 즉 상황에 따라 발생 세대기간에 따른 대응조치를 달리 적용한다. 이 때 각 발육단계의 발육영점온도와 적산온도를 이용하여 순차적으로 적산온도를 계산하여 세대기간을 추정할 수 있다. 즉 알, 유충, 번데기, 산란전기간이 완료되면 1세대가 완성되는 것으로 판단한다. 하지만, 이 방법은 정확할 수는 있으나 계산이 복잡하고 번데기 발육을 추정하기 위한 토양온도가 필요하기 때문에 현장에서 실용성이 떨어진다.

대체 방법으로 알-알기간의 세대기간을 적용할 수 있다. 알-알 기간의 회귀식은 $y=0.0021x - 0.0196$으로 추정되었다(y = 발육률, x = 온도). 따라서 알-알 세대기간의 발육영점온도 9.2℃와 적산온도는 467.8 DD가 된다. 이 방법은 대기온도자료만을 이용하여 신속하고 간편하게 작은퀸즐랜드과실파리 발생 세대수를 추정할 수 있는 장점이 있다.

대기온도자료는 발견 또는 발생된 지점에서 가장 기후학적으로 가까이 있는 기상대(기상청)의 기상자료를 이용한다. 기타 이동형 데이터 로거를 설치하여 현장의 온도를 직접 수집하고 그 값을 이용할 수도 있다. 일평균대기온도를 이용하여 적산온도를 계산하는데, 일최고온도와 최저온도를 알고 있는 경우 평균온도[(최고+최저)/2]로 계산하여 사용한다.

3.2 발생세대수

일별 평균대기온도에서 발육영점온도 이상의 온도를 일유효온도라고 하며, 단위는 일도(day degrees, DD)가 된다. 대기온도가 발육영점온도보다 낮은 경우 일유효온도는 "0"를 적용한다. 적산온도는 이 일유효온도를 누적하는 것이다. 번데기의 경우 토양에서 존재하기 때문에 토양온도가 필요하지만 생육기에는 대기 온도와 큰 차이가 없으므로 대기온도 만을 이용하여 세대완료를 추정할 수 있다. 최종 발견일(또는 최초발견일) 다음날부터 적산온도를 계산하여 467.8 DD(발육영점온도 9.2℃ 적용) 되는 날이 1 세대가 완료되는 날이다(467.8 DD와 정확하게 일치하지 않는 경우는 이 적산온도 값을 초과하는 첫날을 1세대 완료일로 취급한다). 제공된 엑셀시트(사용법: 부록 3)를 이용하여 간편하게 계산할 수 있다.

발생세대수 추정을 하는 동안 겨울철과 만나는 경우 적산온도가 누적되지 않기 때문에 진행되고 있는 세대가 다음연도로 넘어가서 완료될 수 있다. 이런 경우 퀸즐랜드과실파리에 준하여 결정한다.

부록 3 작은퀸즐랜드과실파리 발생세대수 추정 엑셀시트 사용방법

적산온도 계산 초기 화면

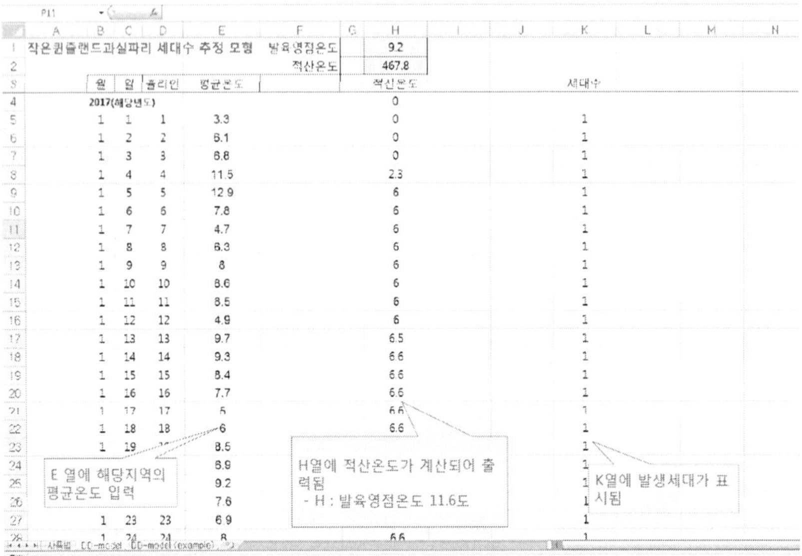

	A	B	C	D	E	F	G	H	I	J	K
1	작은퀸즐랜드과실파리 세대수 추정 모형					발육영점온도		9.2			
2						적산온도		467.8			
3		월	일	율리인	평균온도			적산온도			세대수
4		2017(해당년도)						0			
5		1	1	1	3.3			0			1
6		1	2	2	6.1			0			1
7		1	3	3	6.8			0			1
8		1	4	4	11.5			2.3			1
9		1	5	5	12.9			6			1
10		1	6	6	7.8			6			1
11		1	7	7	4.7			6			1
12		1	8	8	6.3			6			1
13		1	9	9	8			6			1
14		1	10	10	8.6			6			1
15		1	11	11	8.5			6			1
16		1	12	12	4.9			6			1
17		1	13	13	9.7			6.5			1
18		1	14	14	9.3			6.6			1
19		1	15	15	8.4			6.6			1
20		1	16	16	7.7			6.6			1
21		1	17	17	5			6.6			1
22		1	18	18	6			6.6			1
23		1	19	[illegible]	8.5						1
24					6.9						1
25					9.2						1
26					7.6						1
27		1	23	23	6.9						1
28		1	24	24	8			6.6			1

적산온도 계산 예제화면 1

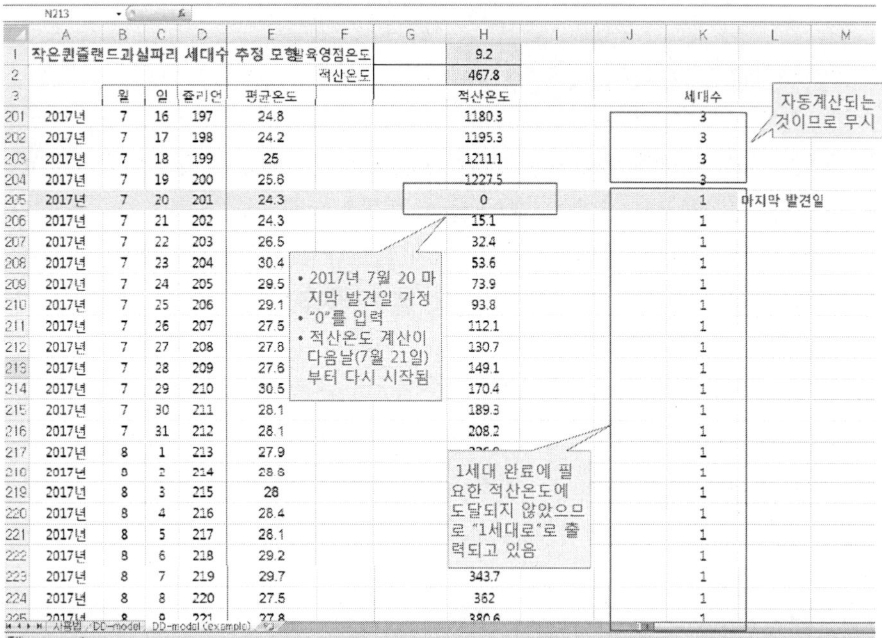
N213

	A	B	C	D	E	F	H	K	L
1	작은퀸즐랜드과실파리 세대수 추정 모형					발육영점온도	9.2		
2						적산온도	467.8		
3		월	일	줄리언	평균온도		적산온도	세대수	
201	2017년	7	16	197	24.8		1180.3	3	
202	2017년	7	17	198	24.2		1195.3	3	
203	2017년	7	18	199	25		1211.1	3	
204	2017년	7	19	200	25.6		1227.5	3	
205	2017년	7	20	201	24.3		0	1	마지막 발견일
206	2017년	7	21	202	24.3		15.1	1	
207	2017년	7	22	203	26.5		32.4	1	
208	2017년	7	23	204	30.4		53.6	1	
209	2017년	7	24	205	29.5		73.9	1	
210	2017년	7	25	206	29.1		93.8	1	
211	2017년	7	26	207	27.5		112.1	1	
212	2017년	7	27	208	27.8		130.7	1	
213	2017년	7	28	209	27.6		149.1	1	
214	2017년	7	29	210	30.5		170.4	1	
215	2017년	7	30	211	28.1		189.3	1	
216	2017년	7	31	212	28.1		208.2	1	
217	2017년	8	1	213	27.9			1	
218	2017년	8	2	214	28.6			1	
219	2017년	8	3	215	28			1	
220	2017년	8	4	216	28.4			1	
221	2017년	8	5	217	28.1			1	
222	2017년	8	6	218	29.2			1	
223	2017년	8	7	219	29.7		343.7	1	
224	2017년	8	8	220	27.5		362	1	
225	2017년	8	9	221	27.8		380.6	1	

사용법 / DD-model / DD-model (example)

적산온도 계산 예제화면 2

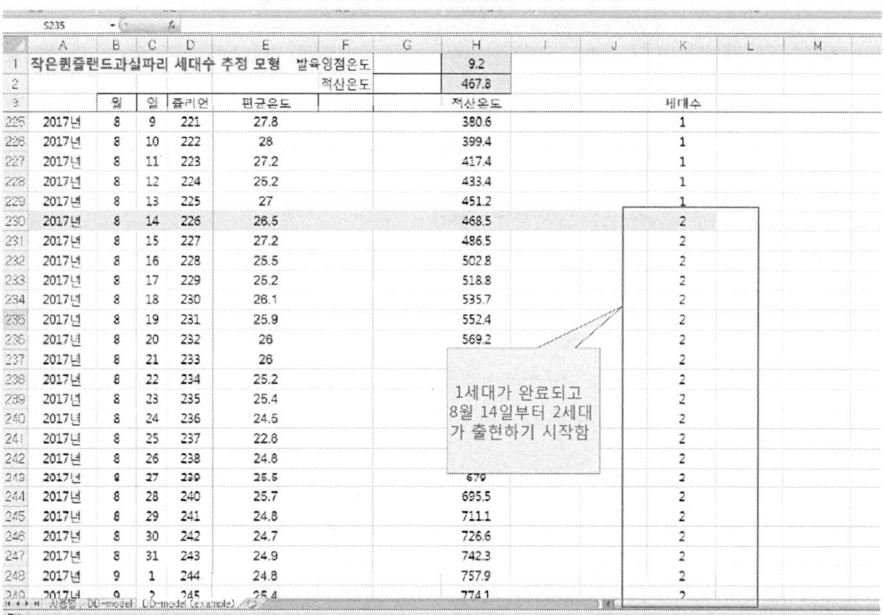
S235

	A	B	C	D	E	F	H	K
1	작은퀸즐랜드과실파리 세대수 추정 모형					발육영점온도	9.2	
2						적산온도	467.8	
3		월	일	줄리언	평균온도		적산온도	세대수
225	2017년	8	9	221	27.8		380.6	1
226	2017년	8	10	222	28		399.4	1
227	2017년	8	11	223	27.2		417.4	1
228	2017년	8	12	224	25.2		433.4	1
229	2017년	8	13	225	27		451.2	1
230	2017년	8	14	226	26.5		468.5	2
231	2017년	8	15	227	27.2		486.5	2
232	2017년	8	16	228	25.5		502.8	2
233	2017년	8	17	229	25.2		518.8	2
234	2017년	8	18	230	26.1		535.7	2
235	2017년	8	19	231	25.9		552.4	2
236	2017년	8	20	232	26		569.2	2
237	2017년	8	21	233	26			2
238	2017년	8	22	234	25.2			2
239	2017년	8	23	235	25.4			2
240	2017년	8	24	236	24.5			2
241	2017년	8	25	237	22.8			2
242	2017년	8	26	238	24.8			2
243	2017년	8	27	239	25.5		679	2
244	2017년	8	28	240	25.7		695.5	2
245	2017년	8	29	241	24.8		711.1	2
246	2017년	8	30	242	24.7		726.6	2
247	2017년	8	31	243	24.9		742.3	2
248	2017년	9	1	244	24.8		757.9	2
249	2017년	9	2	245	25.4		774.1	2

사용법 / DD-model / DD-model (example)

4 남방고추과실파리 발생예찰

4.1 발생세대수 추정 매개변수

변온동물인 곤충은 온도에 따라 발육기간이 좌우된다. 알, 유충 및 성충의 생식발육은 대기온도에 의해 영향을 받는다. 다만, 번데기 단계 기간은 토양 내에서 경과함으로 토양온도의 영향을 받는다. 곤충은 일정한 범위의 온도에서만 발육이 가능하다. 따라서 발육이 가능한 최저온도인 발육영점온도와 발육완료에 필요한 총 온량(적산온도, degree-days, DD)을 추정하여 세대경과를 예측할 수 있다.

발육영점온도와 적산온도는 온도에 따른 발육기간에 대한 실험적 자료를 이용하여 추정한다. 표 3-4는 항온조건에서 남방고추과실파리의 발육기간을 보여주는 자료이다. 발육기간에 역수를 취하여 발육률로 변환시켜 종속변수(y)로 사용하고, 온도를 독립변수(x)로 취급하여 선형모형을 추정한다(y = ax + b). 이 선형모형에서 발육영점온도는 -a/b가 되며, 적산온도는 1/a가 된다.

기존자료를 종합하여 남방고추과실파리 각 발육단계별 발육영점온도와 적산온도를 추정한 결과는 표 3-4에 제시되어 있다. 이 자료는 포장에서 예찰 작업시 특정 발육단계의 발육완료를 추정하는데 활용할 수 있다(세대기간인 알-알 기간에 필요한 산란전기간은 보정치를 사용하였음).

남방고추과실파리 침입후 발견 또는 박멸과정에서 발생세대수 추정은 의사결정을 위한 중요한 정보이다. 즉 상황에 따라 발생 세대기간에 따른 대응조치를 달리 적용한다. 이 때 각 발육단계의 발육영점온도와 적산온도를 이용하여 순차적으로 적산온도를 계산하여 세대기간을 추정할 수 있다. 즉 알, 유충, 번데기, 산란전기간이 완료되면 1세대가 완성되는 것으로 판단한다. 하지만, 이 방법은 정확할 수는 있으나 계산이 복잡하고 번데기 발육을 추정하기 위한 토양온도가 필요하기 때문에 현장에서 실용성이 떨어진다.

대체 방법으로 알-알기간의 세대기간을 적용할 수 있다. 알-알 세대기간의 발육영점온도 10.4℃와 적산온도 517.5 DD를 이용한다(Vargas et al. (1996)의 421.2 DD, Ma et al. (2012)의 415 DD/ 15.7℃와 큰 차이가 있음). 이 방법은 대기온도자료만을 이용하여 신속하고 간편하게 남방고추과실파리 발생 세대수를 추정할 수 있는 장점이 있다.

대기온도자료는 발견 또는 발생된 지점에서 가장 기후학적으로 가까이 있는 기상대(기상청)의 기상자료를 이용한다. 기타 이동형 데이터 로거를 설치하여 현장의 온도를 직접 수집하고 그 값을 이용할 수도 있다. 일평균대기온도를 이용하여 적산온도를 계산하는데, 일최고온도와 최저온도를 알고 있는 경우 평균온도[(최고 + 최저)/2]로 계산하여 사용한다.

표 3-4 발육단계별 발육영점온도 및 발육완료에 필요한 적산온도

발육 단계	온도발육 선형모형			발육영점온도 (℃)	적산온도 (DD)
	회귀식(y: 발육율, x: 온도)	df	R^2		
알	y = 0.0294x - 0.3643	4	0.99	12.4	34.0
유충	y = 0.0068x - 0.0597	4	0.97	8.8	147.1
번데기	y = 0.0059x - 0.0620	4	0.99	10.6	170.4
산란전기간	y = 0.0057x - 0.0592	4	0.99	10.4	175.5
알-알기간	y = 0.0019x - 0.02013	4	0.99	10.4	517.5

• 산란전기간 : 천연먹이를 이용한 결과를 기반으로 보정값을 이용하였음.

4.2 발생세대수

일별 평균대기온도에서 발육영점온도 이상의 온도를 일유효온도라고 하며, 단위는 일도(day degrees, DD)가 된다. 대기온도가 발육영점온도보다 낮은 경우 일유효온도는 "0"를 적용한다. 적산온도는 이 일유효온도를 누적하는 것이다. 번데기의 경우 토양에서 존재하기 때문에 토양 온도가 필요하지만 생육기에는 대기 온도와 큰 차이가 없으므로 대기온도 만을 이용하여 세대 완료를 추정할 수 있다. 최종 발견일(또는 최초발견일) 다음날부터 적산온도를 계산하여 517.5 DD(발육영점온도 10.4℃ 적용) 되는 날이 1 세대가 완료되는 날이다(517.5 DD와 정확하게 일치하지 않는 경우는 이 적산온도 값을 초과하는 첫날을 1세대 완료일로 취급한다). 제공된 엑셀시트(사용법: 부록 4)를 이용하여 간편하게 계산할 수 있다.

발생세대수 추정을 하는 동안 겨울철과 만나는 경우 적산온도가 누적되지 않기 때문에 진행되고 있는 세대가 다음연도로 넘어가서 완료될 수 있다. 이런 경우 현장조사 활동의 중단은 발생세대수가 아닌 평균 대기온도를 기준으로 결정한다.

남방고추과실파리의 발육단계별 발육영점온도(표 3-4 참조)는 알 12.4℃, 유충 8.8℃, 번데기 10.6℃, 산란전기간 10.4℃가 된다. 대기온도 기준 일평균온도가 이 발육영점온도들 중 어느 발육 한 단계의 값 이하인 경우 발육이 중지되어 세대진전이 정지되는 것을 의미한다.

즉 10.4℃(즉, 산란전기간)를 적용하여 연속적으로 4 일 이상 일평균대기온도가 10.4℃ 이하로 내려가면 조사를 중단할 수 있다. 또한 연속적으로 4 일 이상 일평균 대기온도가 10.4℃ 이상 올라가면 조사를 재개한다. 조사를 재개한 경우 전년도(또는 이전)부터 이어서 계산한 적산온도에 근거한 세대수에 따라 현장 계속조사 여부에 대한 의사를 결정한다.

노지작물에서는 겨울동안 조사중지가 가능하지만 시설재배(특히 가온재배 온실)의 작물은 상황에 따라 위험도를 평가하여 조사를 계속 실시한다.

부록 4 남방고추과실파리 발생세대수 추정 엑셀시트 사용방법

적산온도 계산 초기 화면

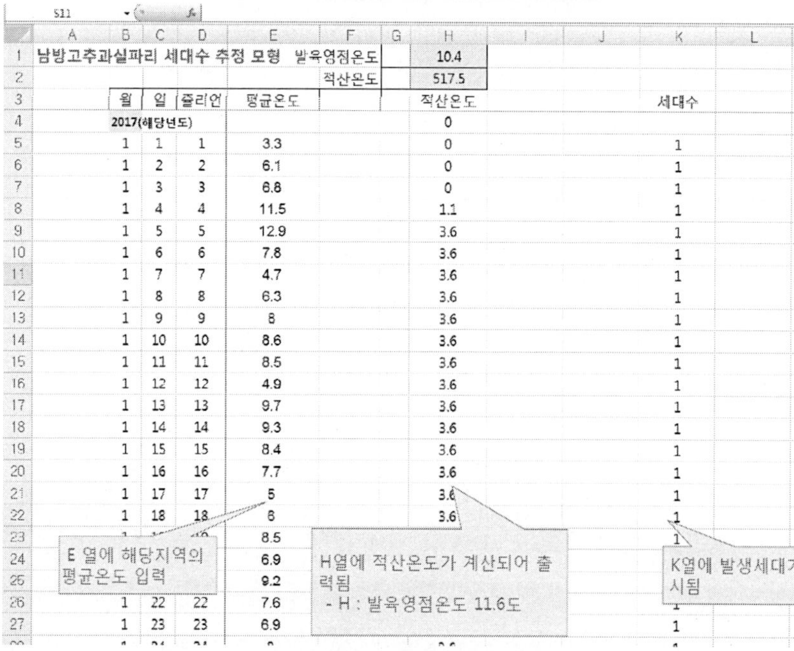

	A	B	C	D	E	F	H	K
1	남방고추과실파리 세대수 추정 모형					발육영점온도	10.4	
2						적산온도	517.5	
3		월	일	줄리언	평균온도		적산온도	세대수
4		2017(해당년도)					0	
5		1	1	1	3.3		0	1
6		1	2	2	6.1		0	1
7		1	3	3	6.8		0	1
8		1	4	4	11.5		1.1	1
9		1	5	5	12.9		3.6	1
10		1	6	6	7.8		3.6	1
11		1	7	7	4.7		3.6	1
12		1	8	8	6.3		3.6	1
13		1	9	9	8		3.6	1
14		1	10	10	8.6		3.6	1
15		1	11	11	8.5		3.6	1
16		1	12	12	4.9		3.6	1
17		1	13	13	9.7		3.6	1
18		1	14	14	9.3		3.6	1
19		1	15	15	8.4		3.6	1
20		1	16	16	7.7		3.6	1
21		1	17	17	5		3.6	1
22		1	18	18	6		3.6	1
23					8.5			1
24					6.9			
25					9.2			
26		1	22	22	7.6			
27		1	23	23	6.9			1

적산온도 계산 예제화면 1

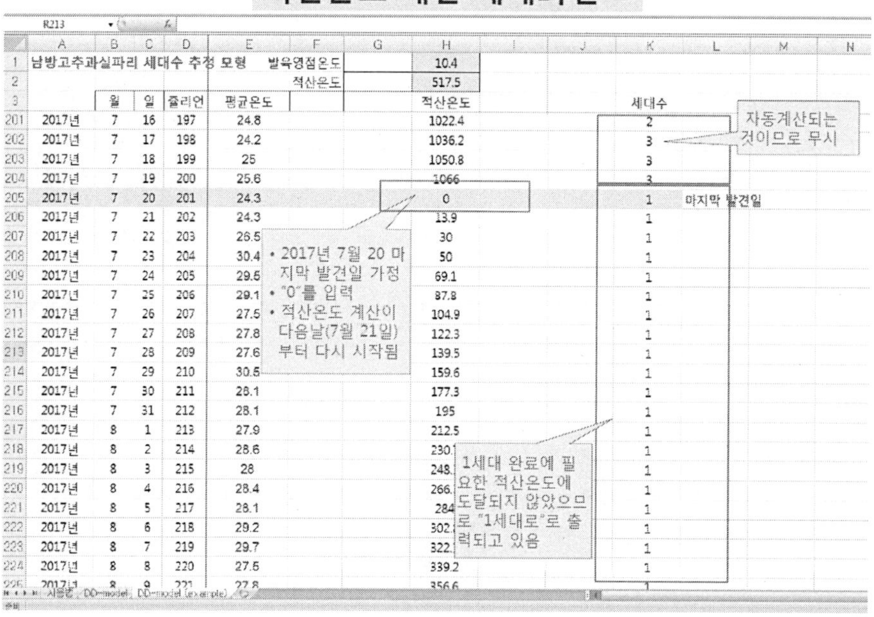

	A	B	C	D	E	F	H	K	L
1	남방고추과실파리 세대수 추정 모형					발육영점온도	10.4		
2						적산온도	517.5		
3		월	일	줄리언	평균온도		적산온도	세대수	
201	2017년	7	16	197	24.8		1022.4	2	
202	2017년	7	17	198	24.2		1036.2	3	
203	2017년	7	18	199	25		1050.8	3	
204	2017년	7	19	200	25.6		1066	3	
205	2017년	7	20	201	24.3		0	1	마지막 발견일
206	2017년	7	21	202	24.3		13.9	1	
207	2017년	7	22	203	26.5		30	1	
208	2017년	7	23	204	30.4		50	1	
209	2017년	7	24	205	29.5		69.1	1	
210	2017년	7	25	206	29.1		87.8	1	
211	2017년	7	26	207	27.5		104.9	1	
212	2017년	7	27	208	27.8		122.3	1	
213	2017년	7	28	209	27.6		139.5	1	
214	2017년	7	29	210	30.5		159.6	1	
215	2017년	7	30	211	28.1		177.3	1	
216	2017년	7	31	212	28.1		195	1	
217	2017년	8	1	213	27.9		212.5	1	
218	2017년	8	2	214	28.6		230.	1	
219	2017년	8	3	215	28		248.	1	
220	2017년	8	4	216	28.4		266.	1	
221	2017년	8	5	217	28.1		284	1	
222	2017년	8	6	218	29.2		302.	1	
223	2017년	8	7	219	29.7		322.	1	
224	2017년	8	8	220	27.5		339.2	1	
225	2017년	8	9	221	27.8		356.6	1	

적산온도 계산 예제화면 2

남방고추과실파리 세대수 추정 모형 발육영점온도 10.4

적신온도 517.5

	년	월	일	줄리언	평균온도	적산온도	세대수
228	2017년	8	12	224	25.2	405.8	1
229	2017년	8	13	225	27	422.4	1
230	2017년	8	14	226	26.5	438.5	1
231	2017년	8	15	227	27.2	455.3	1
232	2017년	8	16	228	25.5	470.4	1
233	2017년	8	17	229	25.2	485.2	1
234	2017년	8	18	230	26.1	500.9	1
235	2017년	8	19	231	25.9	516.4	1
236	2017년	8	20	232	26	532	2
237	2017년	8	21	233	26	547.6	2
238	2017년	8	22	234	25.2	562.4	2
239	2017년	8	23	235	25.4	577.4	2
240	2017년	8	24	236	24.5	591.5	2
241	2017년	8	25	237	22.8	603.9	2
242	2017년	8	26	238	24.8	618.3	2
243	2017년	8	27	239	25.6	633.4	2
244	2017년	8	28	240	25.7	648.7	2
245	2017년	8	29	241	24.8	663.1	2
246	2017년	8	30	242	24.7	677.4	2
247	2017년	8	31	243	24.9	691.9	2
248	2017년	9	1	244	24.8	706.3	2
249	2017년	9	2	245	25.4	721.3	2
250	2017년	9	3	246	26.1	737	2
251	2017년	9	4	247	25.1	751.7	2
252	2017년	9	5	248	23.3	764.6	2

1세대가 완료되고 8월 20일부터 2세대가 출현하기 시작함

5 일본귤과실파리 발생예찰

5.1 발생세대수 추정 매개변수

변온동물인 곤충은 온도에 따라 발육기간이 좌우된다. 알, 유충 및 성충의 생식발육은 대기온도에 의해 영향을 받는다. 다만, 번데기 단계 기간은 토양 내에서 경과함으로 토양온도의 영향을 받는다. 곤충은 일정한 범위의 온도에서만 발육이 가능하다. 따라서 발육이 가능한 최저온도인 발육영점온도와 발육완료에 필요한 총 온량(적산온도, degree-days, DD)을 추정하여 발생시기를 예측할 수 있다.

발육기간에 역수를 취하여 발육률로 변환시켜 종속변수(y)로 사용하고, 온도를 독립변수(x)로 취급하여 선형모형을 추정한다(y = ax + b). 이 선형모형에서 발육영점온도는 -a/b가 되며, 적산온도는 1/a가 된다.

일본귤과실파리는 일화성 곤충으로 번데기 단계에서 의무적 휴면에 들어가므로 침입후 발견 또는 박멸과정에서 발생세대수를 추정할 필요가 없다. 따라서 월동 번데기의 성충으로 우화시기와 성충의 수명(생존기간)을 기준으로 대응조치를 결정한다.

일본귤과실파리는 휴면상태의 번데기로 월동하며 10℃ 이하에서 90일 이상 노출되면 휴면이 타파된다(Yasuda et al., 1994). 휴면이 타파되지 않은 번데기는 25℃에서 90.4 일, 20℃에서 140 일 후에 우화하며, 휴면을 마친 번데기의 25℃에서의 발육기간은 평균 43.38 일이다(Narahara et al., 2006).

휴면이 타파된 번데기의 발육기간 비율(25℃: 43.38 일/90 일 = 0.4820)을 이용하여 20℃에서 휴면이 타파된 번데기의 발육기간 67.48일을 추정하였다. 두 점을 이용하여 온도와 번데기 발육률과의 선형모형 y = 0.0016x - 0.0181을 수립하였다. 즉 적산온도 모형의 매개변수는 발육영점온도는 11.3℃, 유효적산온도는 625 DD로 추정되었다.

성충우화시기 추정은 1월 1일부터 온도를 누적하여 625 DD되는 날이 월동집단의 50%가 우화를 완료하는 시기이다. 토양온도(2~4cm 깊이)를 이용하는 것이 정확하지만, 대기온도에 0.8℃를 더하여 대략적인 토양온도로 취급할 수 있다. 대기온도자료(토양온도가 존재하는 경우 토양온도 이용 권고)는 발견 또는 발생된 지점에서 가장 기후학적으로 가까이 있는 기상대(기상청)의 기상자료를 이용한다. 기타 이동형 데이터 로거를 설치하여 현장의 온도를 직접 수집하고 그 값을 이용할 수도 있다. 일평균온도를 이용하여 적산온도를 계산하는데, 일최고온도와 최저온도를 알고 있는 경우 평균온도[(최고+최저)/2]로 계산하여 사용할 수 있다.

이 예찰모형은 일본귤과실파리 성충 예찰트랩의 설치 개시일과 모니터링 시점을 결정할 때 이용할 수 있다. 성충 우화일부터 모니터링을 시작하여 성충의 수명이 끝나는 10월부터는 성충 대상 예찰을 중지하고, 피해과실의 유충 모니터링을 강화한다.

5.2 발생세대수

일본귤과실파리는 년 1세대 발생하는 해충으로 발육영점온도 11.3℃을 적용하여 “월동번데기 발육(625 DD) + 산란전 발육(261.2 DD) + 알 발육(269.1 DD) + 유충 발육(819.0 DD)”, 총 1,974 DD이 되어야 지속발생이 가능하다. 따라서 적산온도 1,974 DD를 기준으로 조사 종료 여부를 결정할 수 있다(부록 5). 일본과실파리가 발견된 당해연도에 총 이 적산온도가 누적되면 조사를 종료하고 다음연도 해당 적산온도 종료까지 발견이 되지 않으면 박멸을 선언할 수 있다.

부록 5 일본귤과실파리 발생세대수 추정 엑셀시트 사용방법

적산온도 계산 초기 화면 시트 A

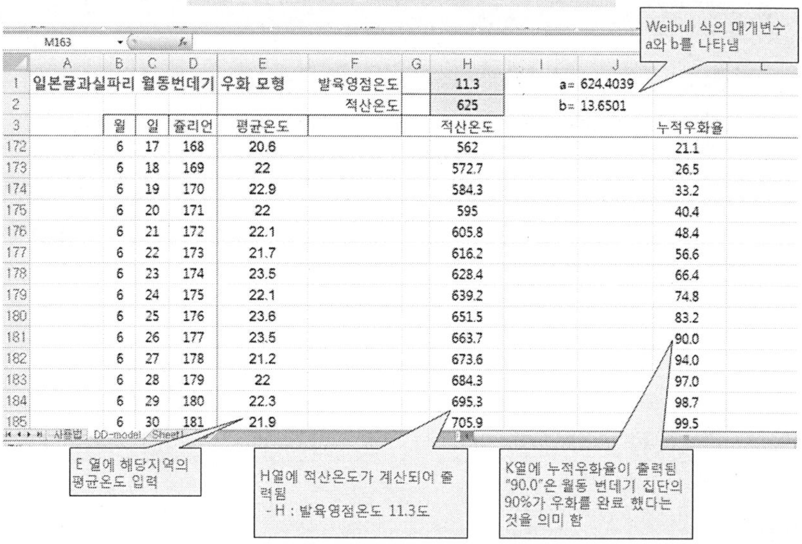

	A	B	C	D	E	F	G	H	I	J	K
1	일본귤과실파리 월동번데기 우화 모형					발육영점온도		11.3		a= 624.4039	
2						적산온도		625		b= 13.6501	
3		월	일	줄리언	평균온도			적산온도			누적우화율
172		6	17	168	20.6			562			21.1
173		6	18	169	22			572.7			26.5
174		6	19	170	22.9			584.3			33.2
175		6	20	171	22			595			40.4
176		6	21	172	22.1			605.8			48.4
177		6	22	173	21.7			616.2			56.6
178		6	23	174	23.5			628.4			66.4
179		6	24	175	22.1			639.2			74.8
180		6	25	176	23.6			651.5			83.2
181		6	26	177	23.5			663.7			90.0
182		6	27	178	21.2			673.6			94.0
183		6	28	179	22			684.3			97.0
184		6	29	180	22.3			695.3			98.7
185		6	30	181	21.9			705.9			99.5

적산온도 계산 초기 화면 시트 B

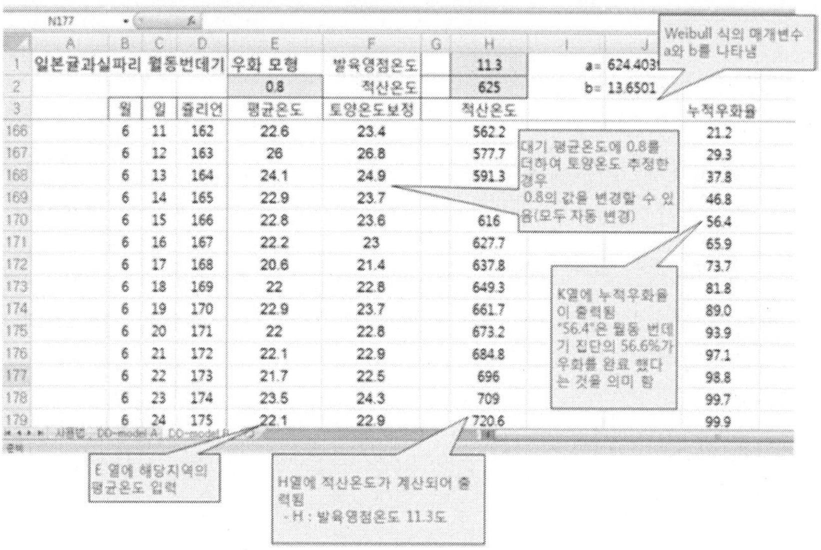

	A	B	C	D	E	F	G	H	I	J	K
1	일본귤과실파리 월동번데기 우화 모형					발육영점온도		11.3		a= 624.4039	
2					0.8	적산온도		625		b= 13.6501	
3		월	일	줄리언	평균온도	토양온도보정		적산온도			누적우화율
166		6	11	162	22.6	23.4		562.2			21.2
167		6	12	163	26	26.8		577.7			29.3
168		6	13	164	24.1	24.9		591.3			37.8
169		6	14	165	22.9	23.7					46.8
170		6	15	166	22.8	23.6		616			56.4
171		6	16	167	22.2	23		627.7			65.9
172		6	17	168	20.6	21.4		637.8			73.7
173		6	18	169	22	22.8		649.3			81.8
174		6	19	170	22.9	23.7		661.7			89.0
175		6	20	171	22	22.8		673.2			93.9
176		6	21	172	22.1	22.9		684.8			97.1
177		6	22	173	21.7	22.5		696			98.8
178		6	23	174	23.5	24.3		709			99.7
179		6	24	175	22.1	22.9		720.6			99.9

CHAPTER 04

금지급 과실파리 모니터링 매뉴얼

과실파리류에서 사용하는 발견과 발생의 용어는 다음과 같이 정리된다.

• 발견과 발생

발견	• 발생 전 단계 • 무발생으로 간주되나 긴급조치 추진 • 정착되지 않았으나 당분간 생존 가능한 고립된 집단이 검출된 경우
발생	• 국제기구, 수출상대국 등에 의무통보 • 대내 · 외 공식 발표 • 국가 주도의 방제작업 추진 • 다수가 검출되거나 정착되어 지속적으로 존재하는 경우

1 카람볼라과실파리 모니터링 매뉴얼

카람볼라과실파리 발생 기준은 다음과 같다.

• 알, 유충, 번데기 또는 교미된 암컷 1 마리 이상 또는
• 1 세대 이내에 발견지 중심(14.4 × 14.4 km) 내 성충 5 마리 이상이 트랩에서 검출된 경우 (수컷, 미교미 암컷)

이러한 기준에 따라 모니터링은 상시 모니터링과 발견 후 이뤄지는 긴급 모니터링으로 나누어 실시된다.

종류	목적	방법	조사범위	조사횟수 및 기간
상시 모니터링	조기탐지용	델타트랩	주요 기주 재배지역 및 항구, 항만 인접지역(전국 1,000 개 지점)	연중
		순회모니터링	재배기주 및 이동기주 조사	월 1~2회
긴급 모니터링	분포한계 조사	델타트랩	발견지중심 14.4 km 격자	1회/일(첫1주) 2회/주(첫세대) 0.5회/주(2-3세대)
		기주조사	발견지중심 200 m 반경	1회 및 폐기 처리

1.1 상시 모니터링

1.1.1 조사지역

① 전국 공항 · 항만 주변 반경 1.6 Km
② 전국 카람볼라과실파리 기주 대형 재배단지
③ 전국 과일판매시장 주변 200 m

1.1.2 모니터링 방법

모니터링 방법은 식물검역관이 실시하는 해충에 대한 트랩조사와 포장순회 모니터링(대상: 이동 기주)이 있다.

1.1.3 유형별 모니터링 요령

1.1.3.1 트랩조사

① 조사기간

연중

② 트랩설치 장소

전국 1,000 개 운영(제주도 500 개, 본토 500 개)
공항 · 항만지역, 전국 기주 재배단지, 수출 · 입식물 재배지, 과일 판매시장 주변, 격리재배지, 외국군부대 주변 등 적절한 장소를 선정한다. 트랩의 설치 밀도는 위험도에 따라 네 등급으로 나누어 결정하여 설치한다.

1) 고위해도 지역(항만, 도시 및 부도심 지역) : 1.6 × 1.6 Km 당 10 개 트랩 설치
2) 중위해도 지역(기타 부도심 지역) : 1.6 × 1.6 Km 당 5 개 트랩 설치
3) 저위해도 지역(기주식물이 없는 농촌 지역) : 1.6 × 1.6 Km 당 2 개의 트랩 설치
4) 최저위해도 지역(정착 가능성 없는 지역) : 8 × 8 Km 당 1 개 트랩 설치

③ 트랩설치 방법

1) 기주과일 나무를 우선 선택한다. 기주나무가 없는 도심지역은 그늘진 장소를 선택한다.
2) 설치장소는 출입이 편리하고 안정성이 있는 장소를 선택하여 지상에서 1.6~1.8 m 높이에 사방이 잘 트이고 약간 그늘이 있는 곳에 설치한다.
3) 트랩의 설치간격은 유인력에 영향을 주지 않도록 다른 트랩과 최소 5 m 이상의 간격을 유지하도록 하고, 설치한 지점의 침입 위험도가 변경되는 등 필요하다고 판단될 경우 트랩설치 지점을 변경한다.

④ 유인제 설치 및 교체

메틸유제놀(methyl eugenol) 유인제를 왁스 제형으로 델타트랩에 설치한다. 연중 1 회 유인제 처리로 모니터링한다.

⑤ 조사횟수

1) 동계(12-2월) 월 1회
2) 춘계(3-5월) 2주 1회
3) 하계(6-9월) 1주 1회
4) 추계(10-11월) 2주 1회

⑥ 트랩설치장소 등록

농림축산검역본부(이하 "검역본부"라 한다) 지역본부 · 사무소별로 트랩번호를 부여하여 설치한 다음 설치위치의 GPS 좌표를 식물검역통합정보시스템의 금지급 과실파리예찰방제시스템에 등록한다.

⑦ 유인제 보관

제조된 왁스 제형 유인제는 밀봉하여 냉동고에 보관한다.

1.1.3.2 포장 순회 모니터링

① 조사기간

연중(1~12월)

② 조사횟수

11~2월에는 월 1 회

3~10월에는 월 2 회 이상

③ 조사지역

공항 · 항만지역, 경유물품에 긴급사태가 발생한 지역, 격리재배지, 수출 · 입 식물 재배지역 등

④ 주요 조사 대상 기주

망고, 아보카도, 카람볼라, 레몬, 캡시쿰, 오렌지, 망고스틴, 구아바, 토마토, 아몬드, 대추

⑤ 조사방법

기형과, 유충, 알, 식흔, 부패, 배설물 등

1.1.4 모니터링 결과 등록 및 표본제작

1) 채집된 모든 과실파리는 분류, 동정하고 그 결과를 금지급 과실파리 모니터링 방제시스템에 등록한다.

FF 관리 DB

	A	B	C	D	E	F	G	H	I
1	날자	채집지점	트랩	곤충종(추정)	마리수	진단기술	종동정	조치	관리
2	16.3.17	제주(CJ-A-i-47)	ME	B. oroientalis	1	DNA/형태	B. orientalis	OFF 매뉴얼 제10조 1항에 따라 제주본부장통보(3/19)	OFF 매뉴얼 제4항에 따라 긴급방제지역선포(3/20)
3				B. sp.	1	DNA/형태	B. scutellata	무조치	무관리
4				Unknown	1	DNA	B. scutellata	무조치	무관리
5									

2) 동정은 형태지표 및 분자지표를 이용한다. 분자지표의 경우는 신속동정시스템을 이용하고, 정밀동정은 농림축산검역본부의 전문가에게 보내 판정 받는다.
3) 채집된 과실파리는 표본을 제작한 후 라벨을 부착(해충명, 기주, 채집지, 채집일자, 채집자)하여 보관한다.

1.1.5 상황보고

지역본부장 · 사무소장은 모니터링 결과 새로운 식물병해충(검역병해충, 국내미분포병해충 등)을 발견한 경우 또는 경유물품에 긴급사태가 발생한 경우와 모니터링 요원의 새로운 병해충 신고 및 조치사항을 별지 서식 제3호에 따라 농림축산검역본부(식물방제과)로 계통보고 하고 발견된 병해충 표본을 긴급 송부한다.

• 새로운 식물병해충 발견상황 보고

모니터링 요원 실무교육	모니터링 요원 해충식별 능력평가
(담당) 식물방제과 모니터링 담당자	(담당) 식물방제과 모니터링 담당자
(대상) 모니터링 요원	(대상) 모니터링 요원
(내용) 금지병해충 육안 진단법, 트랩 설치장소 선정법, 트랩 취급법, 모니터링 결과 작성법, GPS 사용법, 포획된 표본 취급, 동정의뢰 방법, 민원인 응대법, 약품 및 차량 안전관리기본법 등	(내용) 모니터링 기간중 무작위로 선발된 4개 트랩에 금지해충 투입
(방식) 집합교육, 8 시간	(방식) 실전교육
(일정) 트랩조사 시작 15 일 전	(일정) 상시 모니터링 시작 1 개월 후 및 종료 1 개월 전 실시 (2 회)
(평가) 실무교육 후 실기평가 실시	(평가) 현장평가

[별지 제3호 서식]

구 분	내 용
1. 발견일자	
2. 발견장소	• 주소: • 농가명: (TEL)
3. 병해충명	
4. 기주식물 (트랩설치 식물)	
5. 발견상황	• 발견병해충수, 발견정도, 피해증상 등
6. 조치사항	• 긴급조치(약제살포, 폐기 등) 등
7. 기 타	• 병해충 발견자 : 직 성명 • 분류동정자 : 직 성명 • 확인자 : 직 성명 • 기타 참고사항 수입식물의 수입시기, 수입국가, 수입량 농가에서 최초 발견시기 등

1.2 긴급 모니터링

1.2.1 분포한계조사

1.2.1.1 트랩 종류와 배치

어떤 지역에 1 개체 또는 그 이상의 카람볼라과실파리가 채집될 때, 침입 개체의 분포한계를 결정하기 위한 조사가 즉시 수행된다. 최초 발견지점을 중심으로 그 주변을 1.6 km 간격으로 정사각형(1.6 × 1.6 km) 격자배치구를 설정한 후 중심부에서 주변부로 격자 당 25-5-5-5-5 개의 델타트랩(메틸유제놀 유인제)을 설치하고, 중심지역에 멕페일트랩(단백질먹이 유살제) 25 개를 추가 설치한다.

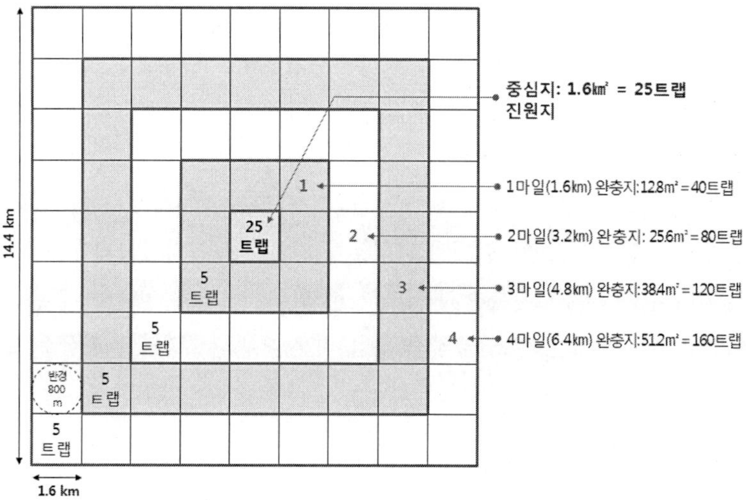

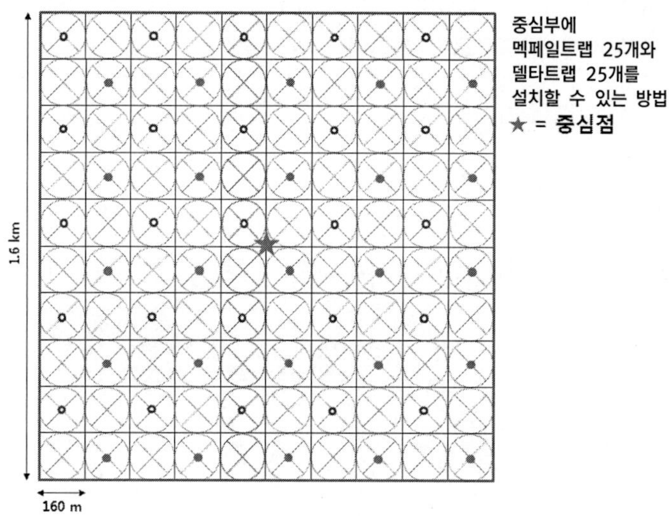

▌분포한계조사 예찰트랩설치▐

카람볼라과실파리 검출지로부터 14.4 km 밖의 지역은 상시 모니터링 설치 지역에 의존하며, 기존의 실시간 모니터링을 유지한다.

1.2.1.2 트랩 조사기간 및 조사 빈도

① 조사 기간

마지막 발견 후 3 세대 기간으로 세대기간의 계산은 제3장의 예찰 프로그램을 이용한다.

② 조사 빈도

최초발견 이후 1 주 동안은 매일 조사하고, 그 후 1 세대 기간 동안은 주당 2 회 조사한다. 2-3 세대 동안에는 2주 1회 조사한다. 트랩에 채집된 암컷은 해부하여 암컷저정낭(spermatheca)에 존재하는 정자의 유무로 교미여부를 조사한다.

1.2.2 기주 조사

① 과실절개 검사

카람볼라과실파리 검출지로부터 200 m 이내의 과실을 수거하여 절개하고 미성숙 과실파리의 존재를 확인한다. 이후 절개된 과실은 금지급 생물안전시설에서 27℃와 70% 상대습도를 유지하며 2-3 주 보존하며 과실파리 존재 유무를 재확인한다. 한편 과실파리 의심 기주가 보존되는 시설은 "수입금지품 수입 및 사후관리요령의 관리장소 요건"을 충족해야 한다.

② 발견지 주변 기주 조사

발견지 주변 2.4 km 이내에 위치한 과수원 명부를 작성하고, 기주식물을 조사한다. 이 지역의 과일을 7~10 일 간격으로 조사한다. 이때 과수원 주인을 대상으로 탐문조사도 실시한다.

1.3 모니터링 트랩 종류

1.3.1 델타트랩과 왁스 제형의 메틸유제놀 방출기

델타트랩은 국내 제조 회사에서 나방류 모니터링으로 시판되는 제품을 이용한다.
델타트랩의 포획 조사는 다음과 같이 한다.

1) 트랩을 나무에서 수거한다.
2) *끈끈*이판을 꺼내고 *끈끈*이판의 아랫면을 포함한 전체를 조사한다. 이 절차는 다른 트랩

을 조사하기 전에 완료한다.

3) 끈끈이판에 부착된 나뭇잎이나 가지 등을 제거하며 이 때 제거하는 물질에 곤충이 부착되어 있는지 살핀다. 곤충이 포획되지 않았을 경우 끈끈이판이 계속 사용하기에 적당한지를 살핀다. 끈끈이판에 과실파리가 포획된 경우 끈끈이판을 수거하여 투명한 셀로판으로 덮고 날짜와 트랩 번호를 기록한다.

카람볼라과실파리의 모니터링을 위해 설치하는 델타트랩에는 왁스 제형의 메틸유제놀 유인제를 사용한다. 준비된 유인제는 냉동 보관하며, 야외에서 트랩에 설치한 후 연중 이용한다.

1.3.2 멕페일트랩

맥페일트랩은 아래쪽에 액상의 유인제를 채울 수 있는 공간이 있는 윗부분이 투명한 트랩으로 과실파리는 아래쪽으로 뚫린 구멍을 통해 유인되어 용액에 빠져 포획된다(그림 4-1). 일반적으로, 맥페일트랩에는 희석한 Nu-Lure 용액 또는 물에 용해시킨 torula yeast/borax tablet 등의 액상 단백질먹이가 유인제로 사용된다. 멕페일트랩에 액상 단백질 유인제 용액은 저장고의 가장자리 바로 아래까지 채워져야 한다. 맥페일트랩에의 과실파리 포획을 조사하고 트랩을 취급하는 요령은 다음과 같다

1) 트랩을 나무 아래에서 내용물이 쏟아지지 않도록 수거한다.
2) 내용물을 조심스럽게 돌려서 살아있거나 용기 내벽에 붙어 있는 과실파리를 용액에 빠지게 한다.
3) 마개를 열고 내용물을 양동이 위에 놓은 체에 걸러낸다. 용기에 붙어 있는 곤충들도 모두 수거한다. 체의 아랫부분을 물에 살짝 담가서 포획된 과실파리의 날개가 펼쳐지도록 한다.
4) 포획된 과실파리 및 기타 곤충들을 70% 에탄올이 담긴 바이알에 담는다.
5) 바이알에 라벨을 부착하고 트랩의 위치 및 종류, 날짜 및 기타 필요 정보를 기입한다.
6) 트랩을 재사용하기 전에 깨끗이 한다. 투명한 부분의 투명도는 과실파리의 포획에 아주 중요하다.
7) 유인제를 첨가할 때 트랩 밖으로 쏟지 않도록 주의한다.
8) 수거한 유인제와 세척액은 적당한 용기에 담아 폐기장으로 옮긴다. 사용한 맥페일트랩은 trisodium phosphate (TSP) 용액에 5-6 시간 정도 담근 후 솔로 닦아 세척할 수 있으며, 잔류한 칼슘 침전물은 Lime-A-Way 를 사용해서 제거할 수 있다. 심하게 오염된 트랩은 muriatic acid 를 사용해서 세척할 수 있는데, 이 물질을 취급할 때 보호장구를 착용하는 등 각별한 주의가 요구된다.

▌그림 4-1 ▌ 맥페일트랩(McPhaill trap)

1.3.3 단백질먹이유인제

단백질먹이 유인제는 천연 먹이를 기반으로 한 것으로, 보통 borax 등의 보존제와 물을 섞은 액상으로 사용된다. 단백질먹이는 과실파리 암, 수컷에 모두 유인력을 나타내며 종특이성이 낮아 여러 종류의 비대상 곤충들도 유인하는 경향이 있다. 여러 종류의 단백질먹이가 있는데, 카람볼라과실파리에는 미국 USDA에서 추천하는 Torula yeast (TY)/borax는 Torula yeast (5 gram pellet + borax) 하나를 100 ml의 포획용액(10% 프로필렌글리콜 수용액)에 섞어 사용하며, 트랩 하나에 300 ml의 용액을 사용한다. 이렇게 제조한 용액은 3 일 정도 숙성된 후부터 본격적인 유인력을 발휘한다.

1.4 모니터링 요원 기술교육

1.4.1 모니터링 요원의 임무

모니터링 요원은 다음의 임무를 숙지하고 수행한다.

1) 트랩과 주변 환경의 오염을 피한다.
2) 예찰 대상 곤충을 식별해서 감독자에게 보고한다.
3) 차량 사용 일지를 정확히 기록한다.
4) GPS 데이터를 사용한 트랩의 분포도와 위치를 파악한다.
5) 트랩 설치 및 서비스 방법을 숙지한다.
6) 곤충 시료의 취급, 내용 작성 및 시료 전달 방법을 숙지한다.
7) 모니터링에 필요한 장비들을 관리한다.
8) 적법한 트랩 조사 기록을 유지한다.
9) 적절한 트랩 밀도와 배치를 유지한다.
10) 트랩의 재배치를 수행한다.
11) 매뉴얼에 따라 트랩을 서비스한다.
12) 쓰레기와 낡은 트랩 및 부품들을 적절히 폐기한다.
13) 새로 도입되거나 변경된 절차를 신속히 파악하고 실행한다.
14) 대상 곤충의 기주식물을 식별하고 대상 해충의 선호기주를 숙지한다.
15) 트랩 시즌이 종료되면 모든 트랩들을 수거한다.
16) 트랩 설치와 조사를 효율적으로 할 수 있도록 동선을 파악한다.
17) 임무 수행 및 명령 체계를 숙지한다.

1.4.2 모니터링 요원 기술교육

식물방제과는 지역본부 모니터링팀, 인력지원팀 및 모니터링 요원을 구성·확인하고, 모니터링팀·인력지원팀·예찰조사원은 정기적인 교육·훈련·평가를 통하여 상시 모니터링 및 카람볼라과실파리 발견(발생) 긴급 상황에 대비한다.

1.4.2.1 교육방법

모니터링팀·인력지원팀·모니터링 요원은 상시 모니터링 시작 전 실무교육을 이수하고 상시 모니터링 기간 동안의 해충식별 능력평가를 받는다. 식물방제과 모니터링 담당자는 모니터링팀·인력지원팀·모니터링 요원에 대한 이론교육과 실습교육을 포함한 연간 교육계획을 수립하여 시행한다.

1.4.2.2 외국의 모니터링 요원 기술교육 사례

[자료출처] 미농무부 과실파리 예찰 가이드라인, 2015)

현장감독관은 각 모니터링 요원의 업무를 관리한다. 모니터링 요원들의 일정을 관리하고, 문제를 해결하기 위한 도움을 주며, 전반적인 지침을 내리고, 다음의 사항들도 수행한다.

1.4.2.2.1 평가

현장감독관은 정기적으로 각 모니터링 요원에 의해 운영되는 트랩의 수를 점검한다. 감독관은 평가서에 트랩 개수, 위치, 설치 장소, 설치 날짜, 유인제의 종류, 및 기타 사항 등을 기록하고, 유인제의 상태, 트랩의 재배치, 그리고 트랩 조사 일정 등을 파악한다. 모니터링 요원은 작업하는 지역에서 모니터링 결과와 문제점들을 현장감독관에게 보고한다.

1.4.2.2.2 트랩 주소록 - 지도 요구

(1) 트랩 위치 주소록

모니터링 요원은 모든 트랩의 설치 날짜 및 조사 날짜와 각 트랩의 정확한 위치를 GPS 수치로 기록한 각 트랩 카드의 목록을 유지해야 한다.

(2) 지도

모니터링에 사용된 좌표들을 표시한 격자형의 대형 마스터 지도를 유지하며 내용을 매일 점검, 갱신한다. 지도에는 모든 트랩의 위치를 나타내고, 규제 지역을 표기한다.

1.4.2.2.3 트랩 설치 훈련 및 홍보업무

(1) 트랩 위치

새로 온 모니터링 요원은 트랩의 적절한 설치 위치 선정에 대한 개인별 지침을 부여받을 것이다.

① 트랩설치 장소의 선택

트랩을 설치할 적절한 기주를 선택하는 것은 효율적인 예찰에 아주 중요하다. 카람볼라과실파리의 선호기주에는 망고, 아보카도, 카람볼라, 레몬, 벨페퍼(캡시쿰), 오렌지, 망고스틴, 구아바, 토마토, 아몬드 및 대추 등이 포함되며, 카람볼라과실파리의 트랩은 되도록 성숙한 과실이 달려 있는 선호기주에 설치하도록 한다. 트랩을 설치할 장소를 선택할 때, 과실이 달려 있는 카람볼라과실파리의 선호 기주에 트랩의 설치를 우선적으로 고려한다. 비슷한 상태의 기주가 2 개 이상 가용한 장소가 있다면, 동일한 품종 또는 다른 품종의 여러 가지 기주가 있는 장소에 트랩 설치를 우선적으로 고려한다. 많은 경우, 한 종류의 식물들만이 유일하게 활용 가능한 기주가 되는데 이 경우 이 식물들에 트랩을 설치해야 할 것이다. 그리고, 한 장소에만 트랩을 설치하는 것은 피한다. 카람볼라과실파리의 경우 과수원의 중앙부 또는 근처에 설치된 트랩이 가장자리에 설치된 트랩보다 보다 과실파리를 포획할 가능성이 더 높다. 비선호 또는 2차 기주에 트랩을 설치하거나, 성숙된 과실을 가지는 기주가 있음에도 불구하고 과실이 없는 기주에 트랩을 설치할 경우 과실파리에 대한 유인 효과가 낮아질 수 있다. 또한, 주요 선호 기주이지만 성숙한 과실이 부족하거나 트랩을 설치하기에는 충분한 그늘이 없는 경우가 있는데, 이 경우, 주변의 감로가 있는 나무가 적절한 트랩 설치 장소가 될 수 있다. 일반적으로, 감로가 충분히 있지 않는 한, 과실이 없는 기주에 트랩을 설치하는 것은 피하도록 한다. 감로는 달거나 투명한 분비물로 진딧물, 깍지벌레, 가루깍지벌레 및 가루이와 같은 곤충들에 의해 생성되며, 이들 감로는 단 맛을 내는 풍부한 탄수화물의 공급처로 성충 과실파리에게는 좋은 먹이원이다. 그을음병이라고 불리는 곰팡이가 감로 위에 서식하여 잎을 검게 만들기 때문에, 그을음병의 존재는 기주가 감로를 형성하는 곤충에 의해 감염되었음을 나타내는 좋은 지표이다. 흔히 구아바와 망고가 좋은 감로 제공원이 된다. 다른 선호 기주가 가용할 때에는 잎이 적은 나무나 가지에는 트랩 설치를 피해야 한다. 특히 여름 기간 동안에는 중요한데, 이것은 이러한 나무나 가지는 충분한 그늘을 형성하지 못하기 때문이다. 따라서, 선호 기주가 충분한 그늘을 가지지 못할 경우에는 주변에 있는 선호성이 떨어지는 기주 또는 비선호 기주에 트랩을 설치할 것을 고려해야 한다. 바람직한 트랩설치 장소들은 "트랩 위치기록"에 표시하여 향후 트랩설치 위치로 활용하도록 한다. 이는 초기 트랩 설치 장소 결정 시 또는 트랩 조사 기간에 이루어질 수 있다. 도시 지역에서는 뒷마당보다 앞마당에 있는 기주식물에 트랩을 설치하는 것이 좋은데 이것은 모니터링 요원이 드나들기 용이하기 때문이다. 하지만 이것은 적합한 기주가 있는 경우에 국한된다.

② 기주에서의 트랩 위치

일반적으로 과실이 없는 기주 속에 트랩을 설치하는 것은 권장되지 않는다. 트랩은 어린이, 가축, 또는 애완동물이 접촉할 수 없는 충분한 높이의 기주 내부에 설치되어야 한다. 이렇게 하면 바람에 의해 트랩이 떨어지는 것을 방지할 수 있다. 여름 또는 기온이 높은 시기 동안에는 트랩이 그늘진 곳에 있도록 해야 한다. 반면 겨울 또는 서늘한 시기 동안에는 트랩이 남쪽을 향하도록 설치하는 것이 좋다. 하지만 태양 직사광선에 설치하는 것은 피한다. 나무의 줄기에서 나뭇가지의 바깥쪽 가장자리까지 거리의 1/2 ~ 2/3 정도가 되는 지점에 트랩을 설치하는 것이 좋다(그림 4-2). 트랩은 나무의 나뭇잎 바로 아래 또는 바깥쪽에 노출되도록 걸어두어서는 안된다. 또한, 트랩을 밀집한 나뭇잎 속에 설치하는 것도 피해야 하는데, 이는 나뭇잎이 트랩 속으로 뻗어 들어가거나 트랩 속으로 파리가 들어가는 것을 방해하기 때문이다. 트랩의 아래 부분에 나뭇잎이 있는 것은 좋지만 트랩 바로 밑에 나뭇잎이 있어야 하는 것은 아니다. 금속 고리를 한쪽 끝에 부착한 긴 막대를 어린이나 호기심이 많은 어른들의 선길이 쉽게 닿지 않도록 충분한 높이에 트랩을 설치하기 위해 사용할 수 있다.

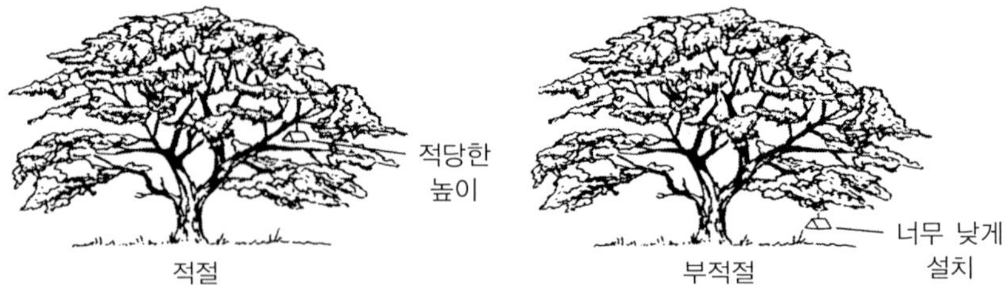

▌그림 4-2 ▌ 나무에서의 적절한 트랩 설치 위치

(2) 홍보업무

적절한 홍보업무는 모니터링의 중요한 부분이다. 모니터링 요원들은 모니터링 프로그램의 목적과 이를 수행하기 위한 각 절차를 숙지하고 이를 일반인들이 이해할 수 있도록 설명할 수 있는 준비가 되어 있어야 한다. 그들은 일관성 있게 보여야 되고 빈번히 일반 국민과 접촉해야 한다. 모니터링 요원들은 항상 정중해야 한다. 일반인들과는 오래 계속되는 대화는 피하고 업무와 관련한 짧고 따뜻한 대화가 바람직하다. 프로그램 활동관련 논쟁은 벌이지 않도록 주의한다. 모니터링 요원은 농식품부를 대표하고 일반 국민의 감시 속에 그 기관의 이미지를 형성한다. 일반 대중에게 좋은 인상을 만들기 위해 복장, 개인적 외관 그리고 행동을 적절히 해야 한다. 짧은 티셔츠를 입어서는 안된다. 편안하고 보호를 위해 긴 바지 또는 헐렁한 셔츠 또는 소매가 있는 블라우스를 입도록 규정한다. 신발은 신어야 한다. 두꺼운 밑창 가죽신은 못과 유리 조각으로부터 보호한다. 신분확인 명찰은 매일 근무시간 동안 쉽게 신분확인을 위하여 가슴에 착용한다. 처음 개인 소유지에 들어갈 때, 소유자 또는 관리인에게 항상 연락을 시도하며 업무를 간략하게 설명하고 트랩을 설치하기 위한 허락을 요청한다. 일반 대중과 대화할 때, 트랩은 "곤충 조사 트랩"으로 언급되어야 한다. 아무도 집에 없다면 소유자 또는 세입자에게 메모를 남겨야 한다.

1.4.2.2.4 프로그램 수행관리 전문가

모니터링 프로그램에는 프로그램 수행관리 전문가들이 참여될 수 있다. 이 전문가들은 모니터링 프로그램을 분석, 평가하며 트랩 조사 지역에 모든 모니터링 요원들과는 긴밀한 관계를 형성한다. 모니터링 요원들과 일하는 전문가들은 적절한 트랩 위치, 미끼교체, 기주 선택, 트랩 배치 및 기록 관리 등에 관한 사항들을 도와준다. 트랩 조사 지역의 문제점과 추천된 개선점은 현장전문가에게 보고되며, 프로그램 관리자에게도 알려준다. 모니터링 프로그램과 수행 과정에 대한 관점(시각)을 이해하고 개선점을 토론하기 위한전문가들과의 정기적인 미팅을 가지도록 한다.

1.4.2.2.5 카람볼라과실파리 모니터링 요원의 평가

대부분의 박멸프로그램의 과정 동안 표식을 한, 죽은 카람볼라과실파리가 들어 있는 트랩들을 설치해 둘 수 있다. 이는 높은 수준의 트랩 조사 능력을 유지하고 모니터링 요원의 과실파리 식별 능력을 평가하는데 큰 도움이 될 것이다. 보고 및 트랩 조사 절차는 표준화 하도록 한다. 표식되고 죽은 카람볼라과실파리는 다른 곳에서 확보하여 프로젝트 본부에서 준비하도록 한다. 다음 절차들을 참고하여 현장 등의 상황에 따라 적절히 변형하여 평가에 사용한다. 이러한 평가 프로그램을 시행하기 위해서는 사전에 그 사실을 해당 지역 비상기구 직원에게 통보해 둔다.

(1) 트랩 선택

현장감독관은 시험을 치르는 모니터링 요원 당 5~15 개 트랩을 무작위로 선택한다. 프로그램 사무소에는 평가일에 앞서 적어도 1 주일 전에 모두 자료를 제공하도록 한다.

(2) 준비

현장감독관은 시험용 과실파리 표본의 정확한 운반시간을 공지하도록 한다. 과실파리 표본은 칼라로 표시된 것을 선택하여 검사한다. 과실파리를 표식한 색상은 해당 월(月)마다 변경하도록 하며, 오른쪽 또는 왼쪽 날개의 일부를 자르도록 한다. 프로그램 사무소는 각 색깔로 표식하는 것과 날개를 잘라내는 일정들을 숙지하고 있어야 한다.

(3) 우편물 발송

각 표시된 표본은 평가용 식별번호를 부착하여 자체 바이엘에 보관하고, 이 숫자들은 품질관리 일지에 기록한다. 이후 표식된 파리는 등기로 현장 감독관에게 송부하며, 현장감독관은 프로그램 사무소에 각 표본번호와 이 표본들이 설치된 트랩 목록을 송부한다. 표본은 유인제를 설치하기 하루 전에 트랩 속에 설치한다.

(4) 반납

표식이 된 과실파리 표본이 탐지되면 표준 트랩 조사 절차에 따라 처리한다. 수거된 표본은 원래의 바이엘에 넣고, 해충감지보고서 비고란에 식별번호를 기록하며, 표본은 등기 메일로 프로그램 사무소에 반납한다.

(5) 구두시험

모니터링 요원의 과실파리 등 해충 식별력을 평가, 유지하기 위해, 가끔 시험을 시행한다. 시험을 치룬 후 일반 토론을 통해 관련된 모니터링 요원들이 서로 유익한 정보를 교류할 수 있도록 한다.

2 구아바과실파리 모니터링 매뉴얼

구아바과실파리의 발생 기준은 다음과 같다.

- 알, 유충, 번데기 또는 교미한 암컷 1 마리 이상 또는
- 1 세대 이내에 발견지 중심(14.4 × 14.4 km) 안에서 성충 5 마리 이상이 트랩에서 검출된 경우(수컷, 미교미 암컷)

종류	목적	방법	조사범위	조사횟수 및 기간
상시 모니터링	조기탐지용	델타트랩	주요 기주 재배지역 및 항구, 항만 인접지역(전국 1,000 개 지점)	연중
		순회모니터링	재배기주 및 이동기주 조사	월 1~2회
긴급 모니터링	분포한계 조사	델타트랩	발견지 중심 14.4 km 격자	1회/일(첫 1주) 2회/주(첫 세대) 0.5회/주(2-3세대)
		기주조사	발견지 중심 200 m 반경	1회 및 폐기 처리

2.1 상시 모니터링

2.1.1 조사지역

① 전국 공항·항만 주변 반경 1.6 Km
② 전국 구아바과실파리 기주식물 대형 재배단지
③ 전국 과일판매시장 주변 200 m

2.1.2 모니터링 방법

모니터링 방법은 식물검역관이 실시하는 과실파리에 대한 트랩조사와 포장순회 모니터링(대상: 이동 기주)이 있다.

2.1.3 유형별 모니터링 요령

2.1.3.1 트랩조사

① 조사기간

연중

② 트랩설치 장소

전국 1,000 개 운영 (제주도 500 개, 본토 500 개)
공항·항만지역, 전국 기주식물 재배단지, 수출·입식물 재배지, 과일 판매 시장 주변, 격리재배지, 외국군부대 주변 등 적절한 장소를 선정한다.

③ 트랩의 설치 밀도는 위험도에 따라 네 등급으로 나누어 결정하여 설치한다.

1) 고위해도 지역(항만, 도시 및 부도심 지역): 1.6 × 1.6 Km 당 10 개 설치
2) 중위해도 지역(기타 부도심 지역): 1.6 × 1.6 Km 당 5 개 설치
3) 저위해도 지역(기주식물이 없는 농촌 지역): 1.6 × 1.6 Km 당 2 개 설치
4) 최저위해도 지역(정착 가능성 없는 지역): 8 × 8 Km 당 1 개 설치

④ 트랩설치 방법

기주과일 나무를 우선 선택한다. 기주나무가 없는 도심지역은 그늘진 장소를 선택한다.

⑤ 트랩 설치장소

출입이 편리하고 안정성이 있는 장소를 선택하여 지상에서 1.6~1.8 m 높이에 사방이 잘 트이고 약간 그늘이 있는 곳에 설치한다.

⑥ 트랩 설치간격

유인력에 영향을 주지 않도록 다른 트랩과 최소 5 m 이상의 간격을 유지하도록 하고, 설치한 지점의 침입 위험도가 변경되는 등 필요하다고 판단될 경우 트랩 설치 지점을 변경한다.

⑦ 유인제 설치 및 교체

메틸유제놀(methyl eugenol: ME) 유인제를 왁스 제형화하여 델타트랩에 설치한다. 연중 1 회 설치하여 교체 없이 모니터링한다.

⑧ 조사횟수

• 동계(12-2월) 월 1회
• 춘계(3-5월) 2주 1회
• 하계(6-9월) 1주 1회
• 추계(10-11월) 2주 1회

⑨ 트랩설치장소 등록

농림축산검역본부(이하 "검역본부"라 한다) 지역본부·사무소별로 트랩번호를 부여하여 설치한 다음 설치위치의 GPS 좌표를 식물검역통합정보시스템의 금지급 과실파리예찰방

제시스템에 등록한다.

⑩ 유인제 보관

제조된 왁스형 유인제는 증발되지 않도록 밀봉하여 냉동고에 보관한다.

2.1.3.2 포장 순회 모니터링

① 조사기간

1~12월

② 조사횟수

- 11~2월에는 월 1 회
- 3~10월에는 월 2 회 이상

③ 조사지역

공항 · 항만지역, 경유물품에 긴급사태가 발생한 지역, 격리재배지, 수출 · 입 식물 재배지역 등

④ 주요 조사 대상 기주식물

망고, 복숭아, 귤, 참외, 자두, 살구, 구아바, 멜론, 포도, 대추, 캐슈(cashew), 파파야, 아레카야자(areca palm), 카람볼라(carambola), 동아호박, 포멜로(pomelo), 만다린, 탠저린, 커피나무, 아프리카망고, 수세미, 양벚나무, 왕벚나무, 인도대추, 사포딜라(sapodilla)

⑤ 조사방법

기형과일, 유충, 알, 식흔, 부패, 배설물 등

2.1.4 모니터링 결과 등록 및 표본제작

1) 채집된 모든 과실파리는 분류, 동정하고 그 결과를 금지급 과실파리 모니터링 방제시스템에 등록한다.

FF 관리 DB

	A	B	C	D	E	F	G	H	I
1	날자	채집지점	트랩	곤충종(추정)	마리수	진단기술	종동정	조치	관리
2	16.3.17	제주(CJ-A-i-47)	ME	B. oroientalis	1	DNA/형태	B. orientalis	OFF 매뉴얼 제10조 1항에 따라 제주본부장통보(3/19)	OFF 매뉴얼 제4항에 따라 긴급방제지역선포(3/20)
3				B. sp.	1	DNA/형태	B. scutellata	무조치	무관리
4				Unknown	1	DNA	B. scutellata	무조치	무관리
5									

2) 동정은 형태지표 및 분자지표를 이용한다. 분자지표의 경우는 신속동정시스템을 이용하고, 정밀동정은 농림축산검역본부의 전문가에게 보내 판정 받는다.
3) 채집된 과실파리는 표본을 제작한 후 라벨을 부착(해충명, 기주, 채집지, 채집일자, 채집자)하여 보관한다.

2.1.5 상황보고

지역본부장 · 사무소장은 모니터링 결과 새로운 식물병해충(검역병해충, 국내미분포병해충 등)을 발견한 경우 또는 경유물품에 긴급사태가 발생한 경우와 모니터링 요원의 새로운 병해충 신고 및 조치사항을 별지 서식 제3호에 따라 농림축산검역본부(식물방제과)로 계통보고 하고 발견된 병해충 표본을 긴급 송부한다.

[별지 제3호 서식]

새로운 식물병해충 발견상황 보고

구 분	내 용
1. 발견일자	
2. 발견장소	• 주소: • 농가명: (TEL)
3. 병해충명	
4. 기주식물 (트랩설치 식물)	
5. 발견상황	• 발견병해충수, 발견정도, 피해증상 등
6. 조치사항	• 긴급조치(약제살포, 폐기 등) 등
7. 기 타	• 병해충 발견자 : 직 성명 • 분류동정자 : 직 성명 • 확인자 : 직 성명 • 기타 참고사항 수입식물의 수입시기, 수입국가, 수입량 농가에서 최초 발견시기 등

2.2 긴급 모니터링

2.2.1 분포한계조사

2.2.1.1 트랩 종류와 배치

어떤 지역에서 1 개체 또는 그 이상의 구아바과실파리가 채집될 경우, 침입한 구아바과실파리의 분포한계를 결정하기 위한 조사가 즉시 수행된다. 구아바과실파리가 최초 발견된 지점을 중심으로 그 주변을 1.6 km 간격으로 정사각형(1.6 × 1.6 km) 격자배치구를 설정한 후 중심부에서 주변부로 격자 당 25-5-5-5-5 개의 델타트랩(ME 유인제 사용)을 설치하고, 중심지역에 멕페일트랩(단백질먹이 유살제 사용) 25 개를 추가로 설치한다.

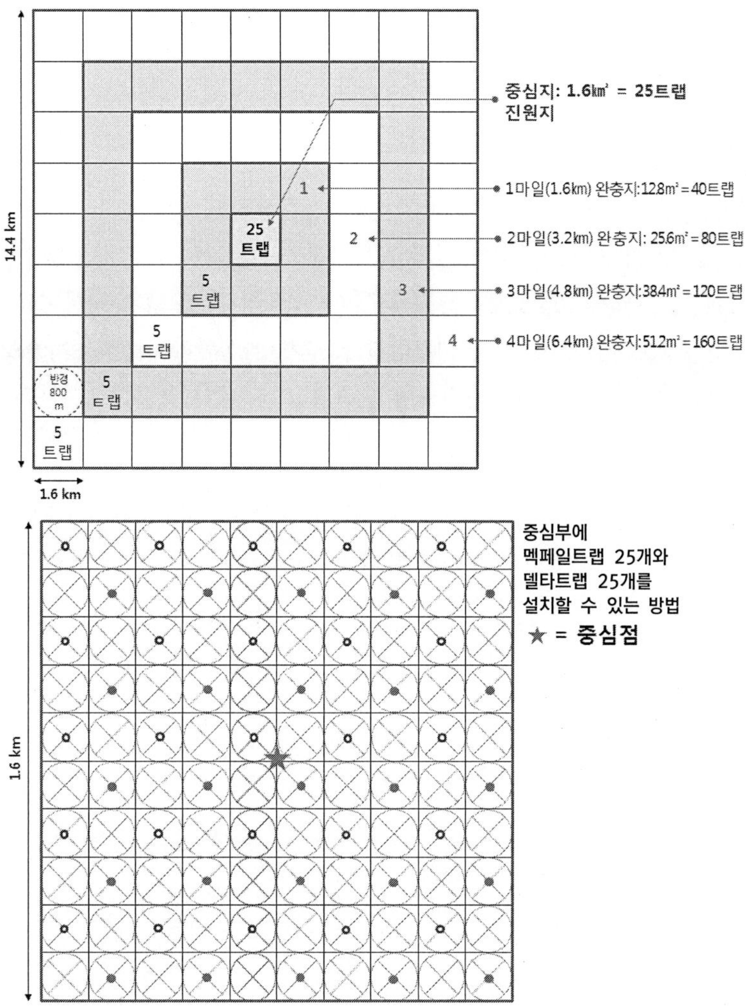

‖ 분포한계조사 예찰트랩설치 ‖

구아바과실파리가 검출된 지점으로부터 14.4 km 밖의 지역은 상시 모니터링 설치 지역에 해당하며, 기존의 실시간 모니터링을 지속한다.

2.2.1.2 트랩 조사기간 및 조사 빈도

① 조사 기간

마지막 발견 후 3 세대 기간으로 세대기간의 계산은 제3장의 예찰 프로그램을 이용한다.

② 조사 빈도

최초발견 이후 1 주 동안은 매일 조사하고, 그 후 1 세대 기간 동안은 주당 2 회 조사한다. 2-3 세대 동안에는 2 주 1 회 조사한다. 트랩에 채집된 암컷은 해부하여 암컷저정낭(spermatheca)에 존재하는 정자의 유무로 교미여부를 조사한다.

2.2.2 기주 조사

① 과실절개 검사

구아바과실파리 검출지로부터 200 m 이내의 기주식물(망고, 복숭아, 자두, 살구, 구아바, 귤, 대추 등)의 과실을 수거하여 절개하고 미성숙 과실파리의 존재를 확인한다. 이후 절개된 과실은 금지급 생물안전시설에서 27℃와 70% 상대습도를 유지하며 2-3 주 동안 보존하면서 과실파리 존재 유무를 재확인한다. 한편 과실파리 의심 기주가 보존되는 시설은 "수입금지품 수입 및 사후관리요령의 관리장소 요건"을 충족해야한다.

② 발견지 주변 기주 조사

발견지 주변 2.4 km 이내에 위치한 과수원 명부를 작성하고, 기주식물을 조사한다. 이 지역의 과일을 7~10 일 간격으로 조사한다. 이때 과수원 주인을 대상으로 탐문조사도 실시한다.

2.3 모니터링 트랩 종류

2.3.1 델타트랩과 왁스 제형 메틸유제놀(methyl eugenol) 방출기

델타트랩은 국내 나방류 모니터링에 사용되는 제품을 이용한다. 왁스 제형의 메틸유제놀을 유인제로 이용한다.

델타트랩의 포획 조사는 다음과 같이 한다.

1) 트랩을 나무에서 수거한다.
2) 끈끈이판을 꺼내고 끈끈이판의 아랫면을 포함한 전체를 조사하여 과실파리 등 곤충의 포획 여부를 확인한다. 이 절차는 다른 트랩을 조사하기 전에 완료한다.
3) 끈끈이판에 부착된 나뭇잎이나 가지 등을 제거하며 이 때 제거하는 물질에 곤충이 부착되어 있는지 살핀다. 곤충이 포획되지 않았을 경우 끈끈이판이 계속 사용하기에 적당한지를 살핀다. 끈끈이판에 과실파리가 포획된 경우 끈끈이판을 수거하여 투명한 셀로판으로 덮고 날짜와 트랩 번호를 기록한다.

구아바과실파리의 모니터링을 위해 설치하는 델타트랩에는 왁스 제형의 메틸유제놀 유인제를 사용한다. 준비된 유인제는 냉동 보관하며, 1 회 설치로 연중 모니터링한다.

2.3.2 멕페일트랩

맥페일트랩은 아래쪽에 액상의 유인제를 채울 수 있는 공간이 있는 윗부분이 투명한 트랩으로 과실파리는 아래쪽으로 뚫린 구멍을 통해 유인되어 용액에 빠져 포획된다(그림 4-1). 일반적으로, 맥페일트랩에는 희석한 Nu-Lure 용액 또는 물에 용해시킨 Torula yeast/borax tablet 등의 액상 단백질먹이가 유인제로 사용된다. 멕페일트랩에 액상 단백질 유인제 용액은 저장고의 가장자리 바로 아래까지 채워져야 한다. 맥페일트랩에의 과실파리 포획을 조사하고 트랩을 취급하는 요령은 다음과 같다.

1) 트랩을 나무 아래에서 내용물이 쏟아지지 않도록 수거한다.
2) 내용물을 조심스럽게 돌려서 살아있거나 용기 내벽에 붙어 있는 과실파리를 용액에 빠지게 한다.
3) 마개를 열고 내용물을 양동이 위에 놓은 체에 걸러낸다. 용기에 붙어 있는 곤충들도 모두 수거한다. 체의 아랫부분을 물에 살짝 담가서 포획된 과실파리의 날개가 펼쳐지도록 한다.
4) 포획된 과실파리 및 기타 곤충들을 70% 에탄올이 담긴 바이알에 담는다.

5) 바이알에 라벨을 부착하고 트랩의 위치 및 종류, 날짜 및 기타 필요 정보를 기입한다.
6) 트랩을 재사용하기 전에 깨끗이 한다. 투명한 부분의 투명도는 과실파리의 포획에 아주 중요하다.
7) 유인제를 첨가할 때 트랩 밖으로 쏟지 않도록 주의한다.
8) 수거한 유인제와 세척액은 적당한 용기에 담아 폐기장으로 옮긴다. 사용한 맥페일트랩은 trisodium phosphate (TSP) 용액에 5-6 시간 정도 담근 후 솔로 닦아 세척할 수 있으며, 잔류한 칼슘 침전물은 Lime-A-Way를 사용해서 제거할 수 있다. 심하게 오염된 트랩은 muriatic acid를 사용해서 세척할 수 있는데, 이 물질을 취급할 때 보호 장구를 착용하는 등 각별한 주의가 요구된다.

2.3.3 단백질먹이 유인제

단백질먹이 유인제는 천연 먹이를 기반으로 한 것으로, 보통 borax 등의 보존제와 물을 섞은 액상으로 사용된다. 단백질먹이는 과실파리 암, 수컷에 모두 유인력을 나타내며 종특이성이 낮아 여러 종류의 비대상 곤충들도 유인하는 경향이 있다. 여러 종류의 단백질먹이가 있는데, 구아바과실파리에는 미국 USDA 에서 추천하는 Torula yeast (TY)/borax는 Torula yeast (5 gram pellet + borax) 하나를 100 ml 의 포획용액(10% 프로필렌글리콜 수용액)에 섞어 사용하며, 트랩 하나에 300 ml 의 용액을 사용한다. 이렇게 제조한 용액은 3일 정도 숙성된 후부터 본격적인 유인력을 발휘한다.

2.4 모니터링 요원 기술교육

2.4.1 모니터링 요원의 임무

모니터링 요원은 다음의 임무를 숙지하고 수행한다.

1) 트랩과 주변 환경의 오염을 피한다.
2) 예찰 대상 곤충을 식별해서 감독자에게 보고한다.
3) 차량 사용 일지를 정확히 기록한다.
4) GPS 데이터를 사용한 트랩의 분포도와 위치를 파악한다.
5) 트랩 설치 및 서비스 방법을 숙지한다.
6) 곤충 시료의 취급, 내용 작성 및 시료 전달 방법을 숙지한다.
7) 모니터링에 필요한 장비들을 관리한다.
8) 적법한 트랩 조사 기록을 유지한다.
9) 적절한 트랩 밀도와 배치를 유지한다.
10) 트랩의 재배치를 수행한다.
11) 매뉴얼에 따라 트랩을 서비스한다.
12) 쓰레기와 낡은 트랩 및 부품들을 적절히 폐기한다.
13) 새로 도입되거나 변경된 절차를 신속히 파악하고 실행한다.
14) 대상 곤충의 기주식물을 식별하고 대상 해충의 선호기주를 숙지한다.
15) 트랩 시즌이 종료되면 모든 트랩들을 수거한다.
16) 트랩 설치와 조사를 효율적으로 할 수 있도록 동선을 파악한다.
17) 임무 수행 및 명령 체계를 숙지한다.

2.4.2 모니터링 요원 기술교육

식물방제과는 지역본부 모니터링팀, 인력지원팀 및 모니터링 요원을 구성 · 확인하고, 모니터링팀 · 인력지원팀 · 예찰조사원은 정기적인 교육 · 훈련 · 평가를 통하여 상시 모니터링 및 구아바과실파리 발견(발생) 긴급 상황에 대비한다. 모니터링팀 · 인력지원팀 · 모니터링 요원은 상시 모니터링 시작 전 실무교육을 이수하고 상시 모니터링 기간 동안의 해충식별 능력평가를 받는다. 식물방제과 모니터링 담당자는 모니터링팀 · 인력지원팀 · 모니터링 요원에 대한 이론교육과 실습교육을 포함한 연간 교육계획을 수립하여 시행한다.

2.4.2.1 교육방법

모니터링 요원 실무교육	모니터링 요원 해충식별 능력평가
(담당) 식물방제과 모니터링 담당자	(담당) 식물방제과 모니터링 담당자
(대상) 모니터링 요원	(대상) 모니터링 요원
(내용) 금지병해충 육안 진단법, 트랩 설치장소 선정법, 트랩 취급법, 모니터링 결과 작성법, GPS 사용법, 포획된 표본 취급, 동정의뢰 방법, 민원인 응대법, 약품 및 차량 안전관리기본법 등	(내용) 모니터링 기간중 무작위로 선발된 4개 트랩에 금지해충 투입
(방식) 집합교육, 8시간	(방식) 실전교육
(일정) 트랩조사 시작 15일 전	(일정) 상시 모니터링 시작 1개월 후 및 종료 1개월 전 실시 (2회)
(평가) 실무교육 후 실기평가 실시	(평가) 현장평가

2.4.2.2 외국의 모니터링 요원 기술교육 사례

[자료출처] 미농무부 과실파리 예찰 가이드라인, 2015)

현장감독관은 각 모니터링 요원의 업무를 관리한다. 모니터링 요원들의 일정을 관리하고, 문제를 해결하기 위한 도움을 주며, 전반적인 지침을 내리고, 다음의 사항들도 수행한다.

2.4.2.2.1 평가

현장감독관은 정기적으로 각 모니터링 요원에 의해 운영되는 트랩의 수를 점검한다. 감독관은 평가서에 트랩 개수, 위치, 설치 장소, 설치 날짜, 유인제의 종류, 및 기타 사항 등을 기록하고, 유인제의 상태, 트랩의 재배치, 그리고 트랩 조사 일정 등을 파악한다. 모니터링 요원은 작업하는 지역에서 모니터링 결과와 문제점들을 현장감독관에게 보고한다.

2.4.2.2.2 트랩 주소록 - 지도 요구

(1) 트랩 위치 주소록

모니터링 요원은 모든 트랩의 설치 날짜 및 조사 날짜와 각 트랩의 정확한 위치를 GPS 수치로 기록한 각 트랩 카드의 목록을 유지해야 한다.

(2) 지도

모니터링에 사용된 좌표들을 표시한 격자형의 대형 마스터 지도를 유지하며 내용을 매일 점검, 갱신한다. 지도에는 모든 트랩의 위치를 나타내고, 규제 지역을 표기한다.

2.4.2.2.3 트랩 설치 훈련 및 홍보업무

(1) 트랩 위치

새로 온 모니터링 요원은 트랩의 적절한 설치 위치 선정에 대한 개인별 지침을 부여받을 것이다.

(2) 트랩 설치 장소의 선택

트랩을 설치할 적절한 기주식물을 선택하는 것은 효율적인 예찰에 아주 중요하다. 구아바과실파리의 선호기주에는 망고, 복숭아, 자두, 구아바, 귤 및 대추 등이 포함되며, 구아바과실파리의 트랩은 되도록 성숙한 과실이 달려 있는 선호기주에 설치하도록 한다. 트랩을 설치할 장소를 선택할 때, 과실이 달려 있는 구아바과실파리의 선호 기주에 트랩의 설치를 우선적으로 고려한다. 비슷한 상태의 기주식물이 2개 이상 가용한 장소가 있다면, 동일한 품종 또는 다른 품종의 여러 가지 기주식물이 있는 장소에 트랩 설치를 우선적으로 고려한다. 많은 경우, 한 종류의 식물들만이 유일하게 활용 가능한 기주가 되는데 이 경우 이 식물들에 트랩을 설치해야 할 것이다. 그리고 한 장소에만 트랩을 설치하는 것은 피한다. 구아바과실파리의 경우 과수원의 중앙부 또는 근처에 설치된 트랩이 가장자리에 설치된 트랩보다 과실파리를 포획할 가능성이 더 높다. 비선호 또는 2차 기주에 트랩을 설치하거나, 성숙된 과실을 가지는 기주가 있음에도 불구하고 과실이 없는 기주에 트랩을 설치할 경우 과실파리에 대한 유인 효과가 낮아질 수 있다. 또한, 주요 선호 기주이지만 성숙한 과실이 부족하거나 트랩을 설치하기에는 충분한 그늘이 없는 경우가 있는데, 이 경우, 주변의 감로가 있는 나무가 적절한 트랩 설치 장소가 될 수 있다. 일반적으로, 감로가 충분히 있지 않는 한, 과실이 없는 기주에 트랩을 설치하는 것은 피하도록 한다. 감로는 달거나 투명한 분비물로 진딧물, 깍지벌레, 가루깍지벌레 및 가루이와 같은 곤충들에 의해 생성되며, 이들 감로는 단 맛을 내는 풍부한 탄수화물의 공급처로 성충 과실파리에게는 좋은 먹이원이다. 그을음병이라고 불리는 곰팡이가 감로 위에 서식하여 잎을 검게 만들기 때문에, 그을음병의 존재는 기주가 감로를 형성하는 곤충에 의해 감염되었음을 나타내는 좋은 지표이다. 흔히 구아바와 망고가 좋은 감로 제공원이 된다. 다른 선호 기주가 가용할 때에는 잎이 적은 나무나 가지에는 트랩 설치를 피해야 한다. 특히 여름 기간 동안에는 중요한데, 이것은 이러한 나무나 가지는 충분한 그늘을 형성하지 못하기 때문이다. 따라서, 선호 기주가 충분한 그늘을 가지지 못할 경우에는 주변에 있는 선호성이 떨어지는 기주 또는 비선호 기주에 트랩을 설치할 것을 고려해야 한다. 바람직한 트랩설치 장소들은 "트랩 위치기록"에 표시하여 향후 트랩설치 위치로 활용하도록 한다. 이는 초기 트랩 설치 장소 결정 시 또는 트랩 조사 기간에 이루어질 수 있다. 도시 지역에서는 뒷마당보다 앞마당에 있는 기주식물에 트랩을 설치하는 것이 좋은데 이것은 모니터링 요원이 드나들기 용이하기 때문이다. 하지만 이것은 적합한 기주가 있는 경우에 국한된다.

(3) 기주에서의 트랩 위치

일반적으로 과실이 없는 기주식물 속에 트랩을 설치하는 것은 권장되지 않는다. 트랩은 어린이, 가축, 또는 애완동물이 접촉할 수 없는 충분한 높이의 기주식물 내부에 설치되어야 한다. 이렇게 하면 바람에 의해 트랩이 떨어지는 것을 방지할 수 있다. 여름 또는 기온이 높은 시기 동안에는 트랩이 그늘진 곳에 있도록 해야 한다. 반면, 겨울 또는 서늘한 시기 동안에는 트랩이 남쪽을 향하도록 설치하는 것이 좋다. 하지만 태양 직사광선에 설치하는 것은 피한다. 나무의 줄기에서 나뭇가지의 바깥쪽 가장자리까지 거리의 1/2 ~ 2/3 정도가 되는 지점에 트랩을 설치하는 것이 좋다(그림 4-2). 트랩은 나무의 나뭇잎 바로 아래 또는 바깥쪽에 노출되도록 걸어두어서는 안된다. 또한, 트랩을 밀집한 나뭇잎 속에 설치하는 것도 피해야 하는데, 이는 나뭇잎이 트랩 속으로 뻗어 들어가거나 트랩 속으로 파리가 들어가는 것을 방해하기 때문이다. 트랩의 아래 부분에 나뭇잎이 있는 것은 좋지만 트랩 바로 밑에 나뭇잎이 있어야 하는 것은 아니다. 금속 고리를 한쪽 끝에 부착한 긴 막대를 어린이나 호기심이 많은 어른들의 선길이 쉽게 닿지 않도록 충분한 높이에 트랩을 설치하기 위해 사용할 수 있다.

(4) 홍보업무

적절한 홍보업무는 모니터링의 중요한 부분이다. 모니터링 요원들은 모니터링 프로그램의 목적과 이를 수행하기 위한 각 절차를 숙지하고 이를 일반인들이 이해할 수 있도록 설명할 수 있는 준비가 되어 있어야 한다. 그들은 일관성 있게 보여야 되고 빈번히 일반 국민과 접촉해야 한다. 모니터링 요원들은 항상 정중해야 한다. 일반인들과는 오래 계속되는 대화는 피하고 업무와 관련한 짧고 따뜻한 대화가 바람직하다. 프로그램 활동관련 논쟁은 벌이지 않도록 주의한다. 모니터링 요원은 농식품부를 대표하고 일반 국민의 감시 속에 그 기관의 이미지를 형성한다. 일반 대중에게 좋은 인상을 만들기 위해 복장, 개인적 외관 그리고 행동을 적절히 해야 한다. 짧은 티셔츠를 입어서는 안된다. 편안하고 보호를 위해 긴 바지 또는 헐렁한 셔츠 또는 소매가 있는 블라우스를 입도록 규정한다. 신발은 신어야 한다. 두꺼운 밑창의 가죽신발은 못과 유리 조각으로부터 보호한다. 신분확인 명찰은 매일 근무시간 동안 쉽게 신분확인을 위하여 가슴에 착용한다. 개인 소유지에 처음 들어갈 때에는 소유자 또는 관리인에게 항상 연락을 시도하며 업무를 간략하게 설명하고 트랩을 설치하기 위한 허락을 요청한다. 일반 대중과 대화할 때, 트랩은 "곤충

조사 트랩"으로 언급되어야 한다. 아무도 집에 없다면 소유자 또는 세입자에게 메모를 남겨야 한다.

2.4.2.2.4 프로그램 수행관리 전문가

모니터링 프로그램에는 프로그램 수행관리 전문가들이 참여될 수 있다. 이 전문가들은 모니터링 프로그램을 분석, 평가하며 트랩 조사 지역에 모든 모니터링 요원들과는 긴밀한 관계를 형성한다. 모니터링 요원들과 일하는 전문가들은 적절한 트랩 위치, 미끼교체, 기주 선택, 트랩 배치 및 기록 관리 등에 관한 사항들을 도와준다. 트랩 조사 지역의 문제점과 추천된 개선점은 현장전문가에게 보고되며, 프로그램 관리자에게도 알려준다. 모니터링 프로그램과 수행 과정에 대한 관점(시각)을 이해하고 개선점을 토론하기 위한 전문가들과의 미팅을 정기적으로 갖도록 한다.

2.4.2.2.5 구아바과실파리 모니터링 요원의 평가

대부분의 박멸프로그램의 과정 동안 표식을 한, 죽은 구아바과실파리가 들어 있는 트랩들을 설치해서 모니터링 요원들을 평가할 수 있다. 이는 높은 수준의 트랩 조사 능력을 유지하고 모니터링 요원의 과실파리 식별 능력을 평가하는데 큰 도움이 될 것이다. 보고 및 트랩 조사 절차는 표준화 하도록 한다. 표식된 죽은 구아바과실파리는 다른 곳에서 확보하여 프로젝트 본부에서 준비하도록 한다. 다음 절차들을 참고하여 현장 등의 상황에 따라 적절히 변형하여 평가에 사용한다. 이러한 평가 프로그램을 시행하기 위해서는 사전에 그 사실을 해당 지역 비상기구 직원에게 통보해 둔다.

(1) 트랩 선택

현장감독관은 시험을 치르는 모니터링 요원 당 5~15 개 트랩을 무작위로 선택한다. 프로그램 사무소에는 평가 일에 앞서 적어도 1 주일 전에 모두 자료를 제공하도록 한다.

(2) 준비

현장감독관은 시험용 과실파리 표본의 정확한 운반시간을 공지하도록 한다. 과실파리 표본은 칼라로 표시된 것을 선택하여 검사한다. 과실파리를 표식한 색상은 해당 월(月)마다 변경하도록 하며, 오른쪽 또는 왼쪽 날개의 일부를 자르도록 한다. 프로그램 사무소는 각 색깔로 표식하는 것과 날개를 잘라내는 일정들을 숙지하고 있어야 한다.

(3) 우편물 발송

각 표시된 표본은 평가용 식별번호를 부착하여 자체 바이엘에 보관하고, 이 숫자들은 품질관리 로그(log)로 기록한다. 이후 표식된 파리는 등기로 현장 감독관에게 송부하며, 현장감독관은 프로그램 사무소에 각 표본번호와 이 표본들이 설치된 트랩 목록을 송부한다. 표본은 유인제를 설치하기 하루 전에 트랩 속에 설치한다.

(4) 반납

표식이 된 과실파리 표본이 탐지되면 표준 트랩 조사 절차에 따라 처리한다. 수거된 표본은 원래의 바이엘에 넣고, 해충감지보고서 비고란에 식별번호를 기록하며, 표본은 등기메일로 프로그램 사무소에 반납한다.

(5) 구두시험

모니터링 요원의 과실파리 등 해충 식별력을 평가, 유지하기 위해, 가끔 시험을 시행한다. 시험을 치룬 후 일반 토론을 통해 관련된 모니터링 요원들이 서로 유익한 정보를 교류할 수 있도록 한다.

3 작은퀸즐랜드과실파리 모니터링 매뉴얼

작은퀸즐랜드과실파리의 발생 기준은 다음과 같다.

- 알, 유충, 번데기 또는 교미한 암컷 1 마리 이상 또는
- 1 세대 이내에 발견지 중심(14.4 × 14.4 km) 안에서 성충 5 마리 이상이 트랩에서 검출된 경우(수컷, 미교미 암컷)

이상의 기준에 따라 모니터링은 상시 모니터링과 발견이 이뤄진 후의 긴급 모니터링으로 나누어 진행된다.

종류	목적	방법	조사범위	조사횟수 및 기간
상시 모니터링	조기탐지용	델타트랩	주요 기주 재배지역 및 항구, 항만 인접지역(전국 1,000개 지점)	연중
		순회모니터링	재배기주 및 이동기주 조사	월 1~2회
긴급 모니터링	분포한계 조사	델타트랩	발견지중심 14.4 km 격자	1회/일(첫 1주) 2회/주(첫 세대) 0.5회/주(2-3세대)
		기주조사	발견지중심 200 m 반경	1회 및 폐기 처리

3.1 상시 모니터링

3.1.1 조사지역

① 전국 공항·항만 주변 반경 1.6 Km
② 전국 작은퀸즐랜드과실파리 기주식물 대형 재배단지
③ 전국 과일판매시장 주변 200 m

3.1.2 모니터링 방법

모니터링 방법은 식물검역관이 실시하는 과실파리에 대한 트랩조사와 포장순회 모니터링(대상: 이동 기주)이 있다.

3.1.3 유형별 모니터링 요령

3.1.3.1 트랩조사

① 조사기간

연중

② 트랩설치 장소

- 전국 1,000 개 운영 (제주도 500 개, 본토 500 개)
- 공항 · 항만지역, 전국 기주식물 재배단지, 수출 · 입식물 재배지, 과일 판매시장 주변, 격리재
- 배지, 외국군부대 주변 등 적절한 장소를 선정한다.
- 트랩의 설치 밀도는 위험도에 따라 네 등급으로 나누어 결정하여 설치한다.
  1) 고위해도 지역 (항만, 도시 및 부도심 지역): 1.6 × 1.6 Km 당 10 개의 트랩 설치
  2) 중위해도 지역 (기타 부도심 지역): 1.6 × 1.6 Km 당 5 개의 트랩 설치
  3) 저위해도 지역 (기주식물이 없는 농촌 지역): 1.6 × 1.6 Km 당 2 개의 트랩 설치
  4) 최저위해도 지역 (정착 가능성 없는 지역): 8 × 8 Km 당 1 개의 트랩 설치

③ 트랩설치 방법

기주과일 나무를 우선 선택한다. 기주나무가 없는 도심지역은 그늘진 장소를 선택한다. 설치장소는 출입이 편리하고 안정성이 있는 장소를 선택하여 지상에서 1.6~1.8 m 높이에 사방이 잘 트이고 약간 그늘이 있는 곳에 설치한다. 트랩의 설치간격은 유인력에 영향을 주지 않도록 다른 트랩과 최소 5 m 이상의 간격을 유지하도록 하고, 설치한 지점의 침입 위험도가 변경되는 등 필요하다고 판단될 경우 트랩설치 지점을 변경한다.

④ 유인제 설치

왁스 제형에 함유된 큐루어(cuelure) 유인제를 델타트랩에 설치한다. 각 트랩에는 왁스 제형의 큐루어(cuelure) 유인제를 투입하고 연중 모니터링한다.

⑤ 조사횟수

- 동계(12~2월) 월 1회
- 춘계(3~5월) 2주 1회
- 하계(6~9월) 1주 1회
- 추계(10~11월) 2주 1회

⑥ 트랩설치장소 등록

농림축산검역본부(이하 “검역본부”라 한다) 지역본부 · 사무소별로 트랩번호를 부여하여 설치한 다음 설치위치의 GPS 좌표를 식물검역통합정보시스템의 금지급 과실파리예찰방제시스템에 등록한다.

⑦ 유인제 보관

제조된 유인제는 증발되지 않도록 밀봉하여 냉동고에 보관한다.

3.1.3.2 포장 순회 모니터링

① 조사기간

1~12월

② 조사횟수

- 11~2월에는 월 1 회
- 3~10월에는 월 2 회 이상

③ 조사지역

공항 · 항만지역, 경유물품에 긴급사태가 발생한 지역, 격리재배지, 수출 · 입 식물 재배지역 등

④ 주요 조사 대상 기주식물

캐슈넛, 카람볼라(carambola), 라임, 레몬, 만다린, 오렌지, 감, 체리, 망고, 패션프룻, 대추야자, 살구, 자두, 복숭아, 구아바, 토마토, 사과, 대추

⑤ 조사방법

기형과일, 유충, 알, 식흔, 부패, 배설물 등

3.1.4 모니터링 결과 등록 및 표본제작

1) 채집된 모든 과실파리는 분류, 동정하고 그 결과를 금지급 과실파리 모니터링 방제시스템에 등록한다.

FF 관리 DB

날자	채집지점	트랩	곤충종(추정)	마리수	진단기술	종동정	조치	관리
16.3.17	제주(CJ-A-i-47)	ME	B. oroientalis	1	DNA/형태	B. orientalis	OFF 매뉴얼 제10조 1항에 따라 제주본부장통보(3/19)	OFF 매뉴얼 제4항에 따라 긴급방제지역선포(3/20)
			B. sp.	1	DNA/형태	B. scutellata	무조치	무관리
			Unknown	1	DNA	B. scutellata	무조치	무관리

2) 동정은 형태지표 및 분자지표를 이용한다. 분자지표의 경우는 신속동정시스템을 이용하고, 정밀동정은 농림축산검역본부의 전문가에게 보내 판정 받는다.
3) 채집된 과실파리는 표본을 제작한 후 라벨을 부착(해충명, 기주, 채집지, 채집일자, 채집자)하여 보관한다.

3.1.5 상황보고

지역본부장·사무소장은 모니터링 결과 새로운 식물병해충(검역병해충, 국내미분포병해충 등)을 발견한 경우 또는 경유물품에 긴급사태가 발생한 경우와 모니터링 요원의 새로운 병해충 신고 및 조치사항을 별지 서식 제3호에 따라 농림축산검역본부(식물방제과)로 계통보고 하고 발견된 병해충 표본을 긴급 송부한다.

[별지 제3호 서식]

새로운 식물병해충 발견상황 보고

구 분	내 용
1. 발견일자	
2. 발견장소	• 주소: • 농가명: (TEL)
3. 병해충명	
4. 기주식물 (트랩설치 식물)	
5. 발견상황	• 발견병해충수, 발견정도, 피해증상 등
6. 조치사항	• 긴급조치(약제살포, 폐기 등) 등
7. 기 타	• 병해충 발견자 : 직 성명 • 분류동정자 : 직 성명 • 확인자 : 직 성명 • 기타 참고사항 수입식물의 수입시기, 수입국가, 수입량 농가에서 최초 발견시기 등

3.2 긴급 모니터링

3.2.1 분포한계조사

3.2.1.1 트랩 종류와 배치

어떤 지역에서 1 개체 또는 그 이상의 작은퀸즐랜드과실파리가 채집될 경우, 침입한 작은퀸즐랜드과실파리의 분포 한계를 결정하기 위한 조사가 즉시 수행된다. 작은퀸즐랜드과실파리가 최초 발견된 지점을 중심으로 그 주변을 1.6 km 간격으로 정사각형(1.6 × 1.6 km) 격자배치구를 설정한 후 중심부에서 주변부로 격자 당 25-5-5-5-5 개의 델타트랩(큐루어 유인제 사용)을 설치하고, 중심지역에 멕페일트랩(단백질먹이 유살제 사용) 25 개를 추가로 설치한다.

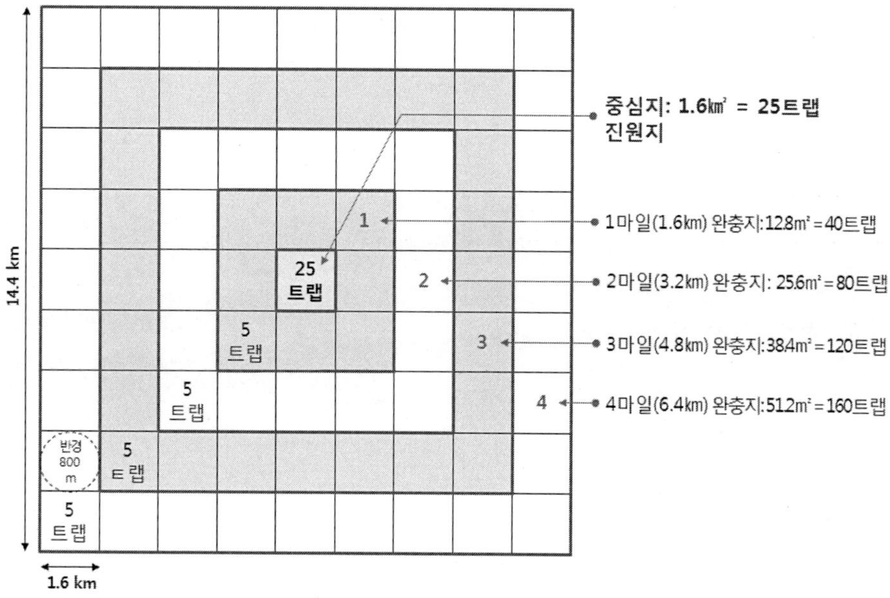

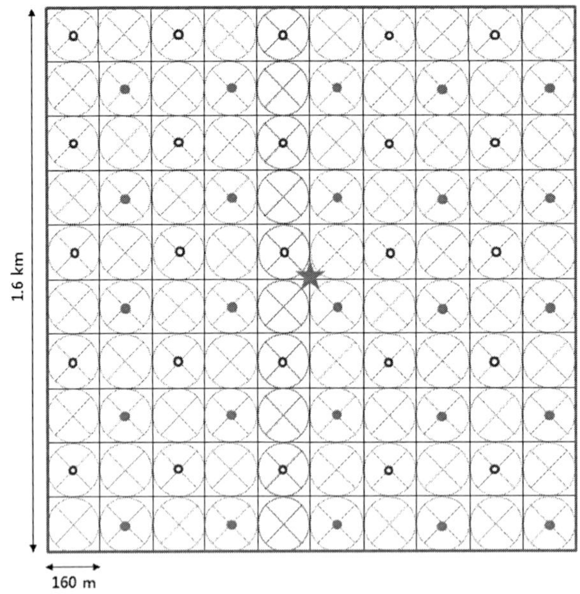

‖ 분포한계조사 예찰트랩설치 ‖

작은퀸즐랜드과실파리가 검출된 지점으로부터 14.4 km 밖의 지역은 상시 모니터링 설치 지역에 해당하며, 기존의 실시간 모니터링을 지속한다.

3.2.1.2 트랩 조사기간 및 조사 빈도

① 조사 기간

마지막 발견 후 3 세대 기간으로 세대 기간의 계산은 제3장의 예찰 프로그램을 이용한다.

② 조사 빈도

최초 발견 이후 1 주 동안은 매일 조사하고, 그 후 1 세대 기간 동안은 주당 2 회 조사한다. 2-3 세대 동안에는 2 주 1 회 조사한다. 트랩에 채집된 암컷은 해부하여 암컷저정낭(spermatheca)에 존재하는 정자의 유무로 교미 여부를 조사한다.

3.2.2 기주 조사

① 과실절개 검사

작은퀸즐랜드과실파리 검출지로부터 200 m 이내의 기주식물(레몬, 만다린, 오렌지, 감, 체리, 망고, 패션프룻, 살구, 자두, 복숭아, 구아바, 토마토, 사과, 대추 등)의 과실을 수거하여 절개하고 미성숙 과실파리의 존재를 확인한다. 이후 절개된 과실은 금지급 생물안전시설에서 27℃와 70% 상대습도를 유지하며 2-3 주 동안 보존하면서 과실파리 존재 유무를 재확인한다. 한편 과실파리 의심 기주가 보존되는 시설은 “수입금지품 수입 및 사후 관리요령의 관리장소 요건”을 충족해야한다.

② 발견지 주변 기주 조사

발견지 주변 2.4 km 이내에 위치한 과수원 명부를 작성하고, 기주식물을 조사한다. 이 지역의 과일을 7~10 일 간격으로 조사한다. 이때 과수원 주인을 대상으로 탐문조사도 실시한다.

3.3 모니터링 트랩 종류

3.3.1 델타트랩과 왁스 제형 큐루어 방출기

델타트랩은 국내 나방류 모니터링에 이용되는 제품을 이용한다. 트랩의 포획 조사는 다음과 같이 한다.

1) 트랩을 나무에서 수거한다.
2) 끈끈이판을 꺼내고 끈끈이판의 아랫면을 포함한 전체를 조사하여 과실파리 등 곤충의 포획 여부를 확인한다. 이 절차는 다른 트랩을 조사하기 전에 완료한다.
3) 끈끈이판에 부착된 나뭇잎이나 가지 등을 제거하며 이 때 제거하는 물질에 곤충이 부착되어 있는지 살핀다. 곤충이 포획되지 않았을 경우 끈끈이판이 계속 사용하기에 적당한지를 살핀다. 끈끈이판에 과실파리가 포획된 경우 끈끈이판을 수거하여 투명한 셀로판으로 덮고 날짜와 트랩 번호를 기록한다.

작은퀸즐랜드과실파리의 모니터링을 위해 설치하는 델타트랩에는 왁스 제형의 큐루어 유인제를 사용한다. 준비된 유인제는 냉동 보관하며, 야외에서 트랩에 설치한 후 교체 없이 연중 이용한다.

3.3.2 멕페일트랩

맥페일트랩은 아래쪽에 액상의 유인제를 채울 수 있는 공간이 있는 윗부분이 투명한 트랩으로 과실파리는 아래쪽으로 뚫린 구멍을 통해 유인되어 용액에 빠져 포획된다(그림 4-1). 일반적으로, 맥페일트랩에는 희석한 Nu-Lure 용액 또는 물에 용해시킨 Torula yeast/borax tablet 등의 액상 단백질먹이가 유인제로 사용된다. 멕페일트랩에 액상 단백질 유인제 용액은 저장고의 가장자리 바로 아래까지 채워져야 한다. 맥페일트랩에의 과실파리 포획을 조사하고 트랩을 취급하는 요령은 다음과 같다.

1) 트랩을 나무 아래에서 내용물이 쏟아지지 않도록 수거한다.
2) 내용물을 조심스럽게 돌려서 살아있거나 용기 내벽에 붙어 있는 과실파리를 용액에 빠지게 한다.
3) 마개를 열고 내용물을 양동이 위에 놓은 체에 걸러낸다. 용기에 붙어 있는 곤충들도 모두 수거한다. 체의 아랫부분을 물에 살짝 담가서 포획된 과실파리의 날개가 펼쳐지도록 한다.
4) 포획된 과실파리 및 기타 곤충들을 70% 에탄올이 담긴 바이알에 담는다.

5) 바이알에 라벨을 부착하고 트랩의 위치 및 종류, 날짜 및 기타 필요 정보를 기입한다.
6) 트랩을 재사용하기 전에 깨끗이 한다. 투명한 부분의 투명도는 과실파리의 포획에 아주 중요하다.
7) 유인제를 첨가할 때 트랩 밖으로 쏟지 않도록 주의한다.
8) 수거한 유인제와 세척액은 적당한 용기에 담아 폐기장으로 옮긴다. 사용한 맥페일트랩은 trisodium phosphate (TSP) 용액에 5~6 시간 정도 담근 후 솔로 닦아 세척할 수 있으며, 잔류한 칼슘 침전물은 Lime-A-Way를 사용해서 제거할 수 있다. 심하게 오염된 트랩은 muriatic acid 를 사용해서 세척할 수 있는데, 이 물질을 취급할 때 보호장구를 착용하는 등 각별한 주의가 요구된다.

3.3.3 단백질먹이 유인제

단백질먹이 유인제는 천연 먹이를 기반으로 한 것으로, 보통 borax 등의 보존제와 물을 섞은 액상으로 사용된다. 단백질먹이는 과실파리 암, 수컷에 모두 유인력을 나타내며 종특이성이 낮아 여러 종류의 비대상 곤충들도 유인하는 경향이 있다. 여러 종류의 단백질먹이가 있는데, 작은퀸즐랜드과실파리에는 미국 USDA에서 추천하는 Torula yeast (TY)/borax는 Torula yeast (5 gram pellet + borax) 하나를 100ml의 포획용액(10% 프로필렌글리콜 수용액)에 섞어 사용하며, 트랩 하나에 300ml의 용액을 사용한다. 이렇게 제조한 용액은 3일 정도 숙성된 후부터 본격적인 유인력을 발휘한다.

3.4 모니터링 요원 기술교육

3.4.1 모니터링 요원의 임무

모니터링 요원은 다음의 임무를 숙지하고 수행한다.

1) 트랩과 주변 환경의 오염을 피한다.
2) 예찰 대상 곤충을 식별해서 감독자에게 보고한다.
3) 차량 사용 일지를 정확히 기록한다.
4) GPS 데이터를 사용한 트랩의 분포도와 위치를 파악한다.
5) 트랩 설치 및 서비스 방법을 숙지한다.
6) 곤충 시료의 취급, 내용 작성 및 시료 전달 방법을 숙지한다.
7) 모니터링에 필요한 장비들을 관리한다.
8) 적법한 트랩 조사 기록을 유지한다.
9) 적절한 트랩 밀도와 배치를 유지한다.
10) 트랩의 재배치를 수행한다.
11) 매뉴얼에 따라 트랩을 서비스한다.
12) 쓰레기와 낡은 트랩 및 부품들을 적절히 폐기한다.
13) 새로 도입되거나 변경된 절차를 신속히 파악하고 실행한다.
14) 대상 곤충의 기주식물을 식별하고 대상 해충의 선호기주를 숙지한다;
15) 트랩 시즌이 종료되면 모든 트랩들을 수거한다
16) 트랩 설치와 조사를 효율적으로 할 수 있도록 동선을 파악한다.
17) 임무 수행 및 명령 체계를 숙지한다.

3.4.2 모니터링 요원 기술교육

식물방제과는 지역본부 모니터링팀, 인력지원팀 및 모니터링 요원을 구성 · 확인하고, 모니터링팀 · 인력지원팀 · 예찰조사원은 정기적인 교육 · 훈련 · 평가를 통하여 상시 모니터링 및 작은퀸즐랜드과실파리 발견(발생) 긴급 상황에 대비한다. 모니터링팀 · 인력지원팀 · 모니터링 요원은 상시 모니터링 시작 전 실무교육을 이수하고 상시 모니터링 기간 동안의 해충식별 능력평가를 받는다. 식물방제과 모니터링 담당자는 모니터링팀 · 인력지원팀 · 모니터링 요원에 대한 이론교육과 실습교육을 포함한 연간 교육계획을 수립하여 시행한다.

3.4.2.1 교육방법

모니터링 요원 실무교육	모니터링 요원 해충식별 능력평가
(담당) 식물방제과 모니터링 담당자	(담당) 식물방제과 모니터링 담당자
(대상) 모니터링 요원	(대상) 모니터링 요원
(내용) 금지병해충 육안 진단법, 트랩 설치장소 선정법, 트랩 취급법, 모니터링 결과 작성법, GPS 사용법, 포획된 표본 취급, 동정의뢰 방법, 민원인 응대법, 약품 및 차량 안전관리기본법 등	(내용) 모니터링 기간중 무작위로 선발된 4개 트랩에 금지해충 투입
(방식) 집합교육, 8시간	(방식) 실전교육
(일정) 트랩조사 시작 15일 전	(일정) 상시 모니터링 시작 1개월 후 및 종료 1개월 전 실시 (2회)
(평가) 실무교육 후 실기평가 실시	(평가) 현장평가

3.4.2.2 외국의 모니터링 요원 기술교육 사례

[자료출처] 미농무부 과실파리 예찰 가이드라인, 2015)

현장감독관은 각 모니터링 요원의 업무를 관리한다. 모니터링 요원들의 일정을 관리하고, 문제를 해결하기 위한 도움을 주며, 전반적인 지침을 내리고, 다음의 사항들도 수행한다.

3.4.2.2.1 평가

현장감독관은 정기적으로 각 모니터링 요원에 의해 운영되는 트랩의 수를 점검한다. 감독관은 평가서에 트랩 개수, 위치, 설치 장소, 설치 날짜, 유인제의 종류, 및 기타 사항 등을 기록하고, 유인제의 상태, 트랩의 재배치, 그리고 트랩 조사 일정 등을 파악한다. 모니터링 요원은 작업하는 지역에서 모니터링 결과와 문제점들을 현장감독관에게 보고한다.

3.4.2.2.2 트랩 주소록 – 지도 요구

(1) 트랩 위치 주소록

모니터링 요원은 모든 트랩의 설치 날짜 및 조사 날짜와 각 트랩의 정확한 위치를 GPS 수치로 기록한 각 트랩 카드의 목록을 유지해야 한다.

(2) 지도

모니터링에 사용된 좌표들을 표시한 격자형의 대형 마스터 지도를 유지하며 내용을 매일 점검, 갱신한다. 지도에는 모든 트랩의 위치를 나타내고, 규제 지역을 표기한다.

3.4.2.2.3 트랩 설치 훈련 및 홍보업무

(1) 트랩 위치

새로 온 모니터링 요원은 트랩의 적절한 설치 위치 선정에 대한 개인별 지침을 부여받을 것이다.

① 트랩 설치 장소의 선택

트랩을 설치할 적절한 기주식물을 선택하는 것은 효율적인 예찰에 아주 중요하다. 작은퀸즐랜드과실파리의 선호기주에는 레몬, 만다린, 오렌지, 감, 체리, 망고, 살구, 자두, 복숭아, 구아바, 토마토, 사과, 대추 등이 포함되며, 작은퀸즐랜드과실파리의 트랩은 되도록 성숙한 과실이 달려 있는 선호기주에 설치하도록 한다. 트랩을 설치할 장소를 선택할 때, 과실이 달려 있는 작은퀸즐랜드과실파리의 선호 기주에 트랩의 설치를 우선적으로 고려한다. 비슷한 상태의 기주식물이 2개 이상 가용한 장소가 있다면, 동일한 품종 또는 다른 품종의 여러 가지 기주식물이 있는 장소에 트랩 설치를 우선적으로 고려한다. 많은 경우, 한 종류의 식물들만이 유일하게 활용 가능한 기주가 되는데 이 경우 이 식물들에 트랩을 설치해야 할 것이다. 그리고, 한 장소에만 트랩을 설치하는 것은 피한다. 작은퀸즐랜드과실파리의 경우 과수원의 중앙부 또는 근처에 설치된 트랩이 가장자리에 설치된 트랩보다 과실파리를 포획할 가능성이 더 높다. 비선호 또는 2차 기주에 트랩을 설치하거나, 성숙된 과실을 가지는 기주가 있음에도 불구하고 과실이 없는 기주에 트랩을 설치할 경우 과실파리에 대한 유인 효과가 낮아질 수 있다. 또한, 주요 선호 기주이지만 성숙한 과실이 부족하거나 트랩을 설치하기에는 충분한 그늘이 없는 경우가 있는데, 이 경우, 주변의 감로가 있는 나무가 적절한 트랩 설치 장소가 될 수 있다. 일반적으로, 감로가 충분히 있지 않는 한, 과실이 없는 기주에 트랩을 설치하는 것은 피하도록 한다. 감로는 달거나 투명한 분비물로 진딧물, 깍지벌레, 가루깍지벌레 및 가루이와 같은 곤충들에 의해 생성되며, 이들 감로는 단 맛을 내는 풍부한 탄수화물의 공급처로 성충 과실파리에게는 좋은 먹이원이다. 그을음병이라고 불리는 곰팡이가 감로 위에 서식하여 잎을 검게 만들기 때문에, 그을음병의 존재는 기주가 감로를 형성하는 곤충에 의해 감염되었음을 나타내는 좋은 지표이다. 흔히 구아바와 망고가 좋은 감로 제공원이 된다. 다른 선호 기주가 가용할 때에는 잎이 적은 나무나 가지에는 트랩 설치를 피해야 한다. 특히 여름 기간 동안에는 중요한데, 이것은 이러한 나무나 가지는 충분한 그늘을 형성하지 못하기 때문이다. 따라서, 선호 기주가 충분한 그늘을 가지지 못할 경우에는 주변에 있는 선호성이 떨어지는 기주 또는 비선호 기주에 트랩을 설치할 것을 고려해야 한다. 바람직한 트랩설치 장소들은 "트랩 위치기록"에 표시하여 향후 트랩설치 위치로 활용하도록 한다. 이는 초기 트랩 설치 장소 결정 시 또는 트랩 조사 기간에 이루어질 수 있다. 도시 지역에서는 뒷마당보다 앞마당에 있는 기주식물에 트랩을 설치하는 것이 좋은데 이것은 모니터링 요원이 드나들기 용이하기 때문이다. 하지만 이것은 적합한 기주가 있는 경우에 국한된다.

② 기주에서의 트랩 위치

일반적으로 과실이 없는 기주식물 속에 트랩을 설치하는 것은 권장되지 않는다. 트랩은 어린이, 가축, 또는 애완동물이 접촉할 수 없는 충분한 높이의 기주식물 내부에 설치되어야 한다. 이렇게 하면 바람에 의해 트랩이 떨어지는 것을 방지할 수 있다. 여름 또는 기온이 높은 시기 동안에는 트랩이 그늘진 곳에 있도록 해야 한다. 반면, 겨울 또는 서늘한 시기 동안에는 트랩이 남쪽을 향하도록 설치하는 것이 좋다. 하지만 태양 직사광선에 설치하는 것은 피한다. 나무의 줄기에서 나뭇가지의 바깥쪽 가장자리까지 거리의 1/2 ~ 2/3 정도가 되는 지점에 트랩을 설치하는 것이 좋다(그림 4-2). 트랩은 나무의 나뭇잎 바로 아래 또는 바깥쪽에 노출되도록 걸어 두어서는 안된다. 또한, 트랩을 밀집한 나뭇잎 속에 설치하는 것도 피해야 하는데, 이는 나뭇잎이 트랩 속으로 뻗어 들어가거나 트랩 속으로 파리가 들어가는 것을 방해하기 때문이다. 트랩의 아래 부분에 나뭇잎이 있는 것은 좋지만 트랩 바로 밑에 나뭇잎이 있어야 하는 것은 아니다. 금속 고리를 한쪽 끝에 부착한 긴 막대를 어린이나 호기심이 많은 어른들의 선길이 쉽게 닿지 않도록 충분한 높이에 트랩을 설치하기 위해 사용할 수 있다.

(2) 홍보업무

적절한 홍보업무는 모니터링의 중요한 부분이다. 모니터링 요원들은 모니터링 프로그램의 목적과 이를 수행하기 위한 각 절차를 숙지하고 이를 일반인들이 이해할 수 있도록 설명할 수 있는 준비가 되어 있어야 한다. 그들은 일관성 있게 보여야 되고 빈번히 일반국민과 접촉해야 한다. 모니터링 요원들은 항상 정중해야 한다. 일반인들과는 오래 계속되는 대화는 피하고 업무와 관련한 짧고 따뜻한 대화가 바람직하다. 프로그램 활동 관련 논쟁은 벌이지 않도록 주의한다. 모니터링 요원은 농식품부를 대표하고 일반 국민의 감시 속에 그 기관의 이미지를 형성한다. 일반 대중에게 좋은 인상을 만들기 위해 복장, 개인적 외관 그리고 행동을 적절히 해야 한다. 짧은 티셔츠를 입어서는 안된다. 편안하고 보호를 위해 긴 바지 또는 헐렁한 셔츠 또는 소매가 있는 블라우스를 입도록 규정한다. 신발은 신어야 한다. 두꺼운 밑창의 가죽신발은 못과 유리 조각으로부터 보호한다. 신분 확인 명찰은 매일 근무시간 동안 쉽게 신분확인을 위하여 가슴에 착용한다. 개인 소유지에 처음 들어갈 때에는 소유자 또는 관리인에게 항상 연락을 시도하며 업무를 간략하게 설명하고 트랩을 설치하기 위한 허락을 요청한다. 일반 대중과 대화할 때, 트랩은 "곤충 조사 트랩"으로 언급되어야 한다. 아무도 집에 없다면 소유자 또는 세입자에게 메모를 남겨야 한다.

3.4.2.2.4 프로그램 수행관리 전문가

모니터링 프로그램에는 프로그램 수행관리 전문가들이 참여할 수 있다. 이 전문가들은 모니터링 프로그램을 분석, 평가하며 트랩 조사 지역에 모든 모니터링 요원들과는 긴밀한 관계를 형성한다. 모니터링 요원들과 일하는 전문가들은 적절한 트랩 위치, 미끼 교체, 기주 선택, 트랩 배치 및 기록 관리 등에 관한 사항들을 도와준다. 트랩 조사 지역의 문제점과 추천된 개선점은 현장전문가에게 보고되며, 프로그램 관리자에게도 알려준다. 모니터링 프로그램과 수행과정에 대한 관점(시각)을 이해하고 개선점을 토론하기 위한 전문가들과의 미팅을 정기적으로 갖도록 한다.

3.4.2.2.5 작은퀸즐랜드과실파리 모니터링 요원의 평가

대부분의 박멸프로그램의 과정 동안 표식된 죽은 작은퀸즐랜드과실파리가 들어 있는 트랩들을 설치해서 모니터링 요원들을 평가할 수 있다. 이는 높은 수준의 트랩 조사 능력을 유지하고 모니터링 요원의 과실파리 식별 능력을 평가하는데 큰 도움이 될 것이다. 보고 및 트랩 조사 절차는 표준화 하도록 한다. 표식된 죽은 작은퀸즐랜드과실파리는 다른 곳에서 확보하여 프로젝트 본부에서 준비하도록 한다. 다음 절차들을 참고하여 현장 등의 상황에 따라 적절히 변형하여 평가에 사용한다. 이러한 평가 프로그램을 시행하기 위해서는 사전에 그 사실을 해당 지역 비상기구 직원에게 통보해 둔다.

(1) 트랩 선택

현장감독관은 시험을 치르는 모니터링 요원 당 5~15개 트랩을 무작위로 선택한다. 프로그램 사무소에는 평가일에 앞서 적어도 1주일 전에 모두 자료를 제공하도록 한다.

(2) 준비

현장감독관은 시험용 과실파리 표본의 정확한 운반시간을 공지하도록 한다. 과실파리 표본은 칼라로 표시된 것을 선택하여 검사한다. 과실파리를 표식한 색상은 해당 월(月)마다 변경하도록 하며, 오른쪽 또는 왼쪽 날개의 일부를 자르도록 한다. 프로그램 사무소는 각 색깔로 표식하는 것과 날개를 잘라내는 일정들을 숙지하고 있어야 한다.

(3) 우편물 발송

각 표시된 표본은 평가용 식별번호를 부착하여 자체 바이엘에 보관하고, 이 숫자들은 품질관리 일지에 기록한다. 이후 표식된 파리는 등기로 현장 감독관에게 송부하며, 현장감독관은 프로그램 사무소에 각 표본 번호와 이 표본들이 설치된 트랩 목록을 송부한다. 표본은 유인제를 설치하기 하루 전에 트랩 속에 설치한다.

(4) 반납

표식이 된 과실파리 표본이 탐지되면 표준 트랩 조사 절차에 따라 처리한다. 수거된 표본은 원래의 바이엘에 넣고, 해충감지보고서 비고란에 식별번호를 기록하며, 표본은 등기메일로 프로그램 사무소에 반납한다.

(5) 구두시험

모니터링 요원의 과실파리 등 해충 식별력을 평가, 유지하기 위해, 가끔 시험을 시행한다. 시험을 치룬 후 일반 토론을 통해 관련된 모니터링 요원들이 서로 유익한 정보를 교류할 수 있도록 한다.

4 남방고추과실파리 모니터링 매뉴얼

남방고추과실파리의 발생 기준은 다음과 같다.

- 알, 유충, 번데기 또는 교미한 암컷 1 마리 이상 또는
- 1 세대 이내에 발견지 중심(14.4 × 14.4 km) 안에서 성충 5 마리 이상이 트랩에서 검출된 경우(수컷, 미교미 암컷)

이러한 기준에 따라 모니터링은 상시 모니터링과 발견 이후 긴급 모니터링으로 나누어 진행한다.

종류	목적	방법	조사범위	조사횟수 및 기간
상시 모니터링	조기탐지용	델타트랩	주요 기주 재배지역 및 항구, 항만 인접지역(전국 1,000 개 지점)	연중
		순회모니터링	재배기주 및 이동기주 조사	월 1~2회
긴급 모니터링	분포한계 조사	델타트랩	발견지중심 14.4 km 격자	1회/일(첫 1주) 2회/주(첫 세대) 0.5회/주(2-3세대)
		기주조사	발견지중심 200m 반경	1회 및 폐기 처리

4.1 상시 모니터링

4.1.1 조사지역

① 전국 공항·항만 주변 반경 1.6 Km
② 전국 남방고추과실파리 기주식물 대형 재배단지
③ 전국 과일판매시장 주변 200 m

4.1.2 모니터링 방법

모니터링 방법은 식물검역관이 실시하는 과실파리에 대한 트랩조사와 포장순회 모니터링(대상: 이동 기주)이 있다.

4.1.3 유형별 모니터링 요령

4.1.3.1 트랩조사

① 조사기간

연중

② 트랩설치 장소

- 전국 1,000 개 운영 (제주도 500 개, 본토 500 개)
- 공항·항만지역, 전국 기주식물 재배단지, 수출·입식물 재배지, 과일 판매시장 주변, 격리재
- 배지, 외국군부대 주변 등 적절한 장소를 선정한다.
- 트랩의 설치 밀도는 위험도에 따라 네 등급으로 나누어 결정하여 설치한다.
  1) 고위해도 지역 (항만, 도시 및 부도심 지역): 평방마일 당 10 개의 트랩 설치
  2) 중위해도 지역 (기타 부도심 지역): 평방마일 당 5 개의 트랩 설치
  3) 저위해도 지역 (기주식물이 없는 농촌 지역): 평방마일 당 2 개의 트랩 설치
  4) 최저위해도 지역 (정착 가능성 없는 지역): 5 평방마일 당 1 개의 트랩 설치

③ 트랩설치 방법

기주과일 나무를 우선 선택한다. 기주나무가 없는 도심지역은 그늘진 장소를 선택한다. 설치장소는 출입이 편리하고 안정성이 있는 장소를 선택하여 지상에서 1.6~1.8 m 높이에 사방이 잘 트이고 약간 그늘이 있는 곳에 설치한다. 트랩의 설치간격은 유인력에 영향을 주지 않도록 다른 트랩과 최소 5 m 이상의 간격을 유지하도록 하고, 설치한 지점의 침입

위험도가 변경되는 등 필요하다고 판단될 경우 트랩설치 지점을 변경한다.

④ 유인제 설치 및 교체

알파이오놀(α-ionol: (3E)-4-(2,6,6-trimethyl-2-cyclohexen-1-yl)-3-buten-2-ol) 2 ml와 케이드오일(cade oil) 1 ml를 각각 처리한 두 개의 왁스 제형 유인제를 델타트랩에 설치한다(이하 “알파이오놀 유인제”). 이들 루어는 연중 이용한다.

⑤ 조사횟수

- 동계(12-2월) 월 1 회
- 춘계(3-5월) 2주 1 회
- 하계(6-9월) 1주 1 회
- 추계(10-11월) 2주 1 회

⑥ 트랩설치장소 등록

농림축산검역본부(이하 “검역본부”라 한다) 지역본부 · 사무소별로 트랩번호를 부여하여 설치한 다음 설치위치의 GPS 좌표를 식물검역통합정보시스템의 금지급 과실파리예찰방제시스템에 등록한다.

⑦ 유인제 보관

제조된 왁스 제형 유인제는 증발되지 않도록 밀봉하여 냉동고에 보관한다. 알파이오놀 원액은 갈색 병에 넣어 밀봉하여 냉동장고에 보관한다.

4.1.3.2. 포장 순회 모니터링

① 조사기간

1~12월

② 조사횟수

11~2월에는 월 1 회

3~10월에는 월 2 회 이상

③ 조사지역

공항 · 항만지역, 경유물품에 긴급사태가 발생한 지역, 격리재배지, 수출 · 입 식물 재배지역 등

④ 주요 조사 대상 기주식물

고추, 파프리카, 수박, 토마토, 가지

⑤ 조사방법

기형과일, 유충, 알, 식흔, 부패, 배설물 등

4.1.4 모니터링 결과 등록 및 표본제작

1) 채집된 모든 과실파리는 분류, 동정하고 그 결과를 금지급 과실파리 모니터링 방제시스템에 등록한다.

FF 관리 DB

	A	B	C	D	E	F	G	H	I
1	날자	채집지점	트랩	곤충종(추정)	마리수	진단기술	종동정	조치	관리
2	16.3.17	제주(CJ-A-i-47)	ME	B. oroientalis	1	DNA/형태	B. orientalis	OFF 매뉴얼 제10조 1항에 따라 제주본부장통보(3/19)	OFF 매뉴얼 제4항에 따라 긴급방제지역선포(3/20)
3				B. sp.	1	DNA/형태	B. scutellata	무조치	무관리
4				Unknown	1	DNA	B. scutellata	무조치	무관리
5									

2) 동정은 형태지표 및 분자지표를 이용한다. 분자지표의 경우는 신속동정시스템을 이용하고, 정밀동정은 농림축산검역본부의 전문가에게 보내 판정 받는다.
3) 채집된 과실파리는 표본을 제작한 후 라벨을 부착(해충명, 기주, 채집지, 채집일자, 채집자)하여 보관한다.

4.1.5 상황보고

지역본부장 · 사무소장은 모니터링 결과 새로운 식물병해충(검역병해충, 국내미분포병해충 등)을 발견한 경우 또는 경유물품에 긴급사태가 발생한 경우와 모니터링 요원의 새로운 병해충 신고 및 조치사항을 별지 서식 제3호에 따라 농림축산검역본부(식물방제과)로 계통보고 하고 발견된 병해충 표본을 긴급 송부한다.

[별지 제3호 서식]

새로운 식물병해충 발견상황 보고

구 분	내 용
1. 발견일자	
2. 발견장소	• 주소: • 농가명: (TEL)
3. 병해충명	
4. 기주식물 (트랩설치 식물)	
5. 발견상황	• 발견병해충수, 발견정도, 피해증상 등
6. 조치사항	• 긴급조치(약제살포, 폐기 등) 등
7. 기 타	• 병해충 발견자 : 직 성명 • 분류동정자 : 직 성명 • 확인자 : 직 성명 • 기타 참고사항 수입식물의 수입시기, 수입국가, 수입량 농가에서 최초 발견시기 등

4.2 긴급 모니터링

4.2.1 분포한계조사

4.2.1.1 트랩 종류와 배치

어떤 지역에서 1 개체 또는 그 이상의 남방고추과실파리가 채집될 경우, 침입한 남방고추과실파리의 분포한계를 결정하기 위한 조사가 즉시 수행된다. 남방고추과실파리가 최초 발견된 지점을 중심으로 그 주변을 1.6 km 간격으로 정사각형(1.6 × 1.6 km) 격자배치구를 설정한 후 중심부에서 주변부로 격자 당 25-5-5-5-5 개의 델타트랩(알파이오놀 유인제 사용)을 설치하고, 중심지역에 멕페일트랩(단백질먹이 유살제 사용) 25 개를 추가로 설치한다.

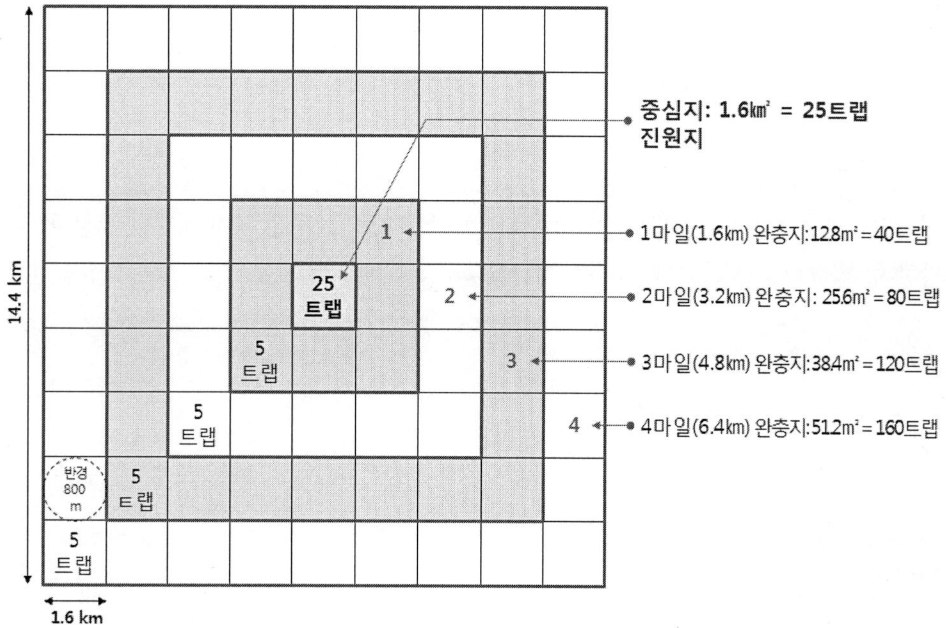

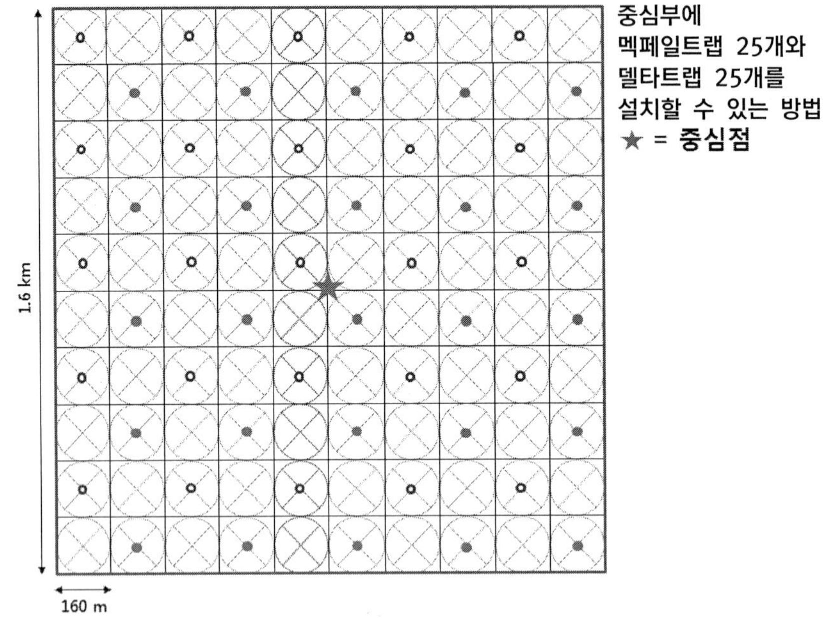

분포한계조사 예찰트랩설치

남방고추과실파리가 검출된 지점으로부터 14.4 km 밖의 지역은 상시 모니터링 설치 지역에 해당하며, 기존의 실시간 모니터링을 지속한다.

4.2.1.2 트랩 조사기간 및 조사 빈도

① 조사 기간

마지막 발견 후 3세대 기간으로 세대기간의 계산은 제3장의 예찰 프로그램을 이용한다.

② 조사 빈도

최초발견 이후 1주 동안은 매일 조사하고, 그 후 1세대 기간 동안은 주당 2 회 조사한다. 2-3 세대 동안에는 2 주 1 회 조사한다. 트랩에 채집된 암컷은 해부하여 암컷저정낭(spermatheca)에 존재하는 정자의 유무로 교미여부를 조사한다.

4.2.2 기주 조사

① 과실절개 검사

남방고추과실파리 검출지로부터 200 m 이내의 기주식물(고추, 파프리카, 수박, 토마토, 가지 등)의 과실을 수거하여 절개하고 미성숙 과실파리의 존재를 확인한다. 이후 절개된 과실은 금지급 생물안전시설에서 27℃와 70% 상대습도를 유지하며 2-3주 동안 보존하면서 과실파리 존재 유무를 재확인한다. 한편 과실파리 의심 기주가 보존되는 시설은 “수입 금지품 수입 및 사후관리요령의 관리장소 요건”을 충족해야한다.

② 발견지 주변 기주 조사

발견지 주변 2.4 km 이내에 위치한 과수원 명부를 작성하고, 기주식물을 조사한다. 이 지역의 과일을 7~10일 간격으로 조사한다. 이때 과수원 주인을 대상으로 탐문조사도 실시한다.

4.3 모니터링 트랩 종류

4.3.1 델타트랩과 왁스 제형 알파이오놀 방출기

델타트랩은 국내에 나방류 모니터링에 이용되는 제품을 이용한다. 델타트랩의 포획 조사는 다음과 같이 한다.

1) 트랩을 나무에서 수거한다.
2) 끈끈이판을 꺼내고 끈끈이판의 아랫면을 포함한 전체를 조사하여 과실파리 등 곤충의 포획 여부를 확인한다. 이 절차는 다른 트랩을 조사하기 전에 완료한다
3) 끈끈이판에 부착된 나뭇잎이나 가지 등을 제거하며 이 때 제거하는 물질에 곤충이 부착되어 있는지 살핀다. 곤충이 포획되지 않았을 경우 끈끈이판이 계속 사용하기에 적당한지를 살핀다. 끈끈이판에 과실파리가 포획된 경우 끈끈이판을 수거하여 투명한 셀로판으로 덮고 날짜와 트랩 번호를 기록한다.

남방고추과실파리의 모니터링을 위해 설치하는 델타트랩에는 왁스 제형의 알파이오놀(α-ionol) 유인제를 사용한다. 준비된 유인제는 냉동 보관하며, 야외에서 트랩에 설치한 후 연중 이용한다.

4.3.2 멕페일트랩

맥페일트랩은 아래쪽에 액상의 유인제를 채울 수 있는 공간이 있는 윗부분이 투명한 트랩으로 과실파리는 아래쪽으로 뚫린 구멍을 통해 유인되어 용액에 빠져 포획된다(그림 4-1). 일반적으로, 맥페일트랩에는 희석한 Nu-Lure 용액 또는 물에 용해시킨 Torula yeast/borax tablet 등의 액상 단백질먹이가 유인제로 사용된다. 멕페일트랩에 액상 단백질 유인제 용액은 저장고의 가장자리 바로 아래까지 채워져야 한다. 맥페일트랩에의 과실파리 포획을 조사하고 트랩을 취급하는 요령은 다음과 같다.

1) 트랩을 나무 아래에서 내용물이 쏟아지지 않도록 수거한다.
2) 내용물을 조심스럽게 돌려서 살아있거나 용기 내벽에 붙어 있는 과실파리를 용액에 빠지게 한다.
3) 마개를 열고 내용물을 양동이 위에 놓은 체에 걸러낸다. 용기에 붙어 있는 곤충들도 모두 수거한다. 체의 아랫부분을 물에 살짝 담가서 포획된 과실파리의 날개가 펼쳐지도록 한다.
4) 포획된 과실파리 및 기타 곤충들을 70% 에탄올이 담긴 바이알에 담는다.

5) 바이알에 라벨을 부착하고 트랩의 위치 및 종류, 날짜 및 기타 필요 정보를 기입한다.
6) 트랩을 재사용하기 전에 깨끗이 한다. 투명한 부분의 투명도는 과실파리의 포획에 아주 중요하다.
7) 유인제를 첨가할 때 트랩 밖으로 쏟지 않도록 주의한다.
8) 수거한 유인제와 세척액은 적당한 용기에 담아 폐기장으로 옮긴다. 사용한 맥페일트랩은 trisodium phosphate (TSP) 용액에 5~6 시간 정도 담근 후 솔로 닦아 세척할 수 있으며, 잔류한 칼슘 침전물은 Lime-A-Way 를 사용해서 제거할 수 있다. 심하게 오염된 트랩은 muriatic acid 를 사용해서 세척할 수 있는데, 이 물질을 취급할 때 보호장구를 착용하는 등 각별한 주의가 요구된다.

4.3.3 단백질먹이 유인제

단백질먹이 유인제는 천연 먹이를 기반으로 한 것으로, 보통 borax 등의 보존제와 물을 섞은 액상으로 사용된다. 단백질먹이는 과실파리 암, 수컷에 모두 유인력을 나타내며 종특이성이 낮아 여러 종류의 비대상 곤충들도 유인하는 경향이 있다. 여러 종류의 단백질먹이가 있는데, 남방고추과실파리에는 미국 USDA 에서 추천하는 Torula yeast (TY)/borax는 Torula yeast (5 gram pellet + borax) 하나를 100 ml 의 포획용액(10% 프로필렌글리콜 수용액)에 섞어 사용하며, 트랩 하나에 300 ml 의 용액을 사용한다. 이렇게 제조한 용액은 3 일 정도 숙성된 후부터 본격적인 유인력을 발휘한다.

4.4 모니터링 요원 기술교육

4.4.1 모니터링 요원의 임무

모니터링 요원은 다음의 임무를 숙지하고 수행한다.

1) 트랩과 주변 환경의 오염을 피한다.
2) 예찰 대상 곤충을 식별해서 감독자에게 보고한다.
3) 차량 사용 일지를 정확히 기록한다.
4) GPS 데이터를 사용한 트랩의 분포도와 위치를 파악한다.
5) 트랩 설치 및 서비스 방법을 숙지한다.
6) 곤충 시료의 취급, 내용 작성 및 시료 전달 방법을 숙지한다.
7) 모니터링에 필요한 장비들을 관리한다.
8) 적법한 트랩 조사 기록을 유지한다.
9) 적절한 트랩 밀도와 배치를 유지한다.
10) 트랩의 재배치를 수행한다.
11) 매뉴얼에 따라 트랩을 서비스한다.
12) 쓰레기와 낡은 트랩 및 부품들을 적절히 폐기한다.
13) 새로 도입되거나 변경된 절차를 신속히 파악하고 실행한다.
14) 대상 곤충의 기주식물을 식별하고 대상 해충의 선호기주를 숙지한다.
15) 트랩 시즌이 종료되면 모든 트랩들을 수거한다.
16) 트랩 설치와 조사를 효율적으로 할 수 있도록 동선을 파악한다.
17) 임무 수행 및 명령 체계를 숙지한다.

4.4.2 모니터링 요원 기술교육

식물방제과는 지역본부 모니터링팀, 인력지원팀 및 모니터링 요원을 구성·확인하고, 모니터링팀·인력지원팀·예찰조사원은 정기적인 교육·훈련·평가를 통하여 상시 모니터링 및 남방고추과실파리 발견(발생) 긴급 상황에 대비한다. 모니터링팀·인력지원팀·모니터링 요원은 상시 모니터링 시작 전 실무교육을 이수하고 상시 모니터링 기간 동안의 해충식별 능력평가를 받는다. 식물방제과 모니터링 담당자는 모니터링팀·인력지원팀·모니터링 요원에 대한 이론교육과 실습교육을 포함한 연간 교육계획을 수립하여 시행한다.

4.4.2.1 교육방법

모니터링 요원 실무교육	모니터링 요원 해충식별 능력평가
(담당) 식물방제과 모니터링 담당자	(담당) 식물방제과 모니터링 담당자
(대상) 모니터링 요원	(대상) 모니터링 요원
(내용) 금지병해충 육안 진단법, 트랩 설치장소 선정법, 트랩 취급법, 모니터링 결과 작성법, GPS 사용법, 포획된 표본 취급, 동정의뢰 방법, 민원인 응대법, 약품 및 차량 안전관리기본법 등	(내용) 모니터링 기간중 무작위로 선발된 4개 트랩에 금지해충 투입
(방식) 집합교육, 8시간	(방식) 실전교육
(일정) 트랩조사 시작 15일 전	(일정) 상시 모니터링 시작 1개월 후 및 종료 1개월 전 실시 (2회)
(평가) 실무교육 후 실기평가 실시	(평가) 현장평가

4.4.2.2 외국의 모니터링 요원 기술교육 사례

[자료출처] 미농무부 과실파리 예찰 가이드라인, 2015)

현장감독관은 각 모니터링 요원의 업무를 관리한다. 모니터링 요원들의 일정을 관리하고, 문제를 해결하기 위한 도움을 주며, 전반적인 지침을 내리고, 다음의 사항들도 수행한다.

4.4.2.2.1 평가

현장감독관은 정기적으로 각 모니터링 요원에 의해 운영되는 트랩의 수를 점검한다. 감독관은 평가서에 트랩 개수, 위치, 설치 장소, 설치 날짜, 유인제의 종류, 및 기타 사항 등을 기록하고, 유인제의 상태, 트랩의 재배치, 그리고 트랩 조사 일정 등을 파악한다. 모니터링 요원은 작업하는 지역에서 모니터링 결과와 문제점들을 현장감독관에게 보고한다.

4.4.2.2.2 트랩 주소록 - 지도 요구

(1) 트랩 위치 주소록

모니터링 요원은 모든 트랩의 설치 날짜 및 조사 날짜와 각 트랩의 정확한 위치를 GPS 수치로 기록한 각 트랩 카드의 목록을 유지해야 한다.

(2) 지도

모니터링에 사용된 좌표들을 표시한 격자형의 대형 마스터 지도를 유지하며 내용을 매일 점검, 갱신한다. 지도에는 모든 트랩의 위치를 나타내고, 규제 지역을 표기한다.

4.4.2.2.3 트랩 설치 훈련 및 홍보업무

(1) 트랩 위치

새로 온 모니터링 요원은 트랩의 적절한 설치 위치 선정에 대한 개인별 지침을 부여받을 것이다.

① 트랩 설치 장소의 선택

트랩을 설치할 적절한 기주식물을 선택하는 것은 효율적인 예찰에 아주 중요하다. 남방고추과실파리의 선호기주에는 고추, 파프리카, 수박, 토마토 및 가지 등이 포함되며, 남방고추과실파리의 트랩은 되도록 성숙한 과실이 달려 있는 선호기주에 설치하도록 한다. 트랩을 설치할 장소를 선택할 때, 과실이 달려 있는 남방고추과실파리의 선호 기주에 트랩의 설치를 우선적으로 고려한다. 비슷한 상태의 기주식물이 2 개 이상 가용한 장소가 있다면, 동일한 품종 또는 다른 품종의 여러 가지 기주식물이 있는 장소에 트랩 설치를 우선적으로 고려한다. 많은 경우, 한 종류의 식물들만이 유일하게 활용 가능한 기주가 되는데 이 경우 이 식물들에 트랩을 설치해야 할 것이다. 그리고, 한 장소에만 트랩을 설치하는 것은 피한다. 남방고추과실파리의 경우 과수원의 중앙부 또는 근처에 설치된 트랩이 가장자리에 설치된 트랩보다 과실파리를 포획할 가능성이 더 높다. 비선호 또는 2차 기주에 트랩을 설치하거나, 성숙된 과실을 가지는 기주가 있음에도 불구하고 과실이 없는 기주에 트랩을 설치할 경우 과실파리에 대한 유인 효과가 낮아질 수 있다. 또한, 주요 선호 기주이지만 성숙한 과실이 부족하거나 트랩을 설치하기에는 충분한 그늘이 없는 경우가 있는데, 이 경우, 주변의 감로가 있는 나무가 적절한 트랩 설치 장소가 될 수 있다. 일반적으로, 감로가 충분히 있지 않는 한, 과실이 없는 기주에 트랩을 설치하는 것은 피하도록 한다. 감로는 달거나 투명한 분비물로 진딧물, 깍지벌레, 가루깍지벌레 및 가루이와 같은 곤충들에 의해 생성되며, 이들 감로는 단 맛을 내는 풍부한 탄수화물의 공급처로 성충 과실파리에게는 좋은 먹이원이다. 그을음병이라고 불리는 곰팡이가 감로 위에 서식하여 잎을 검게 만들기 때문에, 그을음병의 존재는 기주가 감로를 형성하는 곤충에 의해 감염되었음을 나타내는 좋은 지표이다. 흔히 구아바와 망고가 좋은 감로 제공원이 된다. 다른 선호 기주가 가용할 때에는 잎이 적은 나무나 가지에는 트랩 설치를 피해야 한다. 특히 여름 기간 동안에는 중요한데, 이것은 이러한 나무나 가지는 충분한 그늘을 형성하지 못하기 때문이다. 따라서, 선호 기주가 충분한 그늘을 가지지 못할 경우에는 주변에 있는 선호성이 떨어지는 기주 또는 비선호 기주에 트랩을 설치할 것을 고려해야 한다. 바람직한 트랩설치 장소들은 "트랩 위치기록"에 표시하여 향후 트랩설치 위치로 활용하도록 한다. 이는 초기 트랩 설치 장소 결정 시 또는 트랩 조사 기간에 이루어질 수 있다. 도시 지역에서는 뒷마당보다 앞마당에 있는 기주식물에 트랩을 설치하는 것이 좋은데 이것은 모니터링 요원이 드나들기 용이하기 때문이다. 하지만 이것은 적합한 기주가 있는 경우에 국한된다.

② 기주에서의 트랩 위치

일반적으로 과실이 없는 기주식물 속에 트랩을 설치하는 것은 권장되지 않는다. 트랩은 어린이, 가축, 또는 애완동물이 접촉할 수 없는 충분한 높이의 기주식물 내부에 설치되어야 한다. 이렇게 하면 바람에 의해 트랩이 떨어지는 것을 방지할 수 있다. 여름 또는 기온이 높은 시기 동안에는 트랩이 그늘진 곳에 있도록 해야 한다. 반면, 겨울 또는 서늘한 시기 동안에는 트랩이 남쪽을 향하도록 설치하는 것이 좋다. 하지만 태양 직사광선에 설치하는 것은 피한다. 나무의 줄기에서 나뭇가지의 바깥쪽 가장자리까지 거리의 1/2 ~ 2/3 정도가 되는 지점에 트랩을 설치하는 것이 좋다(그림 4-2). 트랩은 나무의 나뭇잎 바로 아래 또는 바깥쪽에 노출되도록 걸어 두어서는 안된다. 또한, 트랩을 밀집한 나뭇잎 속에 설치하는 것도 피해야 하는데, 이는 나뭇잎이 트랩 속으로 뻗어 들어가거나 트랩 속으로 파리가 들어가는 것을 방해하기 때문이다. 트랩의 아래 부분에 나뭇잎이 있는 것은 좋지만 트랩 바로 밑에 나뭇잎이 있어야 하는 것은 아니다. 금속 고리를 한쪽 끝에 부착한 긴 막대를 어린이나 호기심이 많은 어른들의 선길이 쉽게 닿지 않도록 충분한 높이에 트랩을 설치하기 위해 사용할 수 있다.

(2) 홍보업무

적절한 홍보업무는 모니터링의 중요한 부분이다. 모니터링 요원들은 모니터링 프로그램의 목적과 이를 수행하기 위한 각 절차를 숙지하고 이를 일반인들이 이해할 수 있도록 설명할 수 있는 준비가 되어 있어야 한다. 그들은 일관성 있게 보여야 되고 빈번히 일반 국민과 접촉해야 한다. 모니터링 요원들은 항상 정중해야 한다. 일반인들과는 오래 계속되는 대화는 피하고 업무와 관련한 짧고 따뜻한 대화가 바람직하다. 프로그램 활동 관련 논쟁은 벌이지 않도록 주의한다. 모니터링 요원은 농식품부를 대표하고 일반 국민의 감시 속에 그 기관의 이미지를 형성한다. 일반 대중에게 좋은 인상을 만들기 위해 복장, 개인적 외관 그리고 행동을 적절히 해야 한다. 짧은 티셔츠를 입어서는 안된다. 편안하고 보호를 위해 긴 바지 또는 헐렁한 셔츠 또는 소매가 있는 블라우스를 입도록 규정한다. 신발은 신어야 한다. 두꺼운 밑창의 가죽신발은 못과 유리 조각으로부터 보호한다. 신분확인 명찰은 매일 근무시간 동안 쉽게 신분확인을 위하여 가슴에 착용한다. 개인 소유지에 처음 들어갈 때에는 소유자 또는 관리인에게 항상 연락을 시도하며 업무를 간략하게 설명하고 트랩을 설치하기 위한 허락을 요청한다. 일반 대중과 대화할 때, 트랩은 "곤충 조사 트랩"으로 언급되어야 한다. 아무도 집에 없다면 소유자 또는 세입자에게 메모를 남겨야 한다.

4.4.2.2.4 프로그램 수행관리 전문가

모니터링 프로그램에는 프로그램 수행관리 전문가들이 참여될 수 있다. 이 전문가들은 모니터링 프로그램을 분석, 평가하며 트랩 조사 지역에 모든 모니터링 요원들과는 긴밀한 관계를 형성한다. 모니터링 요원들과 일하는 전문가들은 적절한 트랩 위치, 미끼교체, 기주 선택, 트랩 배치 및 기록 관리 등에 관한 사항들을 도와준다. 트랩 조사 지역의 문제점과 추천된 개선점은 현장전문가에게 보고되며, 프로그램 관리자에게도 알려준다. 모니터링 프로그램과 수행 과정에 대한 관점(시각)을 이해하고 개선점을 토론하기 위한 전문가들과의 미팅을 정기적으로 갖도록 한다.

4.4.2.2.5 남방고추과실파리 모니터링 요원의 평가

대부분의 박멸프로그램의 과정 동안 표식을 한, 죽은 남방고추과실파리가 들어 있는 트랩들을 설치해서 모니터링 요원들을 평가할 수 있다. 이는 높은 수준의 트랩 조사 능력을 유지하고 모니터링 요원의 과실파리 식별 능력을 평가하는데 큰 도움이 될 것이다. 보고 및 트랩 조사 절차는 표준화 하도록 한다. 표식된 죽은 남방고추과실파리는 다른 곳에서 확보하여 프로젝트 본부에서 준비하도록 한다. 다음 절차들을 참고하여 현장 등의 상황에 따라 적절히 변형하여 평가에 사용한다. 이러한 평가 프로그램을 시행하기 위해서는 사전에 그 사실을 해당 지역 비상기구 직원에게 통보해 둔다.

(1) 트랩 선택

현장감독관은 시험을 치르는 모니터링 요원 당 5~15 개 트랩을 무작위로 선택한다. 프로그램 사무소에는 평가일에 앞서 적어도 1 주일 전에 모두 자료를 제공하도록 한다.

(2) 준비

현장감독관은 시험용 과실파리 표본의 정확한 운반시간을 공지하도록 한다. 과실파리 표본은 칼라로 표시된 것을 선택하여 검사한다. 과실파리를 표식한 색상은 해당 월(月)마다 변경하도록 하며, 오른쪽 또는 왼쪽 날개의 일부를 자르도록 한다. 프로그램 사무소는 각 색깔로 표식하는 것과 날개를 잘라내는 일정들을 숙지하고 있어야 한다.

(3) 우편물 발송

각 표시된 표본은 평가용 식별번호를 부착하여 자체 바이엘에 보관하고, 이 숫자들은 품질관리 일지에 기록한다. 이후 표식된 파리는 등기로 현장 감독관에게 송부하며, 현장감독관은 프로그램 사무소에 각 표본번호와 이 표본들이 설치된 트랩 목록을 송부한다. 표본은 유인제를 설치하기 하루 전에 트랩 속에 설치한다.

(4) 반납

표식이 된 과실파리 표본이 탐지되면 표준 트랩 조사 절차에 따라 처리한다. 수거된 표본은 원래의 바이엘에 넣고, 해충감지보고서 비고란에 식별번호를 기록하며, 표본은 등기메일로 프로그램 사무소에 반납한다.

(5) 구두시험

모니터링 요원의 과실파리 등 해충 식별력을 평가, 유지하기 위해, 가끔 시험을 시행한다. 시험을 치룬 후 일반 토론을 통해 관련된 모니터링 요원들이 서로 유익한 정보를 교류할 수 있도록 한다.

5 일본귤과실파리 모니터링 매뉴얼

일본귤과실파리의 발생 기준은 다음과 같다.

- 알, 유충, 번데기 또는 교미한 암컷 1 마리 이상 또는
- 1 세대 이내에 발견지 중심(14.4 × 14.4 km) 안에서 성충 5 마리 이상이 트랩에서 검출된 경우(수컷, 미교미 암컷)

이러한 기준을 중심으로 모니터링은 상시 모니터링과 발견 이후 이뤄지는 긴급모니타링으로 나누어서 진행된다.

종류	목적	방법	조사범위	조사횟수 및 기간
상시 모니터링	조기탐지용	멕페일트랩	주요 기주 재배지역 및 항구, 항만 인접지역(전국 1,000 개 지점)	연중
		순회모니터링	재배기주 및 이동기주 조사	월 1~2회
긴급 모니터링	분포한계 조사	멕페일트랩	발견지중심 14.4 km 격자	1회/일(첫 1주) 2회/주(첫 세대) 0.5회/주(2-3세대)
		기주조사	발견지중심 200 m 반경	1회 및 폐기 처리

5.1 상시 모니터링

5.1.1 조사지역

① 전국 공항·항만 주변 반경 1.6 Km
② 전국 일본귤과실파리 기주식물 대형 재배단지
③ 전국 과일판매시장 주변 200 m

5.1.2 모니터링 방법

모니터링 방법은 식물검역관이 실시하는 과실파리에 대한 트랩조사와 포장순회 모니터링(대상: 이동 기주)이 있다.

5.1.3 유형별 모니터링 요령

5.1.3.1 트랩조사

① 조사기간

연중

② 트랩설치 장소

전국 1,000 개를 운영한다. 여기서 제주도는 500 개 그리고 본토는 500 개 배치한다.
공항 · 항만지역, 전국 기주식물 재배단지
수출 · 입식물 재배지, 과일 판매시장 주변
격리재배지, 외국군부대 주변 등 적절한 장소를 선정한다.
트랩의 설치 밀도는 위험도에 따라 네 등급으로 나누어 결정하여 설치한다.

1) 고위해도 지역(항만, 도시 및 부도심 지역): 1.6 × 1.6 Km 당 10 개 트랩 설치
2) 중위해도 지역(기타 부도심 지역): 1.6 × 1.6 Km 당 5 개 트랩 설치
3) 저위해도 지역(기주식물이 없는 농촌 지역): 1.6 × 1.6 Km 당 2 개 트랩 설치
4) 최저위해도 지역(정착 가능성 없는 지역): 8 × 8 Km 당 1 개 트랩 설치

③ 트랩설치 방법

기주과일 나무를 우선 선택한다. 기주나무가 없는 도심지역은 그늘진 장소를 선택한다. 설치장소는 출입이 편리하고 안정성이 있는 장소를 선택하여 지상에서 1.6~1.8 m 높이에 사방이 잘 트이고 약간 그늘이 있는 곳에 설치한다. 트랩의 설치간격은 유인력에 영향을 주지 않도록 다른 트랩과 최소 5 m 이상의 간격을 유지하도록 하고, 설치한 지점의 침입 위험도가 변경되는 등 필요하다고 판단될 경우 트랩설치 지점을 변경한다.

④ 유인제 설치 및 교체

단백질먹이(protein bait) 유인제를 멕페일트랩에 설치한다. 각 트랩에는 물에 녹인 펠렛형 단백질먹이 유인제를 투입하고 1-2 주 간격으로 교체한다. 단백질먹이 유인제 제작은 "트랩과 유인제의 종류와 사용 방법"을 참조한다.

⑤ 조사횟수

- 동계(12~2월) 월 1 회
- 춘계(3~5월) 2주 1 회
- 하계(6~9월) 1주 1 회
- 추계(10~11월) 2주 1 회

⑥ 트랩설치장소 등록

농림축산검역본부(이하 “검역본부”라 한다) 지역본부 · 사무소별로 트랩번호를 부여하여 설치한 다음 설치위치의 GPS 좌표를 식물검역통합정보시스템의 금지급 과실파리예찰방제시스템에 등록한다.

⑦ 유인제 보관

단백질먹이 유인제를 제조하기 위한 펠렛(pellet)은 밀봉하여 냉동고에 보관한다. 제조한 단백질먹이 유인제는 제조 후 3 일 내에 사용한다.

5.1.3.2 포장 순회 모니터링

① 조사기간

1~12월

② 조사횟수

- 11~2월에는 월 1 회
- 3~10월에는 월 2 회 이상

③ 조사지역

공항 · 항만지역, 경유물품에 긴급사태가 발생한 지역, 격리재배지, 수출 · 입 식물 재배지역 등

④ 주요 조사 대상 기주식물

오렌지, 귤, 기타 감귤류 과수

⑤ 조사방법

기형과일, 유충, 알, 식흔, 부패, 배설물 등

5.1.4 모니터링 결과 등록 및 표본제작

1) 채집된 모든 과실파리는 분류, 동정하고 그 결과를 금지급 과실파리 모니터링 방제시스템에 등록한다.

FF 관리 DB

	A	B	C	D	E	F	G	H	I
1	날자	채집지점	트랩	곤충종(추정)	마리수	진단기술	종동정	조치	관리
2	16.3.17	제주(CJ-A-i-47)	ME	B. oroientalis	1	DNA/형태	B. orientalis	OFF 매뉴얼 제10조 1항에 따라 제주본부장통보(3/19)	OFF 매뉴얼 제4항에 따라 긴급방제지역선포(3/20)
3				B. sp.	1	DNA/형태	B. scutellata	무조치	무관리
4				Unknown	1	DNA	B. scutellata	무조치	무관리
5									

2) 동정은 형태지표 및 분자지표를 이용한다. 분자지표의 경우는 신속동정시스템을 이용하고, 정밀동정은 농림축산검역본부의 전문가에게 보내 판정 받는다.

3) 채집된 과실파리는 표본을 제작한 후 라벨을 부착(해충명, 기주, 채집지, 채집일자, 채집자)하여 보관한다.

5.1.5 상황보고

지역본부장 · 사무소장은 모니터링 결과 새로운 식물병해충(검역병해충, 국내미분포병해충 등)을 발견한 경우 또는 경유물품에 긴급사태가 발생한 경우와 모니터링 요원의 새로운 병해충 신고 및 조치사항을 별지 서식 제3호에 따라 농림축산검역본부(식물방제과)로 계통보고 하고 발견된 병해충 표본을 긴급 송부한다.

[별지 제3호 서식]

새로운 식물병해충 발견상황 보고

구 분	내 용
1. 발견일자	
2. 발견장소	• 주소: • 농가명: (TEL)
3. 병해충명	
4. 기주식물 (트랩설치 식물)	
5. 발견상황	• 발견병해충수, 발견정도, 피해증상 등
6. 조치사항	• 긴급조치(약제살포, 폐기 등) 등
7. 기 타	• 병해충 발견자 : 직 성명 • 분류동정자 : 직 성명 • 확인자 : 직 성명 • 기타 참고사항 수입식물의 수입시기, 수입국가, 수입량 농가에서 최초 발견시기 등

5.2 긴급 모니터링

5.2.1 분포한계조사

5.2.1.1 트랩 종류와 배치

어떤 지역에서 1 개체 또는 그 이상의 일본귤과실파리가 채집될 경우, 침입한 일본귤과실파리의 분포한계를 결정하기 위한 조사가 즉시 수행된다. 일본귤과실파리가 최초 발견된 지점을 중심으로 그 주변을 1.6 km 간격으로 정사각형(1.6 × 1.6 km) 격자배치구를 설정한 후 중심부에서 주변부로 격자 당 50-5-5-5-5 개의 멕페일트랩(단백질먹이 유살제 사용)을 설치한다.

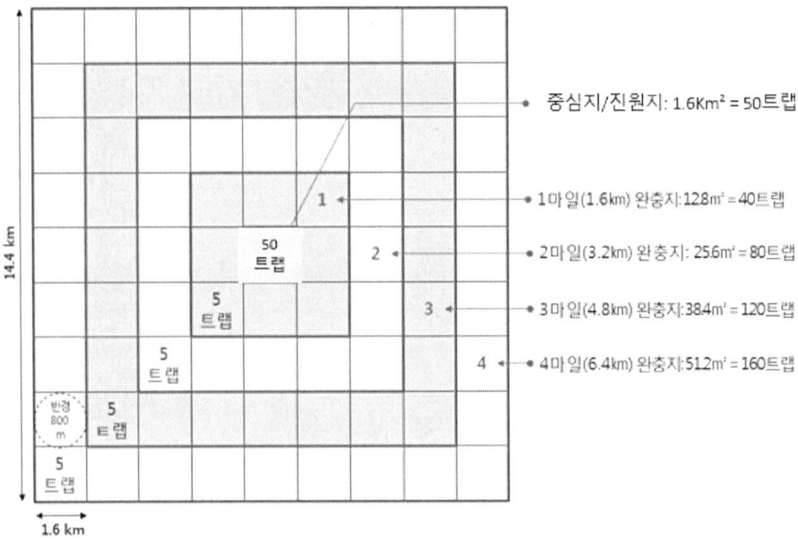

분포한계조사 예찰트랩설치

일본귤과실파리가 검출된 지점으로부터 14.4 km 밖의 지역은 상시 모니터링 설치 지역에 해당하며, 기존의 실시간 모니터링을 지속한다.

5.2.1.2 트랩 조사기간 및 조사 빈도

① 조사 기간

마지막 발견 후 3 세대 기간으로 세대기간의 계산은 제3장의 예찰 프로그램을 이용한다.

② 조사 빈도

최초발견 이후 1 주 동안은 매일 조사하고, 그 후 1세대 기간 동안은 주당 2 회 조사한다. 2-3

세대 동안에는 2 주 1 회 조사한다. 트랩에 채집된 암컷은 해부하여 암컷저정낭(spermatheca)에 존재하는 정자의 유무로 교미여부를 조사한다.

5.2.2 기주 조사

① 과실절개 검사

일본귤과실파리 검출지로부터 200 m 이내의 기주식물(오렌지, 귤 및 기타 감귤류 과수)의 과실을 수거하여 절개하고 미성숙 과실파리의 존재를 확인한다. 이후 절개된 과실은 금지급 생물안전시설에서 27℃와 70% 상대습도를 유지하며 2-3 주 동안 보존하면서 과실파리 존재 유무를 재확인한다. 한편 과실파리 의심 기주가 보존되는 시설은 "수입금지품 수입 및 사후관리요령의 관리장소 요건"을 충족해야한다.

② 발견지 주변 기주 조사

발견지 주변 2.4 km 이내에 위치한 과수원 명부를 작성하고, 기주식물을 조사한다. 이 지역의 과일을 7~10 일 간격으로 조사한다. 이때 과수원 주인을 대상으로 탐문조사도 실시한다.

5.3 모니터링 트랩 종류

5.3.1 멕페일트랩

맥페일트랩은 아래쪽에 액상의 유인제를 채울 수 있는 공간이 있는 윗부분이 투명한 트랩으로 과실파리는 아래쪽으로 뚫린 구멍을 통해 유인되어 용액에 빠져 포획된다(그림 4-1). 일반적으로, 맥페일트랩에는 희석한 Nu-Lure 용액 또는 물에 용해시킨 Torula yeast/borax tablet 등의 액상 단백질먹이가 유인제로 사용된다. 멕페일트랩에 액상 단백질 유인제 용액은 저장고의 가장자리 바로 아래까지 채워져야 한다. 맥페일트랩에의 과실파리 포획을 조사하고 트랩을 취급하는 요령은 다음과 같다.

1) 트랩을 나무 아래에서 내용물이 쏟아지지 않도록 수거한다.
2) 내용물을 조심스럽게 돌려서 살아있거나 용기 내벽에 붙어 있는 과실파리를 용액에 빠지게 한다.
3) 마개를 열고 내용물을 양동이 위에 놓은 체에 걸러낸다. 용기에 붙어 있는 곤충들도 모두 수거한다. 체의 아랫부분을 물에 살짝 담가서 포획된 과실파리의 날개가 펼쳐지도록 한다.
4) 포획된 과실파리 및 기타 곤충들을 70% 에탄올이 담긴 바이알에 담는다.
5) 바이알에 라벨을 부착하고 트랩의 위치 및 종류, 날짜 및 기타 필요 정보를 기입한다.
6) 트랩을 재사용하기 전에 깨끗이 한다. 투명한 부분의 투명도는 과실파리의 포획에 아주 중요하다.
7) 유인제를 첨가할 때 트랩 밖으로 쏟지 않도록 주의한다.
8) 수거한 유인제와 세척액은 적당한 용기에 담아 폐기장으로 옮긴다. 사용한 맥페일트랩은 trisodium phosphate (TSP) 용액에 5~6 시간 정도 담근 후 솔로 닦아 세척할 수 있으며, 잔류한 칼슘 침전물은 Lime-A-Way를 사용해서 제거할 수 있다. 심하게 오염된 트랩은 muriatic acid를 사용해서 세척할 수 있는데, 이 물질을 취급할 때 보호장구를 착용하는 등 각별한 주의가 요구된다.

5.3.2 단백질먹이 유인제

단백질먹이 유인제는 천연 먹이를 기반으로 한 것으로, 보통 borax 등의 보존제와 물을 섞은 액상으로 사용된다. 단백질먹이는 과실파리 암, 수컷에 모두 유인력을 나타내며 종특이성이 낮아 여러 종류의 비대상 곤충들도 유인하는 경향이 있다. 여러 종류의 단백질먹이가 있는데, 일본귤과실파리에는 미국 USDA 에서 추천하는 Torula yeast (TY)/borax는 Torula yeast (5 gram pellet + borax) 하나를 100 ml의 포획용액(10% 프로필렌글리콜 수용액)에 섞어 사용하며, 트랩 하나에 300 ml의 용액을 사용한다. 이렇게 제조한 용액은 3 일 정도 숙성된 후부터 본격적인 유인력을 발휘한다.

5.4 모니터링 요원 기술교육

5.4.1 모니터링 요원의 임무

모니터링 요원은 다음의 임무를 숙지하고 수행한다.

1) 트랩과 주변 환경의 오염을 피한다.
2) 예찰 대상 곤충을 식별해서 감독자에게 보고한다.
3) 차량 사용 일지를 정확히 기록한다.
4) GPS 데이터를 사용한 트랩의 분포도와 위치를 파악한다.
5) 트랩 설치 및 서비스 방법을 숙지한다.
6) 곤충 시료의 취급, 내용 작성 및 시료 전달 방법을 숙지한다.
7) 모니터링에 필요한 장비들을 관리한다.
8) 적법한 트랩 조사 기록을 유지한다.
9) 적절한 트랩 밀도와 배치를 유지한다.
10) 트랩의 재배치를 수행한다.
11) 매뉴얼에 따라 트랩을 서비스한다.
12) 쓰레기와 낡은 트랩 및 부품들을 적절히 폐기한다.
13) 새로 도입되거나 변경된 절차를 신속히 파악하고 실행한다.
14) 대상 곤충의 기주식물을 식별하고 대상 해충의 선호기주를 숙지한다.
15) 트랩 시즌이 종료되면 모든 트랩들을 수거한다.
16) 트랩 설치와 조사를 효율적으로 할 수 있도록 동선을 파악한다.
17) 임무 수행 및 명령 체계를 숙지한다.

5.4.2 모니터링 요원 기술교육

식물방제과는 지역본부 모니터링팀, 인력지원팀 및 모니터링 요원을 구성·확인하고, 모니터링팀·인력지원팀·예찰조사원은 정기적인 교육·훈련·평가를 통하여 상시 모니터링 및 일본귤과실파리발견(발생) 긴급 상황에 대비한다. 모니터링팀·인력지원팀·모니터링 요원은 상시 모니터링 시작 전 실무교육을 이수하고 상시 모니터링 기간 동안의 해충식별 능력평가를 받는다. 식물방제과 모니터링 담당자는 모니터링팀·인력지원팀·모니터링 요원에 대한 이론교육과 실습교육을 포함한 연간 교육계획을 수립하여 시행한다.

5.4.2.1 교육방법

모니터링 요원 실무교육	모니터링 요원 해충식별 능력평가
(담당) 식물방제과 모니터링 담당자	(담당) 식물방제과 모니터링 담당자
(대상) 모니터링 요원	(대상) 모니터링 요원
(내용) 금지병해충 육안 진단법, 트랩 설치장소 선정법, 트랩 취급법, 모니터링 결과 작성법, GPS 사용법, 포획된 표본 취급, 동정의뢰 방법, 민원인 응대법, 약품 및 차량 안전관리기본법 등	(내용) 모니터링 기간중 무작위로 선발된 4개 트랩에 금지해충 투입
(방식) 집합교육, 8시간	(방식) 실전교육
(일정) 트랩조사 시작 15일 전	(일정) 상시 모니터링 시작 1개월 후 및 종료 1개월 전 실시 (2회)
(평가) 실무교육 후 실기평가 실시	(평가) 현장평가

5.4.2.2 외국의 모니터링 요원 기술교육 사례

[자료출처] 미농무부 과실파리 예찰 가이드라인, 2015)

현장감독관은 각 모니터링 요원의 업무를 관리한다. 모니터링 요원들의 일정을 관리하고, 문제를 해결하기 위한 도움을 주며, 전반적인 지침을 내리고, 다음의 사항들도 수행한다.

5.4.2.2.1 평가

현장감독관은 정기적으로 각 모니터링 요원에 의해 운영되는 트랩의 수를 점검한다. 감독관은 평가서에 트랩 개수, 위치, 설치 장소, 설치 날짜, 유인제의 종류, 및 기타 사항 등을 기록하고, 유인제의 상태, 트랩의 재배치, 그리고 트랩 조사 일정 등을 파악한다. 모니터링 요원은 작업하는 지역에서 모니터링 결과와 문제점들을 현장감독관에게 보고한다.

5.4.2.2.2 트랩 주소록 - 지도 요구

(1) 트랩 위치 주소록

모니터링 요원은 모든 트랩의 설치 날짜 및 조사 날짜와 각 트랩의 정확한 위치를 GPS 수치로 기록한 각 트랩 카드의 목록을 유지해야 한다.

(2) 지도

모니터링에 사용된 좌표들을 표시한 격자형의 대형 마스터 지도를 유지하며 내용을 매일 점검, 갱신한다. 지도에는 모든 트랩의 위치를 나타내고, 규제 지역을 표기한다.

5.4.2.2.3 트랩 설치 훈련 및 홍보업무

(1) 트랩 위치

새로 온 모니터링 요원은 트랩의 적절한 설치 위치 선정에 대한 개인별 지침을 부여받을 것이다.

① 트랩 설치 장소의 선택

트랩을 설치할 적절한 기주식물을 선택하는 것은 효율적인 예찰에 아주 중요하다. 일본귤과실파리의 선호기주에는 오렌지 및 귤 등이 포함되며, 일본귤과실파리의 트랩은 되도록 성숙한 과실이 달려 있는 선호기주에 설치하도록 한다. 트랩을 설치할 장소를 선택할 때, 과실이 달려 있는 일본귤과실파리의 선호 기주에 트랩의 설치를 우선적으로 고려한다. 비슷한 상태의 기주식물이 2개 이상 가용한 장소가 있다면, 동일한 품종 또는 다른 품종의 여러 가지 기주식물이 있는 장소에 트랩 설치를 우선적으로 고려한다. 많은 경우, 한 종류의 식물들만이 유일하게 활용 가능한 기주가 되는데 이 경우 이 식물들에 트랩을 설치해야 할 것이다. 그리고, 한 장소에만 트랩을 설치하는 것은 피한다. 일본귤과실파리의 경우 과수원의 중앙부 또는 근처에 설치된 트랩이 가장자리에 설치된 트랩보다 과실파리를 포획할 가능성이 더 높다. 비선호 또는 2차 기주에 트랩을 설치하거나, 성숙된 과실을 가지는 기주가 있음에도 불구하고 과실이 없는 기주에 트랩을 설치할 경우 과실파리에 대한 유인 효과가 낮아질 수 있다. 또한, 주요 선호 기주이지만 성숙한 과실이 부족하거나 트랩을 설치하기에는 충분한 그늘이 없는 경우가 있는데, 이 경우, 주변의 감로가 있는 나무가 적절한 트랩 설치 장소가 될 수 있다. 일반적으로, 감로가 충분히 있지 않는 한, 과실이 없는 기주에 트랩을 설치하는 것은 피하도록 한다. 감로는 달거나 투명한 분비물로 진딧물, 깍지벌레, 가루깍지벌레 및 가루이와 같은 곤충들에 의해 생성되며, 이들 감로는 단 맛을 내는 풍부한 탄수화물의 공급처로 성충 과실파리에게는 좋은 먹이원이다. 그을음병이라고 불리는 곰팡이가 감로 위에 서식하여 잎을 검게 만들기 때문에, 그을음병의 존재는 기주가 감로를 형성하는 곤충에 의해 감염되었음을 나타내는 좋은 지표이다. 흔히 구아바와 망고가 좋은 감로 제공원이 된다. 다른 선호 기주가 가용할 때에는 잎이 적은 나무나 가지에는 트랩 설치를 피해야 한다. 특히 여름 기간 동안에는 중요한데, 이것은 이러한 나무나 가지는 충분한 그늘을 형성하지 못하기 때문이다. 따라서, 선호 기주가 충분한 그늘을 가지지 못할 경우에는 주변에 있는 선호성이 떨어지는 기주 또는 비선호 기주에 트랩을 설치할 것을 고려해야 한다. 바람직한 트랩설치 장소들은 "트랩 위치기록"에 표시하여 향후 트랩설치 위치로 활용하도록 한다. 이는 초기 트랩 설치 장소 결정 시 또는 트랩 조사 기간에 이루어질 수 있다. 도시 지역에서는 뒷마당보다 앞마당에 있는 기주식물에 트랩을 설치하는 것이 좋은데 이것은 모니터링 요원이

드나들기 용이하기 때문이다. 하지만 이것은 적합한 기주가 있는 경우에 국한된다.

② 기주에서의 트랩 위치

일반적으로 과실이 없는 기주식물 속에 트랩을 설치하는 것은 권장되지 않는다. 트랩은 어린이, 가축, 또는 애완동물이 접촉할 수 없는 충분한 높이의 기주식물 내부에 설치되어야 한다. 이렇게 하면 바람에 의해 트랩이 떨어지는 것을 방지할 수 있다. 여름 또는 기온이 높은 시기 동안에는 트랩이 그늘진 곳에 있도록 해야 한다. 반면, 겨울 또는 서늘한 시기 동안에는 트랩이 남쪽을 향하도록 설치하는 것이 좋다. 하지만 태양 직사광선에 설치하는 것은 피한다. 나무의 줄기에서 나뭇가지의 바깥쪽 가장자리까지 거리의 1/2 ~ 2/3 정도가 되는 지점에 트랩을 설치하는 것이 좋다(그림 4-2). 트랩은 나무의 나뭇잎 바로 아래 또는 바깥쪽에 노출되도록 걸어두어서는 안 된다. 또한, 트랩을 밀집한 나뭇잎 속에 설치하는 것도 피해야 하는데, 이는 나뭇잎이 트랩 속으로 뻗어 들어가거나 트랩 속으로 파리가 들어가는 것을 방해하기 때문이다. 트랩의 아래 부분에 나뭇잎이 있는 것은 좋지만 트랩 바로 밑에 나뭇잎이 있어야 하는 것은 아니다. 금속 고리를 한쪽 끝에 부착한 긴 막대를 어린이나 호기심이 많은 어른들의 선길이 쉽게 닿지 않도록 충분한 높이에 트랩을 설치하기 위해 사용할 수 있다.

(2) 홍보업무

적절한 홍보업무는 모니터링의 중요한 부분이다. 모니터링 요원들은 모니터링 프로그램의 목적과 이를 수행하기 위한 각 절차를 숙지하고 이를 일반인들이 이해할 수 있도록 설명할 수 있는 준비가 되어 있어야 한다. 그들은 일관성 있게 보여야 되고 빈번히 일반 국민과 접촉해야 한다. 모니터링 요원들은 항상 정중해야 한다. 일반인들과는 오래 계속되는 대화는 피하고 업무와 관련한 짧고 따뜻한 대화가 바람직하다. 프로그램 활동관련 논쟁은 벌이지 않도록 주의한다. 모니터링 요원은 농식품부를 대표하고 일반 국민의 감시 속에 그 기관의 이미지를 형성한다. 일반 대중에게 좋은 인상을 만들기 위해 복장, 개인적 외관 그리고 행동을 적절히 해야 한다. 짧은 티셔츠를 입어서는 안된다. 편안하고 보호를 위해 긴 바지 또는 헐렁한 셔츠 또는 소매가 있는 블라우스를 입도록 규정한다. 신발은 신어야 한다. 두꺼운 밑창의 가죽신발은 못과 유리 조각으로부터 보호한다. 신분확인 명찰은 매일 근무시간 동안 쉽게 신분확인을 위하여 가슴에 착용한다. 개인 소유지에 처음 들어갈 때에는 소유자 또는 관리인에게 항상 연락을 시도하며 업무를 간략하게 설명하고 트랩을 설치하기 위한 허락을 요청한다. 일반 대중과 대화할 때, 트랩은 "곤충조사 트랩"으로 언급되어야 한다. 아무도 집에 없다면 소유자 또는 세입자에게 메모를 남겨야 한다.

5.4.2.2.4 프로그램 수행관리 전문가

모니터링 프로그램에는 프로그램 수행관리 전문가들이 참여될 수 있다. 이 전문가들은 모니터링 프로그램을 분석, 평가하며 트랩 조사 지역에 모든 모니터링 요원들과는 긴밀한 관계를 형성한다. 모니터링 요원들과 일하는 전문가들은 적절한 트랩 위치, 미끼교체, 기주 선택, 트랩 배치 및 기록 관리 등에 관한 사항들을 도와준다. 트랩 조사 지역의 문제점과 추천된 개선점은 현장전문가에게 보고되며, 프로그램 관리자에게도 알려준다. 모니터링 프로그램과 수행 과정에 대한 관점(시각)을 이해하고 개선점을 토론하기 위한 전문가들과의 미팅을 정기적으로 갖도록 한다.

5.4.2.2.5 일본귤과실파리 모니터링 요원의 평가

대부분의 박멸프로그램의 과정 동안 표식된 죽은 일본귤과실파리가 들어 있는 트랩들을 설치해서 모니터링 요원들을 평가할 수 있다. 이는 높은 수준의 트랩 조사 능력을 유지하고 모니터링 요원의 과실파리 식별 능력을 평가하는데 큰 도움이 될 것이다. 보고 및 트랩 조사 절차는 표준화 하도록 한다. 표식된 죽은 일본귤과실파리는 다른 곳에서 확보하여 프로젝트 본부에서 준비하도록 한다. 다음 절차들을 참고하여 현장 등의 상황에 따라 적절히 변형하여 평가에 사용한다. 이러한 평가 프로그램을 시행하기 위해서는 사전에 그 사실을 해당 지역 비상기구 직원에게 통보해 둔다.

(1) 트랩 선택

현장감독관은 시험을 치르는 모니터링 요원 당 5~15 개 트랩을 무작위로 선택한다. 프로그램 사무소에는 평가일에 앞서 적어도 1 주일 전에 모두 자료를 제공하도록 한다.

(2) 준비

현장감독관은 시험용 과실파리 표본의 정확한 운반시간을 공지하도록 한다. 과실파리 표본은 칼라로 표시된 것을 선택하여 검사한다. 과실파리를 표식한 색상은 해당 월(月)마다 변경하도록 하며, 오른쪽 또는 왼쪽 날개의 일부를 자르도록 한다. 프로그램 사무소는 각 색깔로 표식하는 것과 날개를 잘라내는 일정들을 숙지하고 있어야 한다.

(3) 우편물 발송

각 표시된 표본은 평가용 식별번호를 부착하여 자체 바이엘에 보관하고, 이 숫자들은 품질관리일지에 기록한다. 이후 표식된 파리는 등기로 현장 감독관에게 송부하며, 현장감독관은 프로그램 사무소에 각 표본번호와 이 표본들이 설치된 트랩 목록을 송부한다. 표본은 유인제를 설치하기 하루 전에 트랩 속에 설치한다.

(4) 반납

표식이 된 과실파리 표본이 탐지되면 표준 트랩 조사 절차에 따라 처리한다. 수거된 표본은 원래의 바이엘에 넣고, 해충감지보고서 비고란에 식별번호를 기록하며, 표본은 등기 메일로 프로그램 사무소에 반납한다.

(5) 구두시험

모니터링 요원의 과실파리 등 해충 식별력을 평가, 유지하기 위해, 가끔 시험을 시행한다. 시험을 치른 후 일반 토론을 통해 관련된 모니터링 요원들이 서로 유익한 정보를 교류할 수 있도록 한다.

CHAPTER 05

금지급 과실파리 방제 매뉴얼

1 카람볼라과실파리 방제 매뉴얼

1.1 카람볼라과실파리 발견 시 방제 매뉴얼

카람볼라과실파리 방제를 위한 발견과 발생 기준은 대외적 발생 발표와 차이가 있다. 다음의 기준에 따라 발견의 경우는 초기방제를 실시하고, 발생의 경우는 박멸방제를 취하게 된다.

발견	모니터링 트랩에 1 마리 이상 포획된 경우
발생	• 알, 유충, 번데기 또는 교미된 암컷 1 마리 이상 또는 • 발견 후 1 주일 이내에 발견지중심(14.4 × 14.4 km)에서 성충 3 마리 이상이 트랩에 검출된 경우(수컷, 미교미 암컷)

단계	목적	방제 항목	방제적용기술	방제 영역	처리 횟수 및 기간
발견시 방제	조기발견 후 급방제	모니터링	델타트랩	14.4 km 격자	1회/일(첫 1주) 2회/주(첫 세대) 0.5회/주(2-3세대)
		수컷유살제	ME 왁스 도포제	1.6 km 격자 600 개 처리	1회 처리
발생시 방제	초기방제 이후 박멸방제	모니터링	델타트랩	발견지별 14.4 km 격자	1회/일(첫 1주) 2회/주(첫 세대) 0.5회/주(2-3세대)
		방제지역선포	행정조치	14.4 km 격자	박멸기간
		기주 이동 제한	행정조치	14.4 km 격자	박멸기간
		토양소독	팔라딘 유제	발견지별 200 m 반경	1회/2주

<table>
<tr><td rowspan="8">발생시 방제</td><td rowspan="8">초기방제 이후 박멸방제</td><td>과실제거</td><td>수작업</td><td>발견지별
200 m 반경</td><td>1회 처리</td></tr>
<tr><td rowspan="2">수컷유살제</td><td rowspan="2">ME 왁스 도포제</td><td>중심부 600 개</td><td rowspan="2">1회/2주</td></tr>
<tr><td>1완충격자 500
2완충격자 400
3완충격자 300
4완충격자 200</td></tr>
<tr><td rowspan="3">암컷유살제
(GF120)</td><td>지상방제</td><td rowspan="3">중심부 + 제1완충지
+ 제2완충지</td><td>농경지, 하천 기주</td></tr>
<tr><td>시설지방제</td><td>시설하우스 내부</td></tr>
<tr><td>항공방제</td><td>산림지역</td></tr>
<tr><td rowspan="2">불임충방사</td><td rowspan="2">불임충수컷</td><td>백만마리/1.6 km
중심격자</td><td rowspan="2">대발생시 적용함
매주 방사</td></tr>
<tr><td>5만마리/외곽</td></tr>
</table>

발견 초기 1 주일 이내에 이뤄지는 긴급 방제 매뉴얼이다.

1.1.1 분포한계 설정

발견지 중심으로 14.4 × 14.4 km 지역에서 긴급 모니터링 트랩을 발견 후 24 시간 이내에 이뤄진다.

1.1.2 수컷유살제 처리

수컷유살제(메틸유제놀(ME) + 살충제)를 왁스형 방출기로 제작하여 카람볼라과실파리 발견 주변 1.6 × 1.6 km에 600 개를 델타트랩으로 처리한다.

1.2 카람볼라과실파리 발생 시 방제 매뉴얼

발견에서 발생이 확인된 후 이뤄지는 방제 매뉴얼이다.

1.2.1 박멸 매뉴얼 가동 기준

카람볼라과실파리 "발견"에 따라 긴급 실시하는 "분포한계설정" 조사과정을 통하여 "발생"으로 전환되는 경우 박멸프로그램을 가동한다.

1.2.2 박멸 프로그램 기간

박멸 프로그램은 해당시기에 카람볼라과실파리가 적어도 2 세대 발생되는 기간 동안 가동된다. 이후 재발견되면 다시 최소한 2 세대 박멸 프로그램이 재가동된다.

1.2.3 박멸 처리방법 선정기준

① 기본적으로 수컷유살제, 토양소독, 단백질먹이유살제 및 기주제거처리가 가동되어야 한다.
② 방제 지역이 넓은 경우 항공방제가 추가된다.
③ 불임충방사는 선택적 처리이다.

1.2.4 이동 및 재배 제한

① 과실파리가 발견된 지점을 중심으로 14.4 × 14.4 km 격자에 있는 규제대상 품목의 재배 · 취급 · 가공업자들에게 비상조치 내용을 통보한다.
② 선포된 방역지역에서는 다음의 규제조치가 포함된다.
  가) 과일 채소류의 상업구역에서 소독처리 상황 감시·감독·증명서 발급
  나) 농산물 가공시설의 주기적 방문
  다) 규제품목 폐기물에 대한 감시
  라) 공항 · 터미널에서 규제대상품목의 이동감시
  마) 검역규제지역 경계의 국도, 지방도로 등에서의 이동감시

1.2.5 과일수거

카람볼라과실파리 발견지점을 중심으로 200 m 이내에 있는 모든 과일을 신속히 수거하여 50 cm 이상의 깊이에 묻는다. 유충 발견 장소에서는 기주 과일 껍질도 제거되어야 한다. 이를 수거 기간 동안 플라스틱 상자 속에 보관 후 승인된 매립지에 제거 처리된다. 매몰시 생석회(0.4%)를 첨가한다.

1.2.6 토양소독

발생 지점을 중심으로 200 m 내에 있는 모든 기주는 과일나무 밑에 팔라딘 유제(경농)를 살포한다.

1.2.7 수컷유살제 처리

도포형 수컷유살제를 처리한다.

① 도포방법

발견 장소 주변으로 아이들의 접근이 어려운 높이의 전봇대, 나무, 울타리 등에 약 5 mL 부피로 도포한다. 처리 표면에 견고하게 붙어있도록 비교적 표면이 매끄러운 곳은 피하여 도포한다. 유효물질의 분해를 막기 위해 가급적 직사광선을 피하는 곳에 도포한다.

② 처리 규모

중심부(1.6 × 1.6 km)에 600 곳을 균일하게 설정하여 처리한다. 1 완충격자(8 개 격자)에 각 500 개, 2 완충격자(16 개 격자)에 각 400 개, 3 완충격자(24 개 격자)에 각 300 개, 4 완충격자(32 개 격자)에 각 200 개을 처리하여 전체 24,600 개 지점에 도포 처리된다.

③ 처리 횟수

2 주마다 도포한다.

④ 처리 기간

최초 발견 시점으로부터 2 세대 기간 동안 진행한다.

1.2.8 암컷유살제 처리

살충제가 첨가된 단백질먹이 유살제를 살포한다.

(1) 지상 독먹이살포

① 조제

GF120 (동방아그로)을 물로 1.5 배 희석하여 처리한다. 예를 들어 GF120 4 L에 물을 6 L 혼합하여 살포액을 조제하게 된다.

② 처리 지역 규모

발견 지점 기준으로 중심부, 제1완충지역 및 제2완충지역까지 살포 처리한다.

③ 처리 간격

초기 발견 이후 2 세대 기간 동안 주당 1 회 살포한다.

④ 처리 방법

미끼는 개인휴대용 스프레이기 또는 동등한 장치의 수단에 의해 주거지와 휴식공간이 제공되는 기주와 식물에 제한된 범위적용으로 사용될 수도 있다. 사용은 어린이 또는 애완동물에게 피해가 발생하지 않는 장소에 적용된다. 모든 범위적용이 요구된다면 송풍식 분무기 또는 유사한 장치가 사용될 수 있다.

⑤ 처리 약량

각 처리지점은 표면이 모두 적셔지도록 살포한다.

(2) 시설지 살포

지상 살포와 동일방법으로 약제를 조제하고, 해당지역에서 기주를 재배하는 모든 시설재배지 내부에 살포한다.

(3) 항공 살포

지상 살포와 동일방법으로 약제를 조제하고, 해당지역 포함된 산림 지역에 살포한다.

1.2.9 불임충방사 처리

① 불임충방사는 박멸처리 후 잉여 카람볼라과실파리 개체를 완전히 제거하기 적용된다. 이 방법은 과실 껍질 제거, 독먹이살포 및 토양관주(토양이나 나무에 구멍을 파서 약액을 주입하는 약제살포의 한 방법)와 혼합하여 사용될 수 있다.

② 우선 정확한 종 동정이 필요하다. 즉 방사될 종과 침입 종과 동질성이 확보 되어야 한다.

③ ME 방출 델타트랩을 이용하여 1.6 × 1.6 km 면적 단위로 5 개 트랩배치가 필요하다. 이 트랩들은 메틸유제놀 또는 단백질먹이유인제를 유인제로 일주일 간격으로 조사된다.

④ 불임충방사 밀도

감염중심지를 1.6 × 1.6 km 면적으로 정하고 여기에 매주 백만마리 이상 의 불임충을 방사하게 된다. 감염외곽지(완충지)는 중심지에서 4.8 km 반경 지역으로 1.6 × 1.6 km 면적을 기준으로 50,000 마리 이상이 방사된다.

⑤ 불임충방사 수단

(1) **지상 방사** : 이동 차량을 통해 불임충을 방사한다. 특히 감염중심지 처리에 유효하다. 감염중심지 주변처리도 가능할 수 있다.

(2) **항공 방사** : 육상 차량 방사보다 균일하게 불임충을 방사할 수 있다.

1.3 카람볼라과실파리 박멸선언 매뉴얼

1.3.1 트랩 모니터링을 통한 박멸효과 확인

① 마지막 발견 후 3 세대 기간 동안 모니터링을 실시한다.

② 정밀조사 이외의 지역에도 상시 모니터링 지역에서 3 세대 동안 모니터링을 실시한다.

1.3.2 과일수거검사를 통한 박멸효과 확인

① 중앙지점 및 제1완충지역(발견지점으로부터 2.4 km 반경이내) 등에 있는 과일을 7~10 일 간격으로 조사한다. 특히 중앙지점의 기주과일은 명부를 작성하고 즉석에서 칼로 절개하여 검사한다.

② 시설이 갖추어진 경우에는 수거된 과일은 과실파리 최적온도인 26℃/70% 습도조건에서 1 주 ~ 1 세대기간 동안 사육 후 검사한다. 과일이 저장되는 시설은 우화하는 과실파리가 날아가지 않도록 안전관리에 만전을 기해야 한다.

1.3.3 박멸선언

과실파리 최종발견 후 3 세대 기간 동안 더 이상 발견이 되지 아니하였을 경우 박멸된 것으로 판정한다.

2 구아바과실파리 방제 매뉴얼

2.1 구아바과실파리 발견 시 방제 매뉴얼

구아바과실파리 방제를 위한 발견과 발생 기준은 대외적 발생 발표와 차이가 있다. 다음의 기준에 따라 발견의 경우는 초기방제를 실시하고, 발생의 경우는 박멸방제를 취하게 된다.

발견	모니터링 트랩에 1 마리 이상 포획된 경우
발생	• 알, 유충, 번데기 또는 교미된 암컷 1 마리 이상 또는 • 발견 후 1 주일 이내에 발견지중심(14.4 × 14.4 km)에서 성충 3 마리 이상이 트랩에 검출된 경우(수컷, 미교미 암컷)

단계	목적	방제 항목	방제적용기술	방제 영역	처리 횟수 및 기간
발견시 방제	조기발견 후 급방제	모니터링	델타트랩	14.4 km 격자	1회/일(첫 1주) 2회/주(첫 세대) 0.5회/주(2-3세대)
		수컷유살제	ME 왁스 도포제	1.6 km 격자 600 개 처리	1회 처리
발생시 방제	초기방제 이후 박멸방제	모니터링	델타트랩	발견지별 14.4 km 격자	1회/일(첫 1주) 2회/주(첫 세대) 0.5회/주(2-3세대)
		방제지역선포	행정조치	14.4 km 격자	박멸기간
		기주 이동 제한	행정조치	14.4 km 격자	박멸기간
		토양소독	팔라딘 유제	발견지별 200 m 반경	1회/2주
		과실제거	수작업	발견지별 200 m 반경	1회 처리
		수컷유살제	ME 왁스 도포제	중심부 600 개 1완충격자 500 2완충격자 400 3완충격자 300 4완충격자 200	1회/2주

<table>
<tr><td rowspan="5">발생시 방제</td><td rowspan="5">초기방제
이후
박멸방제</td><td rowspan="3">암컷유살제
(GF120)</td><td>지상방제</td><td rowspan="3">중심부 + 제1완충지 + 제2완충지</td><td>농경지, 하천 기주</td></tr>
<tr><td>시설지방제</td><td>시설하우스 내부</td></tr>
<tr><td>항공방제</td><td>산림지역</td></tr>
<tr><td rowspan="2">불임충방사</td><td rowspan="2">불임충수컷</td><td>백만마리/1.6 km 중심격자</td><td rowspan="2">대발생시 적용함
매주 방사</td></tr>
<tr><td>5만마리/외곽</td></tr>
</table>

발견 초기 1 주일 이내에 이뤄지는 긴급 방제 매뉴얼이다.

2.1.1 분포한계 설정

발견지 중심으로 14.4 × 14.4 km 지역에서 긴급 모니터링 트랩을 발견 후 24 시간 이내에 이뤄진다.

2.1.2 수컷유살제 처리

수컷유살제(메틸유제놀(ME) + 살충제)를 왁스형 방출기로 제작하여 구아바과실파리 발견 주변 1.6 × 1.6 km에 600 개를 델타트랩으로 처리한다.

2.2 구아바과실파리 발생 시 방제 매뉴얼

2.2.1 박멸 매뉴얼 가동 기준

구아바과실파리 "발견"에 따라 긴급 실시하는 "분포한계설정" 조사과정을 통하여 "발생"으로 전환되는 경우 박멸프로그램을 가동한다.

2.2.2 박멸 프로그램 기간

박멸 프로그램은 해당시기에 구아바과실파리가 적어도 2 세대 발생되는 기간 동안 가동된다. 이후 재발견되면 다시 최소한 2 세대 박멸 프로그램이 재가동된다.

2.2.3 박멸 처리방법 선정기준

① 기본적으로 수컷유살제, 토양소독, 단백질먹이 유살제 및 기주제거처리가 가동되어야 한다.
② 방제 지역이 넓은 경우 항공방제가 추가된다.
③ 불임충방사는 선택적 처리이다.

2.2.4 이동 및 재배 제한

① 과실파리가 발견된 지점을 중심으로 14.4 × 14.4 km 격자에 있는 규제대상 품목의 재배 · 취급 · 가공업자들에게 비상조치 내용을 통보한다.
② 선포된 방역지역에서는 다음의 규제조치가 포함된다.
  가) 과일 채소류의 상업구역에서 소독처리 상황 감시·감독·증명서 발급
  나) 농산물 가공시설의 주기적 방문
  다) 규제품목 폐기물에 대한 감시
  라) 공항 · 터미널에서 규제대상품목의 이동감시
  마) 검역규제지역 경계의 국도, 지방도로 등에서의 이동감시

2.2.5 과일수거

구아바과실파리 발견지점을 중심으로 200 m 이내에 있는 모든 과일을 신속히 수거하여 50 cm 이상의 깊이에 묻는다. 유충 발견 장소에서는 기주 과일 껍질도 제거되어야 한다. 이를 수거 기간 동안 플라스틱 상자 속에 보관 후 승인된 매립지에 제거 처리된다. 매몰시 생석회(0.4%)를 첨가한다.

2.2.6 토양소독

발생 지점을 중심으로 200 m 내에 있는 모든 기주는 과일나무 밑에 팔라딘 유제(경농)를 살포한다.

2.2.7 수컷유살제 처리

도포형 수컷유살제를 처리한다.

① 도포방법

발견 장소 주변으로 아이들의 접근이 어려운 높이의 전봇대, 나무, 울타리 등에 약 5 mL 부피로 도포한다. 처리 표면에 견고하게 붙어있도록 비교적 표면이 매끄러운 곳은 피하여 도포한다. 유효물질의 분해를 막기 위해 가급적 직사광선을 피하는 곳에 도포한다.

② 처리 규모

중심부(1.6 × 1.6 km)에 600 곳을 균일하게 설정하여 처리한다. 1 완충격자(8 개 격자)에 각 500 개, 2 완충격자(16 개 격자)에 각 400 개, 3 완충격자(24 개 격자)에 각 300 개, 4 완충격자(32 개 격자)에 각 200 개을 처리하여 전체 24,600 개 지점에 도포 처리된다.

③ 처리 횟수

2 주마다 도포한다.

④ 처리 기간

최초 발견 시점으로부터 2 세대 기간 동안 진행한다.

2.2.8 암컷유살제 처리

살충제가 첨가된 단백질먹이 유살제를 살포한다.

(1) 지상 독먹이살포

① 조제

GF120 (동방아그로)을 물로 1.5 배 희석하여 처리한다. 예를 들어 GF120 4L에 물을 6L 혼합하여 살포액을 조제하게 된다.

② 처리 지역 규모

발견 지점 기준으로 중심부, 제1완충지역 및 제2완충지역까지 살포 처리한다.

③ 처리 간격

초기 발견 이후 2 세대 기간 동안 주당 1 회 살포한다.

④ 처리 방법

미끼는 개인휴대용 스프레이기 또는 동등한 장치의 수단에 의해 주거지와 휴식공간이 제공되는 기주와 식물에 제한된 범위적용으로 사용될 수도 있다. 사용은 어린이 또는 애완동물에게 피해가 발생하지 않는 장소에 적용된다. 모든 범위적용이 요구된다면 송풍식 분무기 또는 유사한 장치가 사용될 수 있다.

⑤ 처리 약량

각 처리지점은 표면이 모두 적셔지도록 살포한다.

(2) 시설지 살포

지상 살포와 동일방법으로 약제를 조제하고, 해당지역에서 기주를 재배하는 모든 시설재배지 내부에 살포한다.

(3) 항공 살포

지상 살포와 동일방법으로 약제를 조제하고, 해당지역 포함된 산림 지역에 살포한다.

2.2.9 불임충방사 처리

① 불임충방사는 박멸처리 후 잉여 구아바과실파리 개체를 완전히 제거하기 적용된다. 이 방법은 과실 껍질 제거, 독먹이살포 및 토양관주(토양이나 나무에 구멍을 파서 약액을 주입하는 약제살포의 한 방법)와 혼합하여 사용될 수 있다.

② 우선 정확한 종 동정이 필요하다. 즉 방사될 종과 침입 종과 동질성이 확보되어야 한다.

③ ME 방출 델타트랩을 이용하여 1.6 × 1.6 km 면적 단위로 5 개 트랩배치가 필요하다. 이 트랩들은 ME 또는 단백질먹이유인제를 유인제로 일주일 간격으로 조사된다.

④ 불임충방사 밀도

감염중심지를 1.6 × 1.6 km 면적으로 정하고 여기에 매주 백만 마리 이상의 불임충을 방사하게 된다. 감염외곽지(완충지)는 중심지에서 4.8 km 반경 지역으로 1.6 × 1.6 km 면적 기준으로 50,000 마리 이상이 방사된다.

⑤ 불임충방사 수단

- 지상 방사 : 이동 차량을 통해 불임충을 방사한다. 특히 감염중심지 처리에 유효하다. 감염중심지 주변처리도 가능할 수 있다.
- 항공 방사 : 육상 차량 방사보다 균일하게 불임충을 방사할 수 있다.

2.3 구아바과실파리 박멸선언 매뉴얼

2.3.1 트랩 모니터링을 통한 박멸효과 확인

① 마지막 발견 후 3 세대 기간 동안 모니터링을 실시한다.

② 정밀조사 이외의 지역에도 상시 모니터링 지역에서 3 세대 동안 모니터링을 실시한다.

2.3.2 과일수거검사를 통한 박멸효과 확인

① 중앙지점 및 제1완충지역(발견지점으로부터 2.4 km 반경이내) 등에 있는 과일을 7~10 일 간격으로 조사한다. 특히 중앙지점의 기주과일은 명부를 작성하고 즉석에서 칼로 절개하여 검사한다.

② 시설이 갖추어진 경우에는 수거된 과일은 과실파리 최적온도인 26℃/70% 습도조건에서 1 주 ~ 1 세대기간 동안 사육 후 검사한다. 과일이 저장되는 시설은 우화하는 과실파리가 날아가지 않도록 안전관리에 만전을 기해야 한다.

2.3.3 박멸선언

과실파리 최종발견 후 3 세대 기간 동안 더 이상 발견이 되지 아니하였을 경우 박멸된 것으로 판정한다.

3 작은퀸즐랜드과실파리 방제 매뉴얼

3.1 작은퀸즐랜드과실파리 발견 시 방제 매뉴얼

작은퀸즐랜드과실파리 방제를 위한 발견과 발생 기준은 대외적 발생 발표와 차이가 있다. 다음의 기준에 따라 발견의 경우는 초기방제를 실시하고, 발생의 경우는 박멸방제를 취하게 된다.

구분	기준
발견	모니터링 트랩에 1 마리 이상 포획된 경우
발생	• 알, 유충, 번데기 또는 교미된 암컷 1 마리 이상 또는 • 발견 후 1 주일 이내에 발견지중심(14.4 × 14.4 km)에서 성충 3 마리 이상이 트랩에 검출된 경우(수컷, 미교미 암컷)

단계	목적	방제 항목	방제적용기술	방제 영역	처리 횟수 및 기간
발견시 방제	조기발견 후 급방제	모니터링	델타트랩	14.4 km 격자	1회/일(첫 1주) 2회/주(첫 세대) 0.5회/주(2-3세대)
		수컷유살제	ME 왁스 도포제	1.6 km 격자 600 개 처리	1회 처리
발생시 방제	초기방제 이후 박멸방제	모니터링	델타트랩	발견지별 14.4 km 격자	1회/일(첫 1주) 2회/주(첫 세대) 0.5회/주(2-3세대)
		방제지역선포	행정조치	14.4 km 격자	박멸기간
		기주 이동 제한	행정조치	14.4 km 격자	박멸기간
		토양소독	팔라딘 유제	발견지별 200 m 반경	1회/2주
		과실제거	수작업	발견지별 200 m 반경	1회 처리
		수컷유살제	ME 왁스 도포제	중심부 600 개 1완충격자 500 2완충격자 400 3완충격자 300 4완충격자 200	1회/2주

<table>
<tr><td rowspan="5">발생시 방제</td><td rowspan="5">초기방제 이후 박멸방제</td><td rowspan="3">암컷유살제 (GF120)</td><td>지상방제</td><td rowspan="3">중심부 + 제1완충지 + 제2완충지</td><td>농경지, 하천 기주</td></tr>
<tr><td>시설지방제</td><td>시설하우스 내부</td></tr>
<tr><td>항공방제</td><td>산림지역</td></tr>
<tr><td rowspan="2">불임충방사</td><td rowspan="2">불임충수컷</td><td>백만마리/1.6 km 중심격자</td><td rowspan="2">대발생시 적용함
매주 방사</td></tr>
<tr><td>5만마리/외곽</td></tr>
</table>

발견 초기 1 주일 이내에 이뤄지는 긴급 방제 매뉴얼이다.

3.1.1 분포한계 설정

발견지 중심으로 14.4 × 14.4 km 지역에서 긴급 모니터링 트랩을 발견 후 24 시간 이내에 이뤄진다.

3.1.2 수컷유살제 처리

수컷유살제(메틸유제놀(ME) + 살충제)를 왁스형 방출기로 제작하여 작은퀸즐랜드과실파리 발견 주변 1.6 × 1.6 km에 600 개를 델타트랩으로 처리한다.

3.2 작은퀸즐랜드과실파리 발생 시 방제 매뉴얼

3.2.1 박멸 매뉴얼 가동 기준

작은퀸즐랜드과실파리 "발견"에 따라 긴급 실시하는 "분포한계설정" 조사과정을 통하여 "발생"으로 전환되는 경우 박멸프로그램을 가동한다.

3.2.2 박멸 프로그램 기간

박멸 프로그램은 해당시기에 작은퀸즐랜드과실파리가 적어도 2 세대 발생되는 기간 동안 가동된다. 이후 재발견되면 다시 최소한 2 세대 박멸 프로그램이 재가동된다.

3.2.3 박멸 처리방법 선정기준

① 기본적으로 수컷유살제, 토양소독, 단백질먹이유살제 및 기주 제거처리가 가동되어야 한다.
② 방제 지역이 넓은 경우 항공방제가 추가된다.
③ 불임충방사는 선택적 처리이다.

3.2.4 이동 및 재배 제한

① 과실파리가 발견된 지점을 중심으로 14.4 × 14.4 km 격자에 있는 규제대상 품목의 재배 · 취급 · 가공업자들에게 비상조치 내용을 통보한다.
② 선포된 방역지역에서는 다음의 규제조치가 포함된다.
가) 과일 채소류의 상업구역에서 소독처리 상황 감시·감독·증명서 발급
나) 농산물 가공시설의 주기적 방문
다) 규제품목 폐기물에 대한 감시
라) 공항 · 터미널에서 규제대상품목의 이동감시
마) 검역규제지역 경계의 국도, 지방도로 등에서의 이동감시

3.2.5 과일수거

작은퀸즐랜드과실파리 발견지점을 중심으로 200 m 이내에 있는 모든 과일을 신속히 수거하여 50 cm 이상의 깊이에 묻는다. 유충 발견 장소에서는 기주 과일 껍질도 제거되어야 한다. 이를 수거 기간 동안 플라스틱 상자 속에 보관 후 승인된 매립지에 제거 처리된다. 매몰시 생석회(0.4%)를 첨가한다.

3.2.6 토양소독

발생 지점을 중심으로 200 m 내에 있는 모든 기주는 과일나무 밑에 팔라딘 유제(경농)를 살포한다.

3.2.7 수컷유살제 처리

도포형 수컷유살제를 처리한다.

① 도포방법

발견 장소 주변으로 아이들의 접근이 어려운 높이의 전봇대, 나무, 울타리 등에 약 5 mL 부피로 도포한다. 처리 표면에 견고하게 붙어있도록 비교적 표면이 매끄러운 곳은 피하여 도포한다. 유효물질의 분해를 막기 위해 가급적 직사광선을 피하는 곳에 도포한다.

② 처리 규모

중심부(1.6 × 1.6 km)에 600 곳을 균일하게 설정하여 처리한다. 1 완충격자(8 개 격자)에 각 500 개, 2 완충격자(16 개 격자)에 각 400 개, 3 완충격자(24 개 격자)에 각 300 개, 4 완충격자(32 개 격자)에 각 200 개을 처리하여 전체 24,600 개 지점에 도포 처리된다.

③ 처리 횟수

2 주마다 도포한다.

④ 처리 기간

최초 발견 시점으로부터 2 세대 기간 동안 진행한다.

3.2.8 암컷유살제 처리

살충제가 첨가된 단백질먹이 유살제를 살포한다.

(1) 지상 독먹이살포

① 조제

GF120 (동방아그로)을 물로 1.5 배 희석하여 처리한다. 예를 들어 GF120 4 L에 물을 6 L 혼합하여 살포액을 조제하게 된다.

② 처리 지역 규모

발견 지점 기준으로 중심부, 제1완충지역 및 제2완충지역까지 살포 처리한다.

③ 처리 간격

초기 발견 이후 2 세대 기간 동안 주당 1 회 살포한다.

④ 처리 방법

미끼는 개인휴대용 스프레이기 또는 동등한 장치의 수단에 의해 주거지와 휴식공간이 제공되는 기주와 식물에 제한된 범위적용으로 사용될 수도 있다. 사용은 어린이 또는 애완동물에게 피해가 발생하지 않는 장소에 적용된다. 모든 범위적용이 요구된다면 송풍식 분무기 또는 유사한 장치가 사용될 수 있다.

⑤ 처리 약량

각 처리지점은 표면이 모두 적셔지도록 살포한다.

(2) 시설지 살포

지상 살포와 동일방법으로 약제를 조제하고, 해당지역에서 기주를 재배하는 모든 시설재배지 내부에 살포한다.

(3) 항공 살포

지상 살포와 동일방법으로 약제를 조제하고, 해당지역 포함된 산림 지역에 살포한다.

3.2.9 불임충방사 처리

① 불임충방사는 박멸처리 후 잉여 작은퀸즐랜드과실파리 개체를 완전히 제거하기 적용된다. 이 방법은 과실 껍질 제거, 독먹이살포 및 토양관주(토양이나 나무에 구멍을 파서 약액을 주입하는 약제살포의 한 방법)와 혼합하여 사용될 수 있다.

② 우선 정확한 종 동정이 필요하다. 즉 방사될 종과 침입 종과 동질성이 확보되어야 한다.

③ ME 방출 델타트랩을 이용하여 1.6 × 1.6 km 면적 단위로 5 개 트랩배치가 필요하다. 이 트랩들은 ME 또는 단백질먹이유인제를 유인제로 일주일 간격으로 조사된다.

④ 불임충방사 밀도

감염중심지를 1.6 × 1.6 km 면적으로 정하고 여기에 매주 백만마리 이상의 불임충을 방사하게 된다. 감염외곽지(완충지)는 중심지에서 4.8 km 반경 지역으로 1.6 × 1.6 km 면적 기준으로 50,000 마리 이상이 방사된다.

⑤ 불임충방사 수단

- 지상 방사 : 이동 차량을 통해 불임충을 방사한다. 특히 감염중심지 처리에 유효하다. 감염중심지 주변처리도 가능할 수 있다.
- 항공 방사 : 육상 차량 방사보다 균일하게 불임충을 방사할 수 있다.

3.3 작은퀸즐랜드과실파리 박멸선언 매뉴얼

3.3.1 트랩 모니터링을 통한 박멸효과 확인

① 마지막 발견 후 3 세대 기간 동안 모니터링을 실시한다.

② 정밀조사 이외의 지역에도 상시 모니터링 지역에서 3 세대 동안 모니터링을 실시한다.

3.3.2 과일수거검사를 통한 박멸효과 확인

① 중앙지점 및 제1완충지역(발견지점으로부터 2.4 km 반경이내) 등에 있는 과일을 7~10 일 간격으로 조사한다. 특히 중앙지점의 기주과일은 명부를 작성하고 즉석에서 칼로 절개하여 검사한다.

② 시설이 갖추어진 경우에는 수거된 과일은 과실파리 최적온도인 26℃/70% 습도조건에서 1 주 ~ 1 세대기간 동안 사육 후 검사한다. 과일이 저장되는 시설은 우화하는 과실파리가 날아가지 않도록 안전관리에 만전을 기해야 한다.

3.3.3 박멸선언

과실파리 최종발견 후 3 세대 기간 동안 더 이상 발견이 되지 아니하였을 경우 박멸된 것으로 판정한다.

4 남방고추과실파리 방제 매뉴얼

4.1 남방고추과실파리 발견 시 방제 매뉴얼

남방고추과실파리 방제를 위한 발견과 발생 기준은 대외적 발생 발표와 차이가 있다. 다음의 기준에 따라 발견의 경우는 초기방제를 실시하고, 발생의 경우는 박멸방제를 취하게 된다.

발견	모니터링 트랩에 1 마리 이상 포획된 경우
발생	• 알, 유충, 번데기 또는 교미된 암컷 1 마리 이상 또는 • 발견 후 1 주일 이내에 발견지중심(14.4 × 14.4 km)에서 성충 3 마리 이상이 트랩에 검출된 경우(수컷, 미교미 암컷)

단계	목적	방제 항목	방제적용기술	방제 영역	처리 횟수 및 기간
발견시 방제	조기발견 후 급방제	모니터링	델타트랩	14.4 km 격자	1회/일(첫 1주) 2회/주(첫 세대) 0.5회/주(2-3세대)
		수컷유살제	ME 왁스 도포제	1.6 km 격자 600 개 처리	1회 처리
발생시 방제	초기방제 이후 박멸방제	모니터링	델타트랩	발견지별 14.4 km 격자	1회/일(첫 1주) 2회/주(첫 세대) 0.5회/주(2-3세대)
		방제지역선포	행정조치	14.4 km 격자	박멸기간
		기주 이동 제한	행정조치	14.4 km 격자	박멸기간
		토양소독	팔라딘 유제	발견지별 200 m 반경	1회/2주
		과실제거	수작업	발견지별 200 m 반경	1회 처리
		수컷유살제	ME 왁스 도포제	중심부 600 개 1완충격자 500 2완충격자 400 3완충격자 300 4완충격자 200	1회/2주

<table>
<tr><td rowspan="5">발생시 방제</td><td rowspan="5">초기방제 이후 박멸방제</td><td rowspan="3">암컷유살제 (GF120)</td><td>지상방제</td><td rowspan="3">중심부 + 제1완충지 + 제2완충지</td><td>농경지, 하천 기주</td></tr>
<tr><td>시설지방제</td><td>시설하우스 내부</td></tr>
<tr><td>항공방제</td><td>산림지역</td></tr>
<tr><td rowspan="2">불임충방사</td><td rowspan="2">불임충수컷</td><td>백만마리/1.6 km 중심격자</td><td rowspan="2">대발생시 적용함 매주 방사</td></tr>
<tr><td>5만마리/외곽</td></tr>
</table>

발견 초기 1 주일 이내에 이뤄지는 긴급 방제 매뉴얼이다.

4.1.1 분포한계 설정

발견지 중심으로 14.4 × 14.4 km 지역에서 긴급 모니터링 트랩을 발견 후 24 시간 이내에 이뤄진다.

4.1.2 수컷유살제 처리

수컷유살제(알파이오놀+케이드오일 + 살충제)를 왁스형 방출기로 제작하여 남방고추과실파리 발견 주변 1.6 × 1.6 km에 600 개를 델타트랩으로 처리한다.

4.2 남방고추과실파리 발생 시 방제 매뉴얼

4.2.1 박멸 매뉴얼 가동 기준

남방고추과실파리 "발견"에 따라 긴급 실시하는 "분포한계설정" 조사과정을 통하여 "발생"으로 전환되는 경우 박멸프로그램을 가동한다.

4.2.2 박멸 프로그램 기간

박멸 프로그램은 해당시기에 남방고추과실파리가 적어도 2 세대 발생되는 기간 동안 가동된다. 이후 재발견되면 다시 최소한 2 세대 박멸 프로그램이 재가동된다.

4.2.3 박멸 처리방법 선정기준

① 기본적으로 수컷유살제, 토양소독, 단백질먹이유살제 및 기주 제거처리가 가동되어야 한다.
② 방제 지역이 넓은 경우 항공방제가 추가된다.
③ 불임충방사는 선택적 처리이다.

4.2.4 이동 및 재배 제한

① 과실파리가 발견된 지점을 중심으로 14.4 × 14.4 km 격자에 있는 규제대상 품목의 재배 · 취급 · 가공업자들에게 비상조치 내용을 통보한다.
② 선포된 방역지역에서는 다음의 규제조치가 포함된다.
가) 과일 채소류의 상업구역에서 소독처리 상황 감시·감독·증명서 발급
나) 농산물 가공시설의 주기적 방문
다) 규제품목 폐기물에 대한 감시
라) 공항 · 터미널에서 규제대상품목의 이동감시
마) 검역규제지역 경계의 국도, 지방도로 등에서의 이동감시

4.2.5 과일수거

남방고추과실파리 발견지점을 중심으로 200 m 이내에 있는 모든 과일을 신속히 수거하여 50 cm 이상의 깊이에 묻는다. 유충 발견 장소에서는 기주 과일 껍질도 제거되어야 한다. 이를 수거 기간 동안 플라스틱 상자 속에 보관 후 승인된 매립지에 제거 처리된다. 매몰시 생석회(0.4%)를 첨가한다.

4.2.6 토양소독

발생 지점을 중심으로 200 m 내에 있는 모든 기주는 과일나무 밑에 팔라딘 유제(경농)를 살포한다.

4.2.7 수컷유살제 처리

도포형 수컷유살제를 처리한다.

① 도포방법

발견 장소 주변으로 아이들의 접근이 어려운 높이의 전봇대, 나무, 울타리 등에 약 5 mL 부피로 도포한다. 처리 표면에 견고하게 붙어있도록 비교적 표면이 매끄러운 곳은 피하여 도포한다. 유효물질의 분해를 막기 위해 가급적 직사광선을 피하는 곳에 도포한다.

② 처리 규모

중심부(1.6 × 1.6 km)에 600 곳을 균일하게 설정하여 처리한다. 1 완충격자(8 개 격자)에 각 500 개, 2 완충격자(16 개 격자)에 각 400 개, 3 완충격자(24 개 격자)에 각 300 개, 4 완충격자(32 개 격자)에 각 200 개을 처리하여 전체 24,600 개 지점에 도포 처리된다.

③ 처리 횟수

2 주마다 도포한다.

④ 처리 기간

최초 발견 시점으로부터 2 세대 기간 동안 진행한다.

4.2.8 암컷유살제 처리

살충제가 첨가된 단백질먹이 유살제를 살포한다.

(1) 지상 독먹이살포

① 조제

GF120 (동방아그로)을 물로 1.5 배 희석하여 처리한다. 예를 들어 GF120 4 L에 물을 6 L 혼합하여 살포액을 조제하게 된다.

② 처리 지역 규모

발견 지점 기준으로 중심부, 제1완충지역 및 제2완충지역까지 살포 처리한다.

③ 처리 간격

초기 발견 이후 2 세대 기간 동안 주당 1 회 살포한다.

④ 처리 방법

미끼는 개인휴대용 스프레이기 또는 동등한 장치의 수단에 의해 주거지와 휴식공간이 제공되는 기주와 식물에 제한된 범위적용으로 사용될 수도 있다. 사용은 어린이 또는 애완동물에게 피해가 발생하지 않는 장소에 적용된다. 모든 범위적용이 요구된다면 송풍식 분무기 또는 유사한 장치가 사용될 수 있다.

⑤ 처리 약량

각 처리지점은 표면이 모두 적셔지도록 살포한다.

(2) 시설지 살포

지상 살포와 동일방법으로 약제를 조제하고, 해당지역에서 기주를 재배하는 모든 시설재배지 내부에 살포한다.

(3) 항공 살포

지상 살포와 동일방법으로 약제를 조제하고, 해당지역 포함된 산림 지역에 살포한다.

4.2.9 불임충방사 처리

① 불임충방사는 박멸처리 후 잉여 남방고추과실파리 개체를 완전히 제거하기 적용된다. 이 방법은 과실 껍질 제거, 독먹이살포 및 토양관주(토양이나 나무에 구멍을 파서 약액을 주입하는 약제살포의 한 방법)와 혼합하여 사용될 수 있다.

② 우선 정확한 종 동정이 필요하다. 즉 방사될 종과 침입 종과 동질성이 확보되어야 한다.

③ ME 방출 델타트랩을 이용하여 1.6 × 1.6 km 면적 단위로 5 개 트랩배치가 필요하다. 이 트랩들은 ME 또는 단백질먹이유인제를 유인제로 일주일 간격으로 조사된다.

④ 불임충방사 밀도

감염중심지를 1.6 × 1.6 km 면적으로 정하고 여기에 매주 백만마리 이상의 불임충을 방사하게 된다. 감염외곽지(완충지)는 중심지에서 4.8 km 반경 지역으로 1.6 × 1.6 km 면적 기준으로 50,000 마리 이상이 방사된다.

⑤ 불임충방사 수단

- 지상 방사 : 이동 차량을 통해 불임충을 방사한다. 특히 감염중심지 처리에 유효하다. 감염중심지 주변처리도 가능할 수 있다.
- 항공 방사 : 육상 차량 방사보다 균일하게 불임충을 방사할 수 있다.

4.3 남방고추과실파리 박멸선언 매뉴얼

4.3.1 트랩 모니터링을 통한 박멸효과 확인

① 마지막 발견 후 3 세대 기간 동안 모니터링을 실시한다.

② 정밀조사 이외의 지역에도 상시 모니터링 지역에서 3 세대 동안 모니터링을 실시한다.

4.3.2 과일수거검사를 통한 박멸효과 확인

① 중앙지점 및 제1완충지역(발견지점으로부터 2.4 km 반경이내) 등에 있는 과일을 7~10 일 간격으로 조사한다. 특히 중앙지점의 기주과일은 명부를 작성하고 즉석에서 칼로 절개하여 검사한다.

② 시설이 갖추어진 경우에는 수거된 과일은 과실파리 최적온도인 26℃/70% 습도조건에서 1 주 ~ 1 세대기간 동안 사육 후 검사한다. 과일이 저장되는 시설은 우화하는 과실파리가 날아가지 않도록 안전관리에 만전을 기해야 한다.

4.3.3 박멸선언

과실파리 최종발견 후 3 세대 기간 동안 더 이상 발견이 되지 아니하였을 경우 박멸된 것으로 판정한다.

5 일본귤과실파리 방제 매뉴얼

5.1 일본귤과실파리 발견 시 방제 매뉴얼

일본귤과실파리 방제를 위한 발견과 발생 기준은 대외적 발생 발표와 차이가 있다. 다음의 기준에 따라 발견의 경우는 초기방제를 실시하고, 발생의 경우는 박멸방제를 취하게 된다.

발견	모니터링 트랩에 1 마리 이상 포획된 경우
발생	• 알, 유충, 번데기 또는 교미된 암컷 1 마리 이상 또는 • 발견 후 1 주일 이내에 발견지중심(14.4 × 14.4 km)에서 성충 3 마리 이상이 트랩에 검출된 경우(수컷, 미교미 암컷)

단계	목적	방제 항목	방제적용기술	방제 영역	처리 횟수 및 기간
발견시 방제	조기발견 후 급방제	모니터링	멕페일트랩	14.4 km 격자	1회/일(첫 1주) 2회/주(첫 세대) 0.5회/주(2-3세대)
발생시 방제	초기방제 이후 박멸방제	모니터링	멕페일트랩	발견지별 14.4 km 격자	1회/일(첫 1주) 2회/주(첫 세대) 0.5회/주(2-3세대)
		방제지역선포	행정조치	14.4 km 격자	박멸기간
		기주 이동 제한	행정조치	14.4 km 격자	박멸기간
		토양소독	팔라딘 유제	발견지별 200 m 반경	1회/2주
		과실제거	수작업	발견지별 200 m 반경	1회 처리
		암컷유살제 (GF120)	지상방제	중심부 + 제1완충지 + 제2완충지	농경지, 하천 기주
			시설지방제		시설하우스 내부
			항공방제		산림지역
		불임충방사	불임충수컷	백만마리/1.6 km 중심격자	대발생시 적용함 매주 방사
				5만마리/외곽	

발견 초기 1 주일 이내에 이뤄지는 긴급 방제 매뉴얼이다.

5.1.1 분포한계 설정

발견지 중심으로 14.4 × 14.4 km 지역에서 긴급 모니터링 트랩을 발견 후 24 시간 이내에 이뤄진다.

5.2 일본귤과실파리 발생 시 방제 매뉴얼

5.2.1 박멸 매뉴얼 가동 기준

일본귤과실파리 "발견"에 따라 긴급 실시하는 "분포한계설정" 조사과정을 통하여 "발생"으로 전환되는 경우 박멸프로그램을 가동한다.

5.2.2 박멸 프로그램 기간

박멸 프로그램은 해당시기에 일본귤과실파리가 적어도 2 세대 발생되는 기간 동안 가동된다. 이후 재발견되면 다시 최소한 2 세대 박멸 프로그램이 재가동된다.

5.2.3 박멸 처리방법 선정기준

① 기본적으로 토양소독, 단백질먹이유살제 및 기주제거 처리가 가동되어야 한다.
② 방제 지역이 넓은 경우 항공방제가 추가된다.
③ 불임충방사는 선택적 처리이다.

5.2.4 이동 및 재배 제한

① 과실파리가 발견된 지점을 중심으로 14.4 × 14.4 km 격자에 있는 규제 대상 품목의 재배 · 취급 · 가공업자들에게 비상조치 내용을 통보한다.
② 선포된 방역지역에서는 다음의 규제조치가 포함된다.
　가) 과일 채소류의 상업구역에서 소독처리 상황 감시·감독·증명서 발급
　나) 농산물 가공시설의 주기적 방문
　다) 규제품목 폐기물에 대한 감시
　라) 공항 · 터미널에서 규제대상품목의 이동감시
　마) 검역규제지역 경계의 국도, 지방도로 등에서의 이동감시

5.2.5 과일수거

일본귤과실파리 발견지점을 중심으로 200 m 이내에 있는 모든 과일을 신속히 수거하여 50 cm 이상의 깊이에 묻는다. 유충 발견 장소에서는 기주 과일 껍질도 제거되어야 한다. 이를 수거 기간 동안 플라스틱 상자 속에 보관 후 승인된 매립지에 제거 처리된다. 매몰시 생석회(0.4%)를 첨가한다.

5.2.6 토양소독

발생 지점을 중심으로 200 m 내에 있는 모든 기주는 과일나무 밑에 팔라딘 유제(경농)를 살포한다.

5.2.7 암컷유살제 처리

살충제가 첨가된 단백질먹이 유살제를 살포한다.

(1) 지상 독먹이살포

① 조제

GF120 (동방아그로)을 물로 1.5 배 희석하여 처리한다. 예를 들어 GF120 4 L에 물을 6 L 혼합하여 살포액을 조제하게 된다.

② 처리 지역 규모

발견 지점 기준으로 중심부, 제1완충지역 및 제2완충지역까지 살포 처리한다.

③ 처리 간격

초기 발견 이후 2 세대 기간 동안 주당 1 회 살포한다.

④ 처리 방법

미끼는 개인휴대용 스프레이기 또는 동등한 장치의 수단에 의해 주거지와 휴식공간이 제공되는 기주와 식물에 제한된 범위적용으로 사용될 수도 있다. 사용은 어린이 또는 애완동물에게 피해가 발생하지 않는 장소에 적용된다. 모든 범위적용이 요구된다면 송풍식 분무기 또는 유사한 장치가 사용될 수 있다.

⑤ 처리 약량

각 처리지점은 표면이 모두 적셔지도록 살포한다.

(2) 시설지 살포

지상 살포와 동일방법으로 약제를 조제하고, 해당지역에서 기주를 재배하는 모든 시설재배지 내부에 살포한다.

(3) 항공 살포

지상 살포와 동일방법으로 약제를 조제하고, 해당지역 포함된 산림 지역에 살포한다.

5.2.8 불임충방사 처리

① 불임충방사는 박멸처리 후 잉여 일본귤과실파리 개체를 완전히 제거하기 적용된다. 이 방법은 과실 껍질 제거, 독먹이살포 및 토양관주(토양이나 나무에 구멍을 파서 약액을 주입하는 약제살포의 한 방법)와 혼합하여 사용될 수 있다.

② 우선 정확한 종 동정이 필요하다. 즉 방사될 종과 침입 종과 동질성이 확보되어야 한다.

③ ME 방출 델타트랩을 이용하여 1.6 × 1.6 km 면적 단위로 5 개 트랩배치가 필요하다. 이 트랩들은 ME 또는 단백질먹이유인제를 유인제로 일주일 간격으로 조사된다.

④ 불임충방사 밀도

감염중심지를 1.6 × 1.6 km 면적으로 정하고 여기에 매주 백만마리 이상의 불임충을 방사하게 된다. 감염외곽지(완충지)는 중심지에서 4.8 km 반경 지역으로 1.6 × 1.6 km 면적 기준으로 50,000 마리 이상이 방사된다.

⑤ 불임충방사 수단

- **지상 방사** : 이동 차량을 통해 불임충을 방사한다. 특히 감염중심지 처리에 유효하다. 감염중심지 주변처리도 가능할 수 있다.
- **항공 방사** : 육상 차량 방사보다 균일하게 불임충을 방사할 수 있다.

5.3 일본귤과실파리 박멸선언 매뉴얼

5.3.1 트랩 모니터링을 통한 박멸효과 확인

① 마지막 발견 후 3 세대 기간 동안 모니터링을 실시한다.

② 정밀조사 이외의 지역에도 상시 모니터링 지역에서 3 세대 동안 모니터링을 실시한다.

5.3.2 과일수거검사를 통한 박멸효과 확인

① 중앙지점 및 제1완충지역(발견지점으로부터 2.4 km 반경이내) 등에 있는 과일을 7~10 일 간격으로 조사한다. 특히 중앙지점의 기주과일은 명부를 작성하고 즉석에서 칼로 절개하여 검사한다.

② 시설이 갖추어진 경우에는 수거된 과일은 과실파리 최적온도인 26℃/70% 습도조건에서 1 주 ~ 1 세대기간 동안 사육 후 검사한다. 과일이 저장되는 시설은 우화하는 과실파리가 날아가지 않도록 안전관리에 만전을 기해야 한다.

5.3.3 박멸선언

과실파리 최종발견 후 3 세대 기간 동안 더 이상 발견이 되지 아니하였을 경우 박멸된 것으로 판정한다.

CHAPTER 06

금지급 과실파리 관리 컨트롤타워

1 우리나라 병해충 예찰 · 방제 운영체계

병해충 모니터링 · 방제대책본부 운영지침(농림축산식품부 훈령 제230호, 부록 3)에 따라 병해충 모니터링 · 방제에 관한 정책수립, 병해충 모니터링 · 방제계획 수립의 총괄 · 조정, 관련 중앙행정기관과의 병해충 모니터링 · 방제에 대한 협조체계 구축, 중앙 및 지방 병해충 모니터링 · 방제단의 지원, 병해충 모니터링 · 방제와 관련된 대국민 홍보 등을 위한 병해충 모니터링 · 방제대책본부(이하 병해충대책본부, 그림 6-1)가 농림축산식품부에 설치된다.

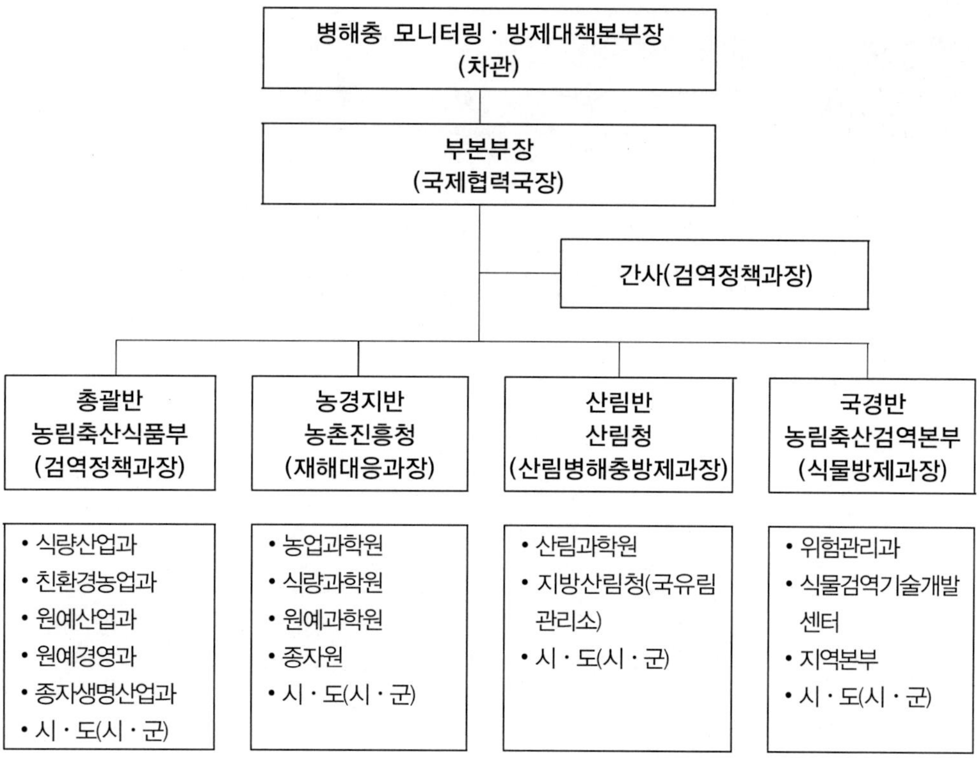

그림 6.1 병해충 모니터링 · 방제대책본부 조직도

병해충대책본부는 병해충으로 인하여 농산물 수급 및 가격에 중대한 영향을 미칠 우려가 있을 경우, 관련 중앙행정기관과의 병해충 모니터링 · 방제에 대한 협조체계 구축이 필요한 경우 등 비상설 조직으로 운영된다. 본 운영지침에 따라 국경반인 검역본부는 국경의 모니터링 · 방제업무를 수행하게 된다.

농촌진흥청은 농작물병해충 모니터링 · 방제에 관한 규정(농촌진흥청고시 제2013-20호, 부록 4)에 따라 병해충 모니터링 · 방제단을 설치한다(그림 6-2). 이는 상설의 중앙병해충 모니터링 · 방제단과 비상설의 시 · 도모니터링 · 방제단 및 시 · 군 · 구모니터링 · 방제단으로 구성되며, 중앙병해충 모니터링 · 방제단은 ① 국가적인 병해충 모니터링 · 방제계획 수립 ② 병해충 모니터링 · 방제 추진 및 지도 · 점검 ③ 시 · 도모니터링 · 방제단에 대한 예산 · 기술 지원 ④ 지방자치단체와의 모니터링 · 방제 협조체계 구축 ⑤ 방제비 지원, 손실보상 등에 관한 업무 ⑥ 병해충의 분류동정, 위험평가, 정보분석, 기술개발의 임무를 수행한다.

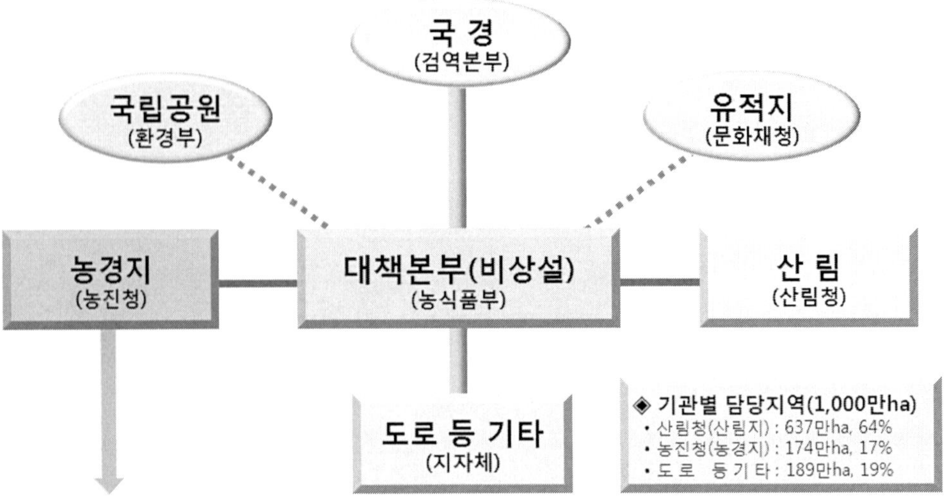

기관별 모니터링 · 방제 관할지역 및 병해충 모니터링 · 방제단 조직도

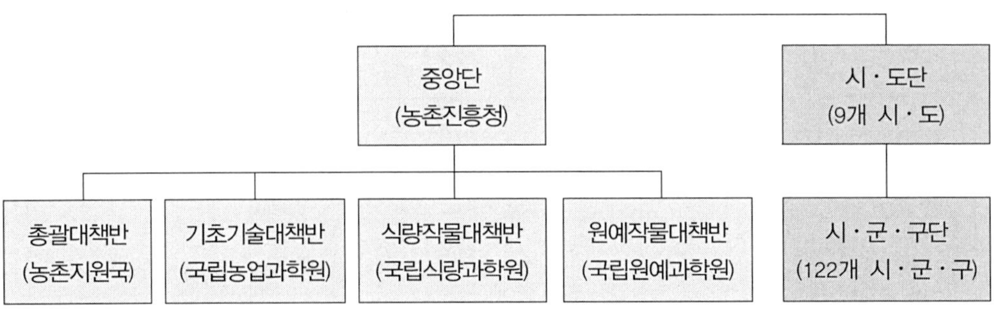

그림 6.2 기관별 모니터링 · 방제 관할지역 및 병해충 모니터링 · 방제단 조직도

검역본부는 식물방역법 제3조 및 제33조에 근거하여 공항 · 항만, 격리재배지역, 수입식물의 재배지역 및 수출식물 재배지로부터 과실파리류의 유입 · 확산을 방지하기 위하여 검역 · 모니터링 · 방제 등 필요한 역할을 수행한다(부록 6). 한편, 우리나라 농경지에 금지급 과실파리류가 발견 · 발생한 경우 이에 대한 대응방식(관리)은 농촌진흥청(이하 진흥청) 농작물병해충 모니터링 · 방제에 관한 규정에 따라 진흥청을 중심으로 한 "통합형 관리"로 기능별 책임기관을 지정하고 그들을 조정, 통제하게 된다. 이러한 상황에서 검역본부의 과실파리류 병해충 모니터링 · 방제 업무추진 절차도는 그림 6-3과 같다.

업무구분	농경지 (농진청)	국립공원 (환경부)	국경 (검역본부)	유적지 (문화재청)	산림 (산림청)	도로 등 기타 (지자체)

업무구분	내용
모니터링조사결과 집계	검역본부
외래·돌발 병해충 / 미기록종	자체동정
분류동정	• 분류동정(검역본부) – 필요시 내·외부 전문가 및 자문
임시조치	• 긴급조치 – 검역본부 식물방제과(총괄) : 긴급조치계획 수립 및 추진 (관련기관통보, 보도자료 배포, 과별 협조요청) – 식물검역과 : 국경 검역강화 조치, 인력·예산 지원 등 – 위험관리과 : 위험도평가, 병해충 정보수집 및 분석 등 – 수출지원과 : 수출입에 미치는 피해상황 및 규모, 외국사례 분석 등 – 지역본부 : 현장조사 및 지원, 필요시 지자체 협조 요청 ※ 정밀모니터링조사지역 설정, 트랩증설 및 모니터링강화, 기주과실조사 등
분포·역학·발생조사	• 역학조사 – 식물방제과:총괄, 지역본부:조사팀구성
위험평가	• 병해충위험평가위원회(농업과학기술원)
대책회의	• 방제대책회의(농진청) 〈내용〉 ① 동정평가 ② 방제방법 ③ 예산 ④ 방제범위
대책본부	병해충 모니터링·방제대책본부(농림축산식품부)
방제명령 및 공고	• 농진청 → 지자체 – 방제명령서 발급, 방제작업 착수 – 유살제 설치 및 살포, 기주식물폐기. 이동제한 등의 규제조치 – 트랩조사 등 모니터링강화, 방제이행상황 관리감독(검역본부, 농진청)
방제지도	• 검역본부 → 농진청 – 검역규제지역설정 및 트랩증설 설치 및 모니터링강화 – 유살제 설치 및 살포, 토양소독처리 – 기주식물 유충 감염여부 조사 및 폐기 – 이동제한 등의 규제조치
결과 보고	• 지자체 → 검역본부, 농진청 → 농식품부 – 트랩조사 후 세대경과 후 발견사항 없음을 보고
예산지원	• 농진청, 지자체 – 물품 구입비용, 차량 및 기동인력 지원, 보상비 지원
방제효과 확인	• 농진청, 검역본부 – 박멸완료(2~3세대경과) 후 최소한 1세대동안 모니터링 후 발견되지 아니한 경우
박멸선언	• 검역본부, 농진청 → 농식품부 – 보도자료 배포

그림 6-3 검역본부 과실파리류 병해충 모니터링·방제 업무추진 절차도

2 금지급 과실파리 예찰 · 방제에 관한 상시 운영체계

2.1 상시예찰 운영체계

검역본부는 식물방역법 제33조 및 같은 법 시행규칙 제37의7에 따라 식물병해충 모니터링조사운영에 관한 세부사항을 정하여 과실파리류 상시 모니터링을 수행한다. 식물방제과는 과실파리류 조기탐지를 위한 모니터링을 위해 매년 "식물병해충 모니터링조사 요령"에 근거하여 과실파리류 조사지, 조사방법 등 구체적인 지침을 작성하여 각 지역본부 · 사무소에 시달한다(부록 7). 각 지역본부 · 사무소는 실제 모니터링조사 계획을 작성하여 운영한다.

2.2 발견 · 발생에 대비한 사전계획 수립 및 자원관리체계

과실파리류의 발견 · 발생 시 많은 인적, 물적 자원이 필요하고 적재적소에 필요한 물품과 인력을 얼마나 적시에 공급하느냐가 효율적인 대응에 많은 영향을 미치게 된다. 이에 사전계획이 중요한 부분이며 이를 위해 발견 · 발생에 대비한 사전준비를 철저히 수립하는 것이 중요하다. 이에 검역본부는 필요한 물자를 검역본부 장 책임하에 체계적으로 관리 및 활용할 수 있도록 하기 위하여 사전계획수립 및 자원관리시스템을 구축 및 운영할 수 있도록 할 필요가 있다.

2.2.1 연락체제구축

- 금지급 과실파리류의 발견 즉시 정확한 행동을 취할 수 있도록 평상시부터 관련 기관 및 대학 · 전문기관 등의 병해충 전문가와 연락 창구를 정리하고 발생 지역에 주지하는 등 연락체제를 구축한다.
- 금지급 과실파리류 발생 후 즉시 발생 조사와 방제 대책을 강구할 수 있도록 미리 생산지, 재배 식물의 종류 및 그 생산량 등의 정보를 수집한다.

2.2.2 자재 및 요원의 확보

- 금지급 과실파리류의 발견 후 즉시 발생 조사와 방제가 마련되도록 대응 가능한 요원의 리스트를 작성한다.
- 금지급 과실파리류의 발생에 대비한 훈련과 방제에 필요한 트랩, 유인제 등의 자재를 확보하도록 노력한다.

2.2.3 정보의 수집 · 공유

- 검역본부 및 관련 기관은 병해충에 관한 학회 등에 참가함으로써 대학 · 연구기관 등의 전문가와 정보를 교환하고 새로운 금지급 과실파리류의 발생 등에 관한 정보를 적극적으로 수집한다.
- 관련 기관은 해외의 금지급 과실파리류의 발생 상황 등을 파악하기 때문에 식물검역 관계 국제기관, 정부 기관 및 학회 등의 보고 및 문헌 등의 정보를 수집하고 필요한 정보를 검역본부와 공유한다.
- 학회, 문헌 등을 통해 수집한 정보를 정리하고 금지급 과실파리류의 방제에 관해서 유익하다고 인정되는 정보를 지역본부 · 사무소 및 관련 기관에 주지한다. 또 지역본부 · 사무소 및 관련 기관은 이러한 정보에 대해서 생산자 등이 필요한 것을 정리하고 제공한다.

2.2.4 분류 · 방제 등의 기술 향상

- 금지급 과실파리류의 분류동정과 방제 등에 관한 연수 등을 적극적으로 개최하는 지역본부 · 사무소 및 관련기관 직원 등의 기술의 향상을 촉진하는 것으로 한다.

2.3 발견 · 발생시 보고체계

2.3.1 상시 모니터링조사 등의 실시

- 지역본부 · 사무소는 금지급 과실파리류 발견을 조기에 파악해야하기 때문에 평상시 모니터링조사를 적극적으로 실시한다.
- 지역본부 · 사무소는 금지급 과실파리류를 조기에 파악해야하기 때문에 발생 모니터링사업 등의 조사 및 생산자의 방제 지도를 통해서 관할하는 지역 내에 서식하고 있는 금지급 과실파리류의 종류나 그 피해 상황 등에 대한 정보를 수집한다.
- 지역본부 · 사무소는 조사 등의 결과 금지급 과실파리류 발견 · 발생의 혐의가 있다고 인정될 때는 지체 없이 그 정보를 공유한다.

2.3.2 발견된 금지급 과실파리류의 동정

- 지역본부 · 사무소는 모니터링조사 등에서 발견된 금지급 과실파리류의 신속한 동정을 한다.
- 발견관할 지역본부 · 사무소는 모니터링조사 등에서 발견된 금지급 과실파리류의 동정을 스스로 하는 것이 어렵다고 판단했을 경우, 신속히 검역본부 또는 대학 · 연구기관 등에 동정을 의뢰한다. 또한 발견관할 지역본부 · 사무소는 대학시험 연구기관 등에 동정을 의뢰한 과실파리류가 금지급 과실파리류일 가능성이 있을 때에는 지체 없이 그 사실을 식물방제과에 보고한다.
- 금지급 과실파리류의 동정 의뢰가 있었을 경우는 가능한 신속하게 동정하고 그 결과를 의뢰가 있던 관할 지역본부 · 사무소에 통보한다. 또한 검역본부는 의뢰가 있는 금지급 과실파리류의 동정을 스스로 하는 것이 어려운 경우에는 대학 · 연구 기관 등에 협조를 요청한다.

2.3.3 발견의 보고

지역본부 · 사무소는 분류동정결과 금지급 과실파리류에 해당한다고 판명한 경우 또는 해당하는 것이 의심될 경우에는 신속하게 금지급 과실파리류의 명칭, 발견한 장소, 발견한 식물 이름 등의 정보를 식물방제과로 보고한다.

2.4 발견 · 발생시 초기대응 체계

2.4.1 경계설정, 발생상황 등의 조사

- 지역본부 · 사무소로부터 보고가 있으면, 검역본부(식물방제과)는 해당 금지급 과실파리류 발생 상황 등의 조사를 신속하게 하도록 지시한다.
- 조사 실시에 임해, 관련 기관의 협력이 필요한 경우에는 지역본부 · 사무소에 관련 기관과 연계하여 조사를 실시하도록 요청한다.
- 지역본부 · 사무소는 요청이 있을 경우 관련 기관과 연계하여 조사를 실시한다.
- 지역본부 · 사무소는 지시가 있은 조사를 실시하고 다음의 항목을 신속하게 보고한다.
  ① 발견 경위
  ② 발생 · 피해식물
  ③ 발생 · 피해 상황(발생 지역, 발생과 피해 면적 등)
  ④ 발생지역 및 그 주변 지역의 숙주(기주)식물의 재배상황(분포)
  ⑤ 발생의 원인(발생피해 식물의 유래 등)
  ⑥ 시료 표본의 보존, 관리 상황
  ⑦ 그외 다른 필요 사항
- 보고를 받은 결과 해당 금지급 과실파리류의 보고가 있었던 지역 이외의 지역에도 발생한 우려가 있어 추가 조사를 실시할 필요가 있다고 판단한 경우에는 지역본부 · 사무소에 추가 조사를 실시하도록 지시한다. 또한 추가 조사 실시에 대해서도 동일한 절차를 준용한다.

2.4.2 방제 등 긴급 조치 실시

- 검역본부는 보고가 있던 금지급 과실파리류에 대해서 그 만연을 방지하기 위한 신속한 대응이 필요하다고 판단했을 경우에는 방제 대책의 결정까지 지역본부 · 사무소에 방제 등 긴급조치로서 농약살포 또는 피해 식물의 제거 등의 방제활동(이하 긴급 조치)을 실시하도록 지시한다.
- 지역본부 · 사무소는 검역본부에서 긴급 조치의 지시가 있었을 경우에는 긴급 조치를 실시하는 재배지 등의 소유자 또는 관리자(이하 소유자 등)에 대한 방제 및 필요성 등을 설명하여 양해를 얻고 방제를 실시한다.
- 검역본부는 긴급 조치의 실시에 임해, 관련 기관의 협력이 필요한 경우에는 관련 기관에 지역본부 · 사무소와 연계하여 방제를 실시하도록 요청한다.
- 관련 기관은 검역본부에서 요청이 있을 경우에는 지역본부 · 사무소와 연계하여 긴급 조치를 실시한다.

3 금지급 과실파리 발견 · 발생시, 예찰 · 방제에 관한 운영체계

금지급 과실파리 발견 · 발생 시 농림축산식품부 국제협력국장이 실장인 대책반을 설치하고 각 기관별로 임무를 수행하게 된다(그림 6-4). 또한 검역본부도 식물방제과장이 실장인 자체 대책반을 설치하고 오리엔탈과실파리 역학조사, 해외 금지급 과실파리 정보수집 및 대책 추진, 검역협상 대응 등의 임무를 수행한다(그림 6-5).

실장 — 정: 국제협력국장 / 부: 식물검역부장

간 사 — 검역정책과장

구분	종합대책반	국내방제반	국경검역반	수급/수출 대책반	홍보대책반
반장	검역정책과장	재해대응과장 (농진청)	식물검역과장 (검역본부)	원예경영과장	홍보담당관
반원	• 농식품부 (검역정책과) • 농진청 • 검역본부	• 농진청 • 산림청 • 검역본부 • 해당 지자체	• 검역본부 • 농진청	• 농식품부(수출진흥과, 원예경영과) • 검역본부	• 농식품부 (대변인실)
주요임무	• 대책실 업무 총괄 • 일일 상황 정리 보고 • 회의준비 등	• 일반재배지 · 수출단지 모니터링 · 방제 추진상황 점검 및 대응 • 전국 분포조사	• 해외 오리엔탈과실파리 정보수집 및 대책 추진 • 검역협상 대응 • 역학조사	• 국내 과수류 수급대책 및 소비 홍보 • 수출대책 추진 • 수출단지에 대한 검역대책 추진	• 보도 · 언론 모니터링

‖ 그림 6-4 ‖ 농림축산식품부 대책본부 조직도

실장	식물방제과장

간 사
○○○

반별	종합대책반(모니터링대응반)	역학조사반	국경검역반	수출대책반	홍보대책반
반장	○○○	○○○	○○○	○○○	○○○
반원	○○○,○○○	○○○,○○○	○○○,○○○	○○○,○○○	○○○,○○○
주요임무	• 일일상황 정리 보고 • 회의준비, 자료 취합 등 • 수출단지모니터링 및 긴급조치	• 방제 추진상황 점검 및 대응 • 역학조사	• 기주식물 검역실적 및 일일상황 정리 • 국경검역 대응 • 국내검역 등	• 검역협상 대응 • 국내 과채류 수출대책 및 소비 홍보 등 • 해외 정보수집 및 대책 추진	• 보도자료 배포 및 언론 대응 등

반 별	세부 업무내용
종합대책반	•「상황실」 업무 총괄 지휘·통제 • 일일 상황 정리 보고 • 언론·브리핑관련 자료 정리 • 회의 준비 및 결과 정리 등 자료 취합 • 기타 타반에 속하지 아니한 사항
역학조사반	• 방제 추진상황 점검 및 대응 총괄 • 농진청 방제 추진상황 협력 •「역학조사」 구성·운영 및 조사계획 수립 추진 • 기타 역학조사 활동에 관한 사항
국경검역반	• 검역대책 수립 추진(국내검역 포함) • 오리엔탈과실파리 기주식물 검역실적 일일상황 정리 • 기타 검역 활동에 관한 사항 • 긴급조치에 관한 사항
수출대책반	•「검역협상팀」 구성·운영 및 대응 • 과채류 수출 대책 및 소비 홍보 총괄 • 과채류 품목별 가격 및 소비동향 파악 • 과채류 수급관련 언론대응 등 • 해외정보 수집 및 대책 추진정보
홍보대책반	• 보도자료 배포 및 언론대응 총괄 • 인터뷰, 브리핑 등 준비 및 대응 • 온라인에 대한 모니터링 및 대응 • 홍보물 배포

‖ 그림 6-5 ‖ 검역본부 대책본부 조직도 및 업무내용

3.1 위험분석의 실시

농촌진흥청은 농작물 병해충 모니터링 · 방제 시행에 필요한 세부사항 추진을 위하여 중앙병해충 모니터링 · 방제단을 구성한다. 중앙병해충 모니터링 · 방제단은 병해충위험평가위원회를 구성하여 금지급 외래해충인 금지급 과실파리에 대해서, 조사에서 얻은 정보 및 관련 자료에 근거하여 국내의 유용한 식물에 대한 위험분석 또는 재분석을 실시한다. 병해충위험평가위원회는 위험분석의 실시에 있어 필요에 따라서 대학 · 연구 기관 등의 병해충 등의 전문가로부터 의견을 청취한다.

3.2 방제 대책의 결정 실시

3.2.1 병해충 모니터링 · 방제대책회의 개최

- 중앙병해충 모니터링 · 방제단은 금지급 과실파리 조사 및 위험분석의 결과를 토대로 발생한 오리엔탈과실파리에 대해서 긴급 방제 등의 특별한 방제가 필요한 것으로 판단한 경우에는 그 방제 대책을 검토하기 위한 병해충 모니터링 · 방제대책회의(이하 모니터링 · 방제대책회의)를 개최한다.
- 모니터링 · 방제대책회의에는 발생한 금지급 과실파리에 관한 학식 경험자 및 관계 기관의 담당자 등을 소집한다.
- 모니터링 · 방제대책회의에서는 발생한 금지급 과실파리에 대해서 조사 및 동 해충 위험분석 등의 정보를 바탕으로 다음 항목을 분석 및 평가를 실시하는 방제 대책을 검토하는 데 필요한 기초적 정보를 정리하고 구체적인 방제 대책 방안을 정리한다.
  ① 발생(피해 상황), ② 숙주(기주)식물의 분포 · 생산 · 유통 상황 및 지리적 환경 조건, ③ 조사 · 방제 등에 필요한 기술의 선택, ④ 조사 · 방제 등에 필요한 비용 및 그 방제효과, ⑤ 잠재적 만연 능력 및 만연 예상 속도, ⑥ 만연한 예상되는 미래적인 경제적 손실(국내산 농산물 수출과 관련 산업의 영향 등을 포함), ⑦ 필요한 인원 및 설비의 확보, ⑧ 발생 감시 등의 조사에 필요한 비용, ⑨ 지역 환경 영향, ⑩ 기타 필요한 사항

3.2.2 방제 대책의 결정

중앙병해충 모니터링 · 방제단은 모니터링 · 방제대책회의에서 정리된 방제 대책 방안을 바탕으로, 다음의 방제 조치의 적용이 필요하다고 판단했을 경우에는 신속하게 발생한 금지급 과실파리 방제대책을 결정한다.

① 이동의 제한 ② 이동을 금지 ③ 긴급 방제 ④ 방제에 관한 권고 ⑤ 금지급 과실파리 담당의 사무에 관한 지시 ⑥ 이외에 발생한 금지급 과실파리 방제를 위한 필요한 조치

3.2.3 방제 실시

중앙병해충 모니터링 · 방제단은 결정된 방제 대책에 대한 "금지급 과실파리 모니터링 · 방제 사업 지침(안) (부록 8)"을 마련하여 검역본부 등 관련 기관에 대해서 신속하게 실시하도록 지시한다(그림 6-6).

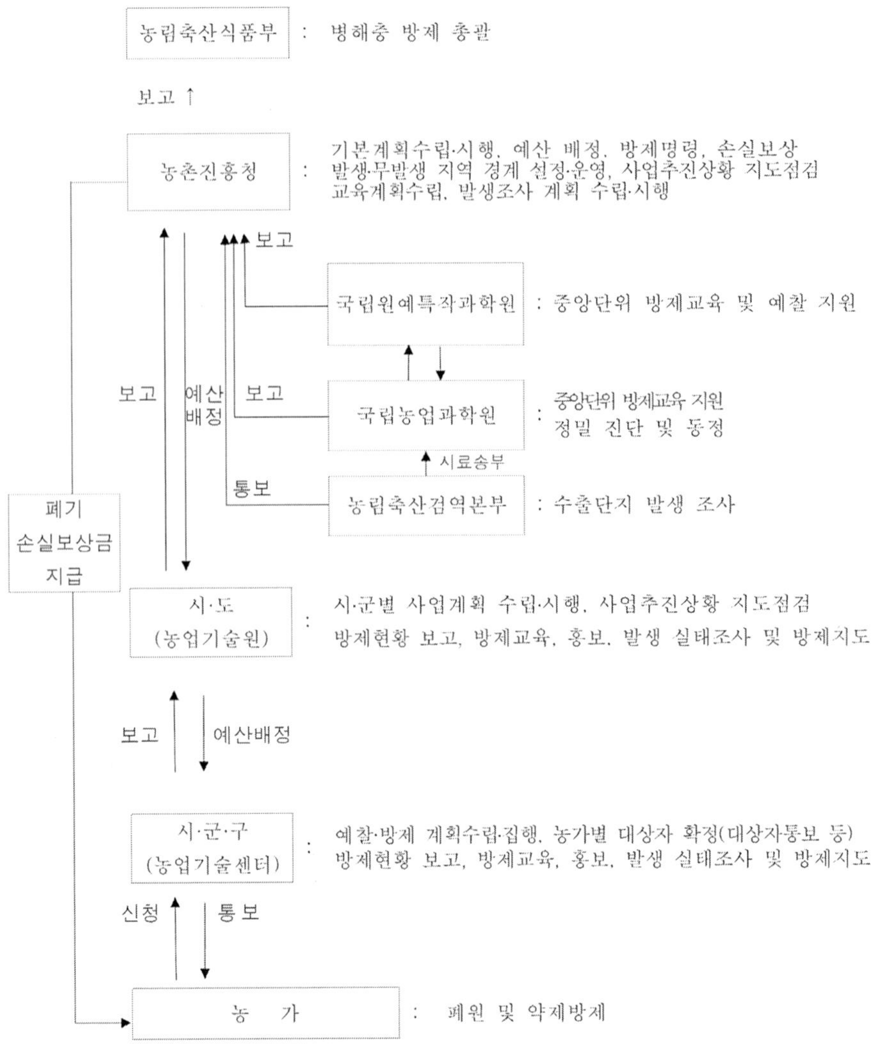

그림 6-6 방제 업무수행 체계 및 기관별 역할 절차도

3.2.4 방제 대책의 평가 및 방제의 재검토

중앙병해충 모니터링 · 방제단은 방제의 개시 후 방제 대상으로 금지급 과실파리 발생 상황 등에 큰 변화가 있을 경우는 필요시 대책 모니터링 · 방제대책회의를 개최하고 강구하고 있는 방제 대책의 평가를 한다. 평가에 근거한 방제 대책을 재검토 할 필요가 있다고 판단한 경우에는 다시 방제 대책을 결정할 수 있으며, 한편 방제 대책의 지속이 필요 없다고 판단했을 경우에는 방제의 종료를 결정한다.

3.3 발생의 공표 및 보고

농림축산식품부 및 관련 기관은 금지급 과실파리 발생이 인정되는 경우에는 발생 사실 및 피해 상황이나 방제 대책 등의 정보를 필요에 응하고 공표한다. 농림축산식품부(검역본부)는 금지급 과실파리 발생이 인정된 때는 필요시 식물검역조치에 관한 국제 기준에 근거한 관련국들의 정부기관 등에 보고하며, 방제 대책으로 해당 금지급 과실파리의 박멸 등을 확인했을 때는 국제 기준에 근거한 관련국들의 정부 기관 등에 필요한 보고한다.

3.4 기타

농림축산식품부는 방제 대책 및 수입검역 조치의 재검토 등을 실시하기 위해서 필요한 관계 법령의 제정 또는 개정한다. 또한 금지급 탈과실파리의 방제에 해당하는 관계 기관이 이용 가능한 예산확보에 힘쓴다. 방제가 끝난 뒤 해당 금지급 과실파리에 대한 일련의 대응을 기록하고 일정 기간 보존한다. 특히 국내 농업에 심각한 피해를 주는 것이 분명한 금지급 과실파리에 대해서 상시 및 발생 시에서 강구해야 할 조치를 정한 대응지침을 정하거나 기존 대응지침을 수정 · 보완한다.

4 대국민 방제(박멸) 홍보 및 행정

4.1 공공기관의 업무

어떤 방제(박멸)캠페인에서도 정치인, 관련그룹 즉 환경운동가, 정부기관, 농민, 수출자, 일반 국민의 도움이 반드시 필요하다. 무엇보다도 공개되는 정보는 분명해야하며, 투명하고 단순하고 그리고 기술적으로 복잡하지 않고 명확해야 한다. 일반 대중이 방제(박멸)프로그램의 목적과 과정에 대한 인식이 정립되도록 하여야 하며, 이를 위해서는 방제(박멸)프로그램의 대변인을 국민과 국가기관에 잘 알려지고 높은 이력을 가진 사람으로 하는 것이 도움이 될 것이다.

4.2 현장(조사)담당자의 준수사항

홍보 업무는 현장(조사)담당자의 임무인 조사의 중요한 일부분이다. ① 일관성 있게 보여야 되고 빈번히 일반 대중과 접촉해야 한다 ② 항상 정중해야 한다 ③ 장기적인 대화는 피해야 하며 업무관련 짧고 따뜻한 대화가 바람직하다 ④ 방제(박멸)프로그램관련 논쟁을 벌여서는 안 된다.

현장(조사)담당자는 검역본부 등 관련 공공기관을 대표하고 일반 대중의 감시 속에 그 기관의 이미지를 형성한다. 일반 대중에게 좋은 인상을 만들기 위해 복장, 개인적 외모, 그리고 행동을 적절히 해야 한다. ① 현장 조사 시 반드시 관복을 입는다. 단, 관복이 없는 담당자는 단정하게 복장을 한다 ② 신분확인 명찰은 매일 근무시간 동안 쉽게 신분확인을 위하여 가슴에 착용한다 ③ 처음 개인 소유지에 들어갈 때, 항상 소유자 또는 관리인에게 항상 연락을 시도하며 업무를 간략하게 설명하고 트랩을 설치하기 위한 허락을 요청한다.

부록 6 [농림축산식품부] 병해충 모니터링·방제대책본부 운영지침

농림축산식품부 훈령 제230호

「병해충예찰, 방제대책본부 운영지침」을 다음과 같이 개정합니다.

2016년 10월 4일

농림축산식품부장관

병해충예찰, 방제대책본부 운영지침

제정 2012. 9.14 농림수산식품부 훈령 제327호

개정 2013. 10.7 농림축산식품부 훈령 제89호

개정 2016. 10.4 농림축산식품부 훈령 제230호

제1조 【목적】 이 지침은 식물방역법 제 31조의4 및 같은 법 시행령 제3조의2에 따른 병해충예찰·방제단 지원 등을 위하여 농림축산식품부에 설치하는 병해충예찰· 방제대책본부 (이하"병해충대책본부"라 한다)의 구성 및 운영에 관한 세부사항을 정함을 목적으로 한다.

제2조 【시기】 병해충대책본부는 다음 각 호의 경우에 설치한다.

1. 병해충으로 인하여 농산물 수급 및 가격에 중대한 영향을 미칠 우려가 있을 경우
2. 관계 중앙행정기관과의 병해충 예찰·방제에 대한 협조체계 구축이 필요한 경우
3. 그 외 장관이 병해충대책본부의 설치를 지시한 경우

제3조 【구성】 ① 병해충예찰·방제대책본부장(이하"병해충대책본부장"이라 한다.)은 차관이 부본부장은 국제협력국장이 되고, 총괄반, 농경지반, 산림반, 국경반을 둔다.

② 총괄반장은 농림축산식품부 검역정책과장, 농경지반장은 농촌진흥청재해대응과장, 산림반장은 산림청 산림병해충방제과장, 국경반장은 농림축산검역본부 식물방제과장으로 한다.

③ 각 반장은 기구표를 참고하여 필요한 반원을 정하거나 지원을 요청할 수 있다.

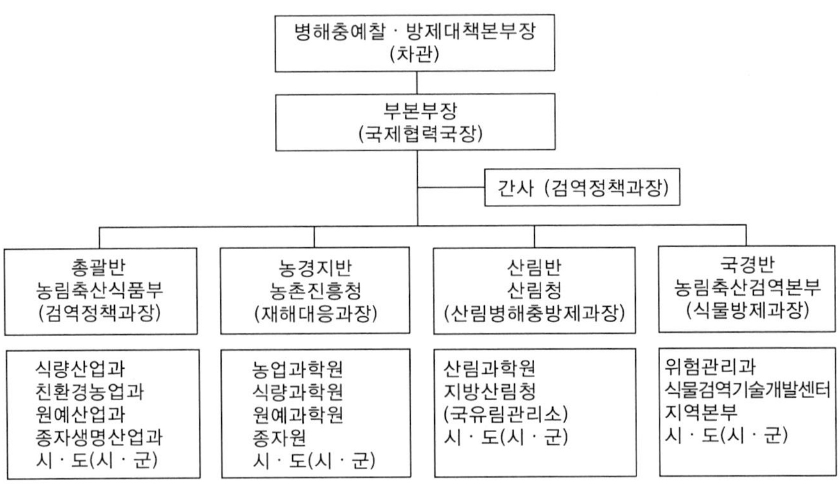

제4조 【임무】 ① 병해충대책본부는 다음 각 호의 임무를 수행한다.

1. 병해충 예찰·방제에 관한 정책수립
2. 병해충 예찰·방제계획 수립의 총괄·조정
3. 관계 중앙행정기관과의 병해충 예찰·방제에 대한 협조체계 구축
4. 중앙 및 지방 병해충 예찰·방제당의 지원
5. 그 밖에 병해충대책본부장이 정한 사항

② 병해충대책본부장은 제1항의 임무를 총괄·지휘한다.

제5조 【운영방법】 ① 병해충대책본부 설치시에는 각 반장이 소속한 기관에서 총괄반, 농경지반, 산림반, 국경반을 편성·운영한다.

② 총괄반은 병해충대책본부 운영 종료시까지 농경지반, 산림반, 국경반에서 각1명씩 파견을 받아 운영한다.

③ 총괄반장은 농경지반, 산림반 국경반의 병해충 예찰·방제 실적을 보고하게 하거나 현지확인 등을 요구할 수 있다.

부칙 〈제89호, 2013.10.7〉

제1조 【시행일】 이 훈령은 발령한 날부터 시행한다.

제2조 【재검토 기한】 「훈령·예규 등의 발령 및 관리에 관한 규정」(대통령훈령 제248호)에 따라 이 훈령 발령 후의 법령이나 현실여건의 변화 등을 검토하여 이 훈령의 폐지, 개정 등의 조치를 하여야 하는 기한은 2016년 10월 6일까지로 한다.

부칙 〈제230호, 2016.10.4〉

이 훈령은 발령한 날부터 시행한다.

부록 7 [농촌진흥청] 농작물병해충 모니터링 · 방제에 관한 규정

농작물 병해충 예찰 · 방제에 관한 규정

[시행 2013.6.24] [농촌진흥청고시 제2013-20호, 2013.6.24, 일부개정]
농촌진흥청(재해대응과), 063-238-1046

제1장 총칙

제1조 【목적】 이 규정은 식물방역법 시행령 제3조의3과 제6조, 같은 법 시행규칙 제39조의2와 제48조에서 위임한 농작물 병해충 예찰 · 방제 시행에 필요한 세부사항을 정함을 목적으로 한다.

제2조 【정의】 이 규정에서 사용하는 용어의 뜻은 다음과 같다.

1. "병해충 분류동정"이란 병해충의 예찰과정 등에서 발견된 농작물 병해충(이하 "병해충"이라 한다)의 종명 및 계통을 밝히는 것을 말한다.
2. "병해충 위험 평가"란 병해충 분류동정을 담당하는 기관에서 분류동정이 끝난 병해충의 국내 분포 · 국내자생 · 침입여부 등을 확인하고 생태적 특성과 농작물에 대한 예상 피해 정도 등을 고려하여 방제의 필요성을 평가하는 과정으 말한다.
3. 외래병해충이란 국내에 분포기록이 없는 병해충으로서 지리적 분포 등을 고려할 때 외국으로부터 침입되었다고 판단되는 병해충을 말한다.
4. "돌발병해충"이란 기후변화, 작부체계 다양화 등 환경변화 때문에 돌발적으로 발생하여 농작물에 피해를 주는 토착 또는 외래 병해충을 말한다.
5. "국내 미기록 병해충"이란 국내에 분포기록이 없는 병해충으로서 지리적 분포 등을 고려할 때 외국으로부터의 침입 여부가 불확실한 병해충을 말한다.
6. "공적방제"란 식물방역법(이하"법"이라 한다) 제31조 및 제36조에 따라 농촌진흥청이나 특별시장 · 광역시장 · 특별자치시장 · 도지사 또는 특별자치도지사(이하 "시 · 도지사"라 한다) 가 해당 병해충의 확산을 저지하기 위하여 시행하는 방제를 말한다.

제3조 【적용범위】 병해충의 예찰 및 방제업무에 관하여 다른 법령에 특별한 규정이 있는 경우를 제외하고는 이 규정이 정하는 바에 따른다.

제2장 병해충예찰 · 방제단

제4조 【병해충예찰 · 방제단의 구성】 ① 농촌진흥청은 법 제31조의4와 같은 법 시행령(이하"영"이라 한다) 제3조의3에 따라 중앙병해충예찰 · 방제단(이하"중앙예찰 · 방제단"이라 한다)을 둔다.

② 중앙예찰 · 방제단에는 단장 1명을 두고, 농촌지원국장이 단장이 되며, 예찰과 방제업무를 수행하기 위하여 2명 이상으로 구성된 총괄대책반을 둔다.

③ 중앙예찰 · 방제단의 예찰과 방제 업무를 지원하기 위하여 농촌진흥청의 소속기관 (국립농업과학원, 국립식량과학원, 국립원예특작과학원)에는 각각 2명 이상으로 구성된 대책반을 두며, 소속기관의 장은 대책반의 업무를 전담하는 전문연구실을 설치할 수 있다.

④ 특별시 · 광역시 · 특별자치시 · 도 · 특별자치도에는 법 제31조의4제2항과 영 제3조의3제3항에 따라 시 · 도 병해충예찰반과 방제반을 설치할 수 있다.

⑤ 시 · 군 · 자치구에는 법 제31조의4제2항과 여 제3조의3제3항에 따라 시 · 군 · 구병해충예찰 · 방제단(이하"시 · 군 · 구예찰 · 방제단"이라 한다)을 두고 시 · 도예찰 · 방제단과의 원활한 업무협조를 위하여 예찰반과 방제반을 설치할 수 있다.

⑥ 중앙예찰 · 방제단의 총괄대책반 밑 소속기관 대책반, 시 · 도예찰 · 방제단, 시 · 군 · 구예찰 · 방제단에는 예찰과 방제업무 보조를 위한 전문예찰요원을 둘 수 있다.

⑦ 농작물 병해충예찰 · 방제 체계 및 병해충예찰 · 방제단의 구성 요약은 별표 1과 같다.

⑧ 제1항부터 제6항 이외에 시 · 도예찰방제단과 시 · 군 · 구예찰방제단 구성 및 운영 등에 필요한 사항은 해당 지방자치단체가 조례로 정한다.

제4조의2 【예산의 지원】

제5조 【병해충예찰 · 방제단의 역할】 ① 제4조 제1항에 따른 중앙예찰 · 방제단의 임무는 다음 각 호와 같다.

1. 국가적인 병해충 예찰 · 방제계획 수립
2. 병해충 예찰 · 방제 추진 및 지도 · 점검
3. 시 · 도 예찰 · 방제단에 대한 예산 · 기술 지원
4. 지방자치단체와의 예찰 · 방제 협조체계구축
5. 방제비 지워, 손실보상 등에 관한 업무
6. 병해충의 분류동정, 위험평가, 정보분석, 기술개발

② 제4조 제4항에 따른 시 · 도예찰 · 방제단의 임무는 다음 각 호와 같다.

1. 해당 지역의 병해충 예찰 · 방제계획 수립
2. 해당 지역의 병해충 예찰 · 방제 실행 및 지도 · 점검
3. 시 · 군 · 구병해충예찰 · 방제단에 대한 예산 · 기술 및 지원
4. 방제 비용의 부담, 손실보상 및 생계안정비용 등에 관한 업무
5. 병해충 예찰 · 방제 기술개발

③ 제4조제5항에 따른 시 · 군 · 구 예찰 · 방제단의 임무는 다음 가 호와 같다.

1. 해당 지역의 병해충 예찰 시행, 방제 집행 및 보고
2. 시 · 군 · 구 예찰 · 방제단의 예산 집행
3. 방제 비용의 부담, 손실보상 및 생계안정비용 등의 집행

제6조 【병해충 전문교육】 농촌진흥청장 및 각 도와 특별자치도의 농업기술원장은 병해충 예찰 · 방제 업무 관련자를 대상으로 병해충 예찰 · 방제기술, 병해충진단 및 관련 장비 활용기술, 병원균 · 해충 분류 동정 등의 전문교육을 주기적으로 실시하여야 한다.

제3장 병해충예찰 · 방제대책회의

제7조 【병해충예찰 · 방제대책회의 구성】 ① 중앙예찰 · 방제단장은 영 제3조의3, 제6조제1항에 따른 병해충 예찰 · 방제에 관한 주요사항을 결정하기 위해 병해충예찰 · 방제대책회의(이하"대책회의"라 한다)를 구성할 수 있다.

② 대책회의에는 의장(이하"의장"이라한다) 1명을 두며, 의장은 중앙예찰· 방제단장이 된다.

③ 대책회의 당연직은 7명으로 하며 다음 가 호의 사람이 된다.

1. 농촌진흥청의 재해대응과장, 연구운영과장, 운영지원과장, 국립농업과학원의 작물보호과장, 국립식량과학원의 작물환경과장, 국립원예특작과학원의 원예특작환경과장

④ 대책회의 위촉직은 다음 각 호의 사람으로 한다.

1. 대책회의에서 결정할 주요사항과 관련된 해당 시·도 예찰·방제단장이나 시·군·구 예찰·방제단
2. 의장이 추천하는 병해충 관련 전문가 5명이내
3. 기타 의장이 위촉하는 사람

제8조 【병해충예찰·방제대책회의 임무】 대책회의는 다음 각 호에 관한 사항을 결정한다.

1. 법 제31조에 따른 해당 외래 병해충과 돌발병해충에 대한 방제여부
2. 법 제32조제5항에 따른 긴급방제 여부
3. 법 제36조제1항 각 호에 따른 방제 명령
4. 법 제37조의2제1항 단서에 따른 식물 등이 파묻힌 토지의 발굴 허가
5. 법 제39조제1항 및 제2항에 따른 방제약제의 확보, 양도, 약제 구입비 보조
6. 기타 의장이 필요하다고 판단하는 사항

제9조 【병해충예찰·방제대책회의 운영】 ① 의장은 매년 정기 대책회의를 소집하고 필요에 따라 수시로 대책회의 를 소집할 수 있다.

제10조 【병해충위험평가위원회의 구성】 ① 제19조 병해충의 위험평가를 위하여 국립농업과학원에 병해충위험평가위원회(이하"위원회"라 한다)를 둔다.

② 위원회에는 위원장 1명을 두며, 위원장은 농산물안전성부장이 된다.

③ 위원회의 당연직 위원은 농촌 진흥청의 재해대응과장, 국립농업과학원의 작물보호과장, 국립식량과학원의 작물환경과장, 국립예특작과학원의 원예특작환경과장으로 한다.

④ 제3항의 당연직 위원 이외에 다음 각 호의 사람을 위원으로 추가하여 위원회를 구성할 수 있다.

1. 농촌진흥청 및 소속기관의 식물방제관, 농림축산검역본부의 식물검역관
2. 위원장이 추천한 병해충 관련 전문가 5명 이내

⑤ 위원장은 매년 상반기, 하반기에 각각 정기 위원회를 소집하고 필요에 따라 수시로 위원회를 소집할 수 있다.

제5장 병해충예찰

제11조 【예찰계획의 수립】 법 제33조제1항에 따라 농촌진흥청장, 시·도지사는 매년 다음 각 호의 사항이 포함된 병해충 예찰 계획을 수립·시행하여야 한다.

1. 예찰 대상 병해충 : 법 제23조제3항의 방제 기본지침에서 정하는 해충과 제33조제1항에 따라 농촌진흥청장 또는 시·도지사가 농산물에 중대한 피해를 일으킬 우려가 있다고 인정하는 병해충
2. 예찰내용 및 방법 등 : 농촌진흥청의 농작물병해충예찰·방제요강(이하"농작물예찰·방제요강"이라 한다)

제12조 【병해충 예찰포장 지정 및 운영】 ① 중앙예찰·방제단장은 필요하면 농촌진흥청 소속기관에 해당작물 병해충 예찰포를 지정하여 운영할 수 있다.

② 시·도 예찰·방제단장과 시·군·구 예찰·방제단장은 농작물예찰·방제요강에 따라 예찰포 및 관찰포를 지정하여 운영하여야 한다.

제13조 【병해충 예찰결과의 보고】 중앙 예찰·방제단, 시·도 예찰·방제단, 시·군·구 예찰·방제단은 법 시행규칙(이하"시행규칙"이라 한다) 제37조의 7의 조사지역에서 예찰을 실시하고 조사 직후 그 결과를 농촌진흥청의 국가농작물병해충관리시스템에 입력하여 보고하여야 한다.

제14조 【외래병해충 또는 국내 미기록 병해충 발견 시 보고 등】 ① 중앙 예찰·방제단, 시·도 예찰·방제단, 시·군·구 예찰·방제단은 외래 병해충 또는 국내 미기록 병해충으로 의심되는 병해충을 발견한 때나 제14조의제2항에따른 신고서를 접수하였을 때에는 바로 국립농업과학원장에게 분류동정을 요청하여야 한다.

② 제1항의 요청에는 발견된 외래병해충 또는 국내 미기록 병해충의 표본이나 사진, 발견일자, 발견지역, 발견기주, 발생상황 및 기타 참고사항이 포함되어야 한다.

제15조 【병해충 분류동정】 ① 국립농업과학원장은 제14조의 요청이 있으면 바로 발견 병해충에 대한 분류동정을 하여야 한다.

② 국립농원과학원장은 제1항의 분류동정 결과 외래병해충 또는 국내 미기록 병해충이면, 그 사실을 농촌진흥청장에게 보고하여야 하며 신속하게 역학조사가 이루어 질 수 있도록 농림축산검역본부장에게도 통지하여야한다. 다만, 국내 미기록 병해충은 법상 금지병해충 또는 관리병해충에 준한 위험이 있다고 판단되는병해충에 한한다.

③ 농촌진흥청장은 제2항에 해당하는 병해충에 대해 농림축산식품부장관과 시·도지사에게 보고하거나 통보하여야한다.

제16조 【임시조치】 중앙예찰·방제단장 또는 제15조제3항의 통보를 받은 시·도예찰·방제단장은 해당 병해충의 확산방지를 위해 공적방제 추진 여부를 결정할 때까지 약제 살포 등의 임시조치를 취하여야 한다. 이 경우 임시조치에 필요한 비용은 공적방제 담당기관에서 지원할 수 있다.

제17조 【병해충 발생정보 발표】 중앙예찰·방제단장은 제13조, 제15조에 따른 예찰 및 분류동정 결과를 토대로 필요에 따라 해당 병해충의 발생정보를 발표할 수 있다.

제18조 【분포조사 등】 ① 농촌진흥청장은 시행규칙 제37조의5에 따라 해당 병해충의 분포조사 계획을 수립하여 시·도지사에게 통보하여야 한다.

② 제1항에 따른 병해충 분포조사 계획을 통보받은 시·도지사는 바로 자체실정에 맞는 세부 분포조사 계획을 수립·시행하고 그 조사결과를 농촌진흥청장에게 보고하여야 한다.

③ 농촌진흥청장은 제1항의 병해충에 대하여 필요에 따라 역학조사를 실시할 수 있다.

제19조 【위험평가】 ① 국립농업과학원장은 제15조제2항의 병해충에 대하여 위원회를 개최하여 해당 병해충에 대한 위험평가를 하여야 한다.

② 제1항의 병해충 위험평가에는 다음 각 호의 사항이 포함되어야 한다.

1. 발견 병해충의 외래병해충 여부
2. 발견 병해충의 생리·생태적 특성
3. 발견 병해충으로 말미암은 예상 피해 정도

4. 긴급방제 추진의 필요성과 방제방법 등

③ 병해충위험평가위원장은 제18조에 따른 분포조사 및 역학조시 결과를 병해충 위험평가에 반영할 수 있다.

④ 병해충위험평가위원장은 병해충 위험평가가 완료된 때에는 그 결과를 농촌진흥청장에게 보고하여야 한다. 다만, 발견된 때에는 병해충이 국내에 분포하거나 식물에 대한 피해가 크지 않고 방제가 쉬운 병해충으로 평가된 경우에는 그러하지 아니한다.

제6장 병해충 방제

제20조 【방제계획의 수립】 ① 법 제31조의4 및 영 제3조의3에 따라 농촌진흥청장, 시·도지사는 매년 다음 각 호의 사항이 포함된 「병해충 방제 계획」을 수립·시행하여야 한다.

1. 방제의 기본방향
2. 방제 대상 지역 및 일시
3. 방제 대상 병해충의 종류
4. 구체적인 방제의 내용과 공동방제 등 그 밖에 방제에 필요한 사항

② 농촌진흥청장, 시·도지사는 법 제32조 제5항에 따라 긴급하게 방제할 필요가 있으면 긴급방제 계획을 수립하여 시행하여야 한다.

③ 시·도지사가 긴급방제를 할 때에는 긴급방제계획의 내용과 시행 결과를 농촌진흥청장에게 보고하여야 한다.

제21조 【방제명령 등】 ① 제 8조 및 법 제32조에 따라 농촌진흥청장 또는 시·도지사는 해당 병해충에 대하여 바로 방제명령을 하는 등 공적방제를 수행하여야 한다.

② 농촌진흥청장 또는 시·도지사는 법 제36조2항에 따라 긴급방제를 하려면 시행규칙 제38조의 별지 제28호 서식에 따른 방제명령서를 방제대상 식물 등의 소유자 또는 대리인에게 미리 발급하여야 한다.

③ 제2항의 긴급방제 이외에 공적방제를 할 때에도 시행규칙 제38조의 별지 제28호 서식에 따른 방제명령서를 준용한다.

④ 농촌진흥청장 또는 시·도지사는 공적방제를 하려는 때에는 방제시행 14일 전에 다음 각 호의 사항을 공고하여야 한다. 다만, 긴급방제는 그러하지 아니한다.

1. 방제 지역 및 기간
2. 방제의 내용
3. 방제의 내용
4. 그 밖에 방제에 필요한 사항

⑤ 농촌진흥청장 또는 시·도지사는 공적방제나 긴급방제를 할 때에는 식물 방제관으로 하여금 방제현당에 입회, 지도 및 감독하도록 하여야 한다. 또한, 농림축산검역본부가 예찰한 병해충을 공적방제 할 때에는 식물검역관이 참석할 수 있도록 자료를 제공하여야 한다.

제22조 【방제요령】 병해충별 적용약제와 사용방법을 따른다. 다만, 적용약제가 등록되지 않았을 때에는 제3장의 대책회의에서 유사한 병해충이나 외국의 사례, 시험연구결과나 관련 전문가의 의견 등을 고려하여 결정한다.

제23조 【공적방제 대상식물에 대한 소독 · 폐기방법】 ① 공적방제 식물 등에 대한 소독이 필요할 때는 수출입식물 검역소독처리규정의 식물검역소독처리기준을 준용한다.

② 공적방제 대상 식물에 대한 폐기 방법은 다음 각 호의 어느 하나와 같다.

1. 매몰 : 발생포장 또는 그 인근의 토지(수원지 또는 하천 인근이 아닌 장소에 한한다)에 구덩이를 파고 식물을 투입한 후 중간 및 상단부에 식물류 1톤당 생석회 40kg을 살포한 후 60cm 이상 흙을 덮는다.
2. 소각 : 폐기물관리법 제2조에 따른 폐기물 처리시설에서 소각한다. 다만, 폐기물 처리 시설을 이용하기에 적합하지 않을 때에는 식물 방제관이 지정한 장소에서 소각할 수 있다.
3. 증열처리 : 100℃ 이상의 끓는 물에 1시간 이상 증열 처리한다.
4. 가공처리 : 방제대상 병해충이 완전히 사멸될 수 있다는 과학적 근거가 있고 수일 내의 단기간에 많은 물량을 처리할 가공방법이 있으면 그 방법으로 가고 처리할 수 있다.

③ 제1항 또는 제2항 규정하였음에도 농작물예찰 · 방제요강에 별도의 소독 · 폐기방법이 정해져 있으면 그 방법을 따르거나 방제대상 병해충 또는 식물의 생리 · 생태적 특성상 별도의 소독 · 폐기가 필요하다고 판단되면 특정 방법에 따를 수 있다.

제24조 【공동방제】 시 · 도지사는 법 제35조에 따라 방제를 공동으로 하는 것이 효율적이라고 인정하면 관할구역에서 공동방제를 할 수 있다.

제25조 【방제결과 보고】 시 · 도지사가 법 제36조의 방제명령을 하였을 때는 방제 완료 후 바로 그 결과를 농촌진흥청장에게 보고하고 국가농작물병해충관리시스템에 입력하여야 한다. 다만, 명령 이행기간이 수년에 걸친 경우에는 매 연도별로 이행사항을 보고하여야 한다.

제26조 【방제효과 확인】 농촌진흥청장은 제25조에 따른 방제결과를 보고를 받은 때에는 폐기 또는 약제 살포 등의 효과를 확인하여야 한다.

제27조 【토지의 발굴허가】 ① 시행규칙 제39조의2제1항의 발굴 금지기간 내에 토지를 발굴하려는 자는 별지 제1호 서식의 식물 등이 파묻힌 토지 발굴 허가 신청서(이하"신청서"라 한다)를 토지의 소재지를 관할하는 시장 · 군수 · 구청장을 통하여 농촌진흥청장 또는 시 · 도지사에게 제출하여야 한다.

② 농촌진흥청장 또는 시 · 도지사는 다음 각 호의 사항을 검토하영 그 허가 여부를 결정하고 신청인에게 통보하여야 한다.

1. 발굴하였을 때 병해충의 확산 가능성의 여부
2. 파묻힌 식물 등의 발굴 방법
3. 발굴된 식물 등의 처리 방법
4. 기타 해당 병해충 확산 방지를 위한 사항 등

③ 발굴허가를 받은 자는 파묻힌 식물 등을 안전하게 발굴하고 해당 병해충의 확상 방지를 위한 계획을 준수하여 처리하여야 한다.

④ 농촌진흥청장 또는 시 · 도지사는 발굴이 허가된 토지의 병해충 관리를 위하여 소재지 관할 시장 · 군수 · 구청장에게 관련 서류의 제출을 요구하거나 관계공무원으로 하여금 현지에 출장하여 발굴 이행사항을 확인하거나 관리하도록 할 수 있다.

제7장 명예 식물감시원의 운영

제28조 【명예 감시원의 구성】 농촌진흥청 (소속기관을 포함한다) 또는 각 도의 농업기술원이나 각 시군의 농업기술센터(이하 "농촌진흥기관"이라 한다)는 시행규칙 제48조제1항 각 호의 어느 하나에 해당하는 사람 중에서 지역여건 등을 감안하여 적정 인원으로 명예 식물 감시원(이하 "명예 감시원"이라 한다)을 구성할 수 있다.

제29조 【명예 감시원의 신청】 ① 명예감시원은 시행규칙 제48조제1항의 단체 등의 장으로부터 추천을 받거나 명예 감시원을 희망하는 자의 신청을 받아 농촌진흥청장이 위촉한다.

② 소속단체의 직원이나 회원을 명예 감시원으로 추천하고자 하는 단체의 장이나 명예 감시원을 희망하는 자는 별지 제2호 서식의 명예감시원 추천(신청)서를 작성하여 관할지 농촌진흥기관의 장에게 신청한다.

제30조 【명예 감시원의 위촉】 ① 농촌진흥청장은 제29조제2항의 신청을 받으면 자격요건 및 임무수행을 위한 활동에 적합한지를 판단하여 명예 감시원으로 위촉하여야 한다.

② 제1항에 따라 위촉한 때에는 별지 제5호 서식지의 명예 식물감시원증 발급대장에 기록한 후 별지 제3호 서식에 의한 위촉장과 별지 제4호 서식에 의한 명예 식물감시원증을 발급하여야 한다.

③ 명예감시원의 위촉기간은 위촉일로부터 3년으로 하며, 특별한 사유가 없는 경우 위촉기간 만료 후에 다시 위촉할 수 있다.

제31조 【명예 감시원의 위촉】 ① 명예 감시원은 명예 식물감시원 추천(신청)서의 활동지역을 관할하는 농촌진흥기관의 장이 관리한다.

② 농촌진흥기관의 장은 위촉한 명예 감시원을 대상으로 역할과 임무, 예찰 및 신고요령 등 효율적인 감시 업무 수행에 필요한 교육을 할 수 있다.

③ 농촌진흥기관의 장은 명예 감시원의 활동내용을 별지 제6호 서식의 명예 감시원의 활동실적 대장이나 같은 서식에 따라 전자적 방법으로 관리하여야 하며 자치단체의 농촌진흥청장에게 보고하여야 한다.

제32조 【명예 감시원의 위촉】 ① 농촌진흥기관의 장은 필요한 경우 식물방제관 등 관계공무원의 병해충 예찰활동 · 분포조사 · 방제활동 · 단속활동 등에 명예 감시원을 참여하게 할 수 있다.

② 농촌진흥기관의 장은 시행규칙 제48조에 따른 명예 감시원의 신고 또는 정보제공이 있으면 바로 이를 확인하는 등 필요한 조치를 하여야 한다.

제33조 【활동수당 지급】 ① 명예감시원이 다음 각 호 중 어느 하나의 활동을 하였을 때에는 예산의 범위 내에서 1일 50,000원 한도 내에서 활동수당을 지급할 수 있다.

1. 시행규칙 제48조 제3항의 임무 수행
2. 제31조 제2항의 교육에 참석
3. 제32조 제1항의 활동에 참석

② 제1항에 따른 활동수당 지급은 1일 4시간 이상의 활동에 한하여 1인당 연50일 범위 안에서 지급하며, 홍보 · 계몽 등의 활동은 농촌진흥기관의 장이 계획을 수립하여 추진한 때에만 지급할 수 있다.

③ 명예 감시원에게 활동수당을 지급하는 경우에는 명예 감시원으로부터 활동결과를 받아야 하고 활동비 지급 관련 증빙서류를 보관하여야 한다.

제34조 【명예 감시원의 해촉】 ① 농촌진흥청장은 위촉한 명예 감시원이 다음 각 호의 어느 하나에 해당하는 사유가 발생하면 해촉하여야 한다.

1. 추천한 단체 등에서 퇴직·해임된 때
2. 추천한 단체 등의 장이 해촉을 요구한 때
3. 사망, 질병 또는 부상 등의 사유로 명예 감시원 업무수행이 곤란하여진 때
4. 명예감시원의 업무를 성실히 수행하지 않거나 업무와 관련하여 부정한 행위를 하였을 때
5. 본인이 해촉을 희망하였을 때

② 명예 감시원을 추천한 기관의 장(개인 신청자는 본인)은 제1항의 사유가 발생하면 즉시 농촌진흥청장에게 해촉을 요청하여야 한다.

③ 농촌진흥천장은 제1항의 사유로 명예 감시원을 해촉하였을 때에는 별지 제5호서식의 발급대장을 정리하고 본인 및 명예 감시원 추천기관에 서면 등으로 알리고 명예 감시원증을 회수하여 폐기하여야 한다.

제8장 포상금의 지급

제35조 【포상금 지급】 ① 영 제5조제2항에 따른 포상금의 지급 기준은 별표2와 같다.

② 법 제2조제4호부터 제7호까지의 병해충이 발생한 사실을 신고하려는 자는 별지의 제1호 서식에 따른 검역병해충 발생 신고서에 사진 등 입증자료를 첨부하여 중앙 예찰·방제단이나 시·도 예찰·방제단 또는 시·군·구 예찰·방제단에 제출하여야 한다.

③ 농촌진흥청장은 제2항에 따라 신고가 된 병해충이 포상금 지급 대상 병해충으로 인정되는 경우 해당 연도의 예산 범위 내에서 포상금을 지급하여야 한다. 다만, 같은 병해충에 대하여 여러 건의 신고가 접수될 때에는 최초 신고자에게만 지급한다.

④ 다음 각 호의 어느 하나에 해당하는 때에는 포상금을 지급하지 않는다.

1. 같은 건에 대하여 다른 기관으로부터 포상금을 받은 사실이 있을 때
2. 이미 해당 병해충에 관한 조사가 진행 중일 때
3. 병해충 예찰 및 방제업무와 관련이 있는 중앙행정기관 및 지방자치단체 등의 직원

⑤ 포상금은 현금 이외에 상품권 등 현물로도 지급할 수 있다.

부칙〈제2013-20호, 2013.6.24〉

제1조 【시행일】 이 규정은 고시한 날부터 시행한다.

제2조 【재검토기한】 「훈령·예규 등의 발령 및 관리에 관한 규정」(대통령훈령 제248호)에 따라 이 고시 시행 후 법령이나 현실여건의 변화 등을 검토하여 이 고시의 폐지, 개정 등의 조치를 하여야 하는 기한은 2016년 6월 23일까지로 한다.

부록 8 [농림축산검역본부] 식물병해충 모니터링조사 요령 및 과실파리류 모니터링 요령

농림축산검역본부 예규 제119호

「식물병해충 예찰조사 요령」(농림축산검역본부 예규 제94호)을 다음과 같이 개정합니다. 2016. 7.11
농림축산검역본부장

식물병해충 예찰조사 요령

제정 1993. 7.14. 식검예규 제 54호
개정 1996.12.16. 식검예규 제 59호
개정 1999.12.13. 식검예규 제 72호
개정 2002.11.20. 식검예규 제 89호
개정 2005. 4. 1. 식검예규 제 116호
개정 2011. 6.15. 농림수산검역검사본부 예규 제 51호
개정 2012. 3.27. 농림수산검역검사본부 예규 제 92호
개정 2013. 3. 5. 농림축산검역검사본부 예규 제 112호
개정 2013. 3.23. 농림축산검역검사본부 예규 제 43호
개정 2016. 1. 7. 농림축산검역검사본부 예규 제 94호
개정 2016. 7.11. 농림축산검역검사본부 예규 제 119호

제1조 【목적】 본 조사요령은 식물방역법 제 33조 및 같은 법 시행규칙 제 37의7에 따라 식물병해충 예찰조사운영에 관한 세부사항을 정하여 예찰업무를 원활히 수행하는데 그 목적이 있다.

제2조 【조사지역 및 대상병해충】 ① 조사지역은 다음과 같다.

1. 공항・항만
2. 격리재배지역
3. 수입된 날로부터 1년 이내인 수입식물의 재배지역
4. 수출단지내의 해당 수출식물 재배지역(수출식물을 재배하는 모든 지역을 포함)

② 대상병해충은 다음과 같다.

1. 처음으로 유입된 병해충이 퍼져서 농.임산물에 중대한 피해를 끼칠 우려가 있는 병해충
2. 이미 국내 일부지역에 분포되어 있는 병해충이 퍼져서 농.임산물에 중대한 피해를 끼칠 우려가 있는 병해충

제3조 【예찰조사 방법】 ① 예찰조사 방법은 식물검역관이 실시하는 해충에 대한 트랩조사와 포장순회예찰이 있다.

1. 해충트랩조사 : 트랩, 유아등, 끈끈이판, 공중포충망
2. 포장순회예찰 : 병해충 및 잡초예찰

② 제5조의 식물병해충 예찰전문요원(이하“예찰요원”이라한다)에 의한 수출.입식물 재배지역 등에서 병해충 발생상황을 조사한다.

제4조 【유형별 예찰조사 요령】 ① 트랩조사는 다음과 같다.

1. 조사기간 : 5~10월(단 제주지역은 4~11월)
2. 트랩설치 장소 : 공항, 항만지역, 경유물품에 긴급사태가 방생한 지역, 수출, 입식물 재배지, 과일판매시장 주변, 격리재배지, 외국군부대 주변 등 적절한 장소를 선정한다.
3. 조사대상 해충별 유인제

해충명	유인제명
지중해과실파리	Capilure
오리엔탈과실파리류	Dorsalure
오이과실파리	Cuelure
기타 과실파리	Proteinlure
코드린나방	Pheromone

4. 트랩설치 방법
   가. 해충별 기주과일 나무를 우선 선택한다. 기주나무가 없는 도심지역은 그늘진 장소를 선택한다.
   나. 설치장소는 출입이 편리하고 안정성이 있는 장소를 선택하여 지상에서 1.6~1.8 m 높이에 사방이 잘 트이고 약간 그늘이 있는 곳에 설치한다.
   다. 트랩의 설치간격은 유인력에 영향을 주지 않도록 최소 5 m이상의 간격을 유지하도록 하고, 설치한 지점에서 장기간 해충이 채집되지 않는 등 필요하다고 판단될 경우에는 트랩설치 지점을 변경한다.
5. 유인제 및 살충제 교체
   가. Capilure, Dorsalure, Cuelure: 고체유인제 및 strip 살충제를 8 주 간격으로 교체한다. 액체유인제는 5 ml를 주입하고 2 주 간격으로 재주입하며, 액체 살충제를 사용할 경우 3 ml를 2 주 간격 주입하여 채집해충이 살충되도록 한다.
   나. Proteinlure: 고체유인제 1 개에 물 330 ml를 혼합하여 주입하고 4 주 간격으로 잔량은 제거하고 교체한다. 가루유인제는 18 g을 물 172 ml와 붕산 10 g을 혼합하여 주입하고 4 주마다 교체한다.
   다. Pheromone: 고체유인제를 8 주 간격으로 교체하고 트랩내의 끈끈이판은 2 주 간격으로 교체한다.
6. 조사횟수 : 2 주 간격으로 채집된 해충을 수거하여 조사한다.
7. 트랩설치장소 등록 : 농림축산검역본부(이하"검역본부"라 한다)
   지역본부.사무소별로 트랩번호를 부여하여 설치한 다음 설치위치의 GPS좌표를 식물검역통합정보시스템의 병해충예찰방제시스템(이하"예찰방제시스템"이라 한다)에 등록한다.
8. 유인제 보관: 유인제는 증발되지 않도록 밀봉하여 냉장고 또는 냉암소에 보관한다.

② 유아등조사는 다음과 같다.

1. 조사기간 : 5~10월(단 제주지역은 4~11월)
2. 설치장소 : 공창, 항만지역 등
3. 조사방법

가. 일몰시에 점등하고 아침에 소등한다.

나. strip 살충제를 8 주 마다 교체한다. 액체 살충제를 사용할 경우는 살충제 3 ml를 2 주 간격 재주입하여 채집해충이 살충되도록 한다.

다. 주 1 회 채집된 해충을 수거하여 잎말이나방과.뿔나방과.바구미과.잎벌레과 등을 중점적으로 조사한다.

③ 끈끈이판조사는 다음과 같다.

1. 조사기간 : 1~12월

2. 설치장소 : 수입식물재배지 시설포장 내에 우선적으로 설치하되 적합한 장소가 없는 경우에는 수출식물, 화훼, 패소를 재배하고 있는 시설 내에 설치한다.

3. 조사방법 : 10~4월은 월 1 회 이상, 5~9월은 2 주 간격으로 끈끈이판을 수고한 수 랩 등으로 포장하여 운반하고 부착 되어있는 총채벌레류.진딧물과.굴파리과.가루이과 등을 중점적으로 조사한다.

④ 공중포충망조사는 다음과 같다.

1. 조사기간 : 5~10월

2. 설치장소 : 공항, 항만 주변지역에 바람이 잘 통하고 관리하기 쉬운 곳

3. 조사방법

가. 주 1 회 공중포충망내 채집된 해충을 수거하여 조사하되, 태풍발생 전후의 기상에 따라 수거간격을 조절하여 조사한다.(1~2 일 간격 수거)

나. 잎말이나방과.뿔나방과.바구미과.잎벌레과 및 비래해충을 중점적으로 조사한다.

⑤ 포장순회예찰은 다음과 같다.

1. 조사기간 : 1~12월

2. 조사횟수 :

- 1~2월, 11~12월에는 월 1 회 이상
- 3~10월에는 월 2 회 이상

3. 조사지역 : 공항, 항만지역, 경유물품에 긴급사태가 발생한 지역, 격리재배지, 수출, 입식물 재배지역 등

4. 주요 병해충별 예찰 : 병해충별 예찰요령은 별표 1과 같고, 별표 1에 없는 병해충은 유사한 병해충에 준용할 수 있다.

병해충	대상식물	예찰시기(월)
• 과실파리류, 코드린나방,	• 사과, 배, 감, 포도, 복숭아, 자두 ,살구,	
자두애기잎말이나방,	호두 등 과수류, 채소류	
만주애기잎말이나방,	• 감자, 토마토, 가지등 가지과	
미국사과애기잎말이나방,	• 감귤, 바나나, 안스륨 등 화훼류	5~10
복숭아뿔나방, 자두바구미 등	• 사과 배	(제주지역은 연중)
• 콜로라도잎벌레,	• 감자	4~11
감자씨스트선충,	• 감귤류	1~12
감자흰씨스트선충	• 격리재배식물, 수출입식물, 공 · 항만,	4~10
• 감귤뿌리썩이선충	경유물품에 긴급하태 발생지역의 식	2~11
바나나뿌리썩이선충	물 등	1~12
• 배화상병, 사과나무빗자루병		1~12
• 감자암종병, 감자갈쭉병		
• 감귤그린병		
• 기타 식물병해충		

5. 조사방법

가. 병원균 : 식물체의 잎, 가지, 꽃, 열매 등에 색 변화, 조직의 변형 또는 고사에 따른 변색, 시들음, 적변, 부패, 혹, 궤양, 조기낙엽등 병징

나. 해충 : 식물체의 잎말림, 기형과, 유충, 알, 식흔, 부패, 배설물, 엽초와 줄기사이 흡즙, 뿌리의 혹, 고사 등 증상

⑥ 잡초예찰은 다음과 같다.

1. 조사기간 : 4~10월

2. 조사장소 : 공항 · 항만지역, 목재 야적장, 종묘류 보세창고, 곡류 운송도로변 주변 등

3. 조사방법 : 2 주 간격으로 조사하되 이삭가시풀, 서양가시엉겅퀴, 미국좀부처꽃, 갯드렁새, 미국실새삼, 큰도꼬마리 등 잡초조사

제5조 〈삭제〉

제6조 【수출 · 입식물 재배지 통보】 ① 수입지 지역본부장.사무소장은 수입검역에서 미소독된 재식용 묘목류(격리재배.휴대.우편.조직배양식물 등은 제외)에 대하여 별지 제1호서식의 내용으로 재배지를 관할하는 지역본부장.사무소장에 통보하거나 예찰방제시스템에 등록하여야 한다.

② 수출식물 검역을 실시한 지역본부장.사무소장은 수출식물 재배지에 대하여 별지 제2호서식의 내용으로 재배지를 관할하는 지역본부장.사무소장에 통보하거나 예찰방제시스템에 등록하여야 한다.

제7조 【예찰결과 등록 및 표본제작】 ① 채집된 병해충은 분류동정하고 그 결과를 예찰방제시스템에 등록한다.

② 채집된 병해충은 표본을 제작한 후 라벨을 부착(병해충명, 기주, 채집지, 채집일자, 채집자)하여 교육용, 대조표본, 전시용 등으로 활용한다.

제8조 【상황보고】 지역본부장 · 사무소장은 예찰결과 새로운 식물병해충(검역병해충, 국내미분포병해충 등)을 발견한 경우 또는 경유물품에 긴급사태가 발생한 경우와 예찰요원의 새로운 병해충 신고 및 조치사항을 별지 서식 제3호에 따라 검역본부로 계통보고 하고 발견된 병해충 표본을 긴급 송부한다.

부 칙

제1조 【시행일】 이 예규는 발령한 날부터 시행한다.

제2조 【재검토기한】 농림축산검역본부장은 이 예규에 대하여 2017년 1월 1일을 기준으로 매 3년이 되는 시점(매 3년째의 12월 21일까지를 말한다.)마다 그 타당성을 검토하여 개선 등의 조치를 하여야 한다.

[별지 제1호서식]

재식용 묘목류 재배지 통보서

수입 및 검역사항					재배사항			
식물명 (수입국)	수량	수입자	검역 일자	발견 병해충	재배자 (상호)	주소 (전화번호)	재식수량	재식 예정일

[별지 제2호서식]

수출식물 재배지 통보서

접수번호	관할기관	장소(유형)	검역일자	주소	재배자 (상호)	전화번호	재배식물	비고 (약도)

[별지 제3호서식]

새로운 식물병해충 발견상황 보고

구　분	내　　용
1. 발견일자	
2. 발견장소	• 주소:　　　　• 농가명:　(TEL)
3. 병해충명	
4. 기주식물 (트랩설치 식물)	
5. 발견상황	• 발견병해충수, 발견정도, 피해증상 등
6. 조치사항	• 긴급조치(약제살포, 폐기 등) 등
7. 기 타	• 병해충 발견자 :　직　　성명 • 분류동정자　:　직　　성명 • 확인자　　　:　직　　성명 • 기타 참고사항 수입식물의 수입시기, 수입국가, 수입량 농가에서 최초 발견시기 등

5 과실파리류 예찰 요령

5.1 용어의 정의 등

해충학명	*Ceratitis* spp., *Bactrocera* spp., *Anastrepha* spp., *Rhagoletis* spp. 등
해충일반명	fruit fly
주요특성	과실 내.외부에 피해를 입혀 상품성을 떨어뜨리고 수확량 감소

• 발견과 발생

발견	• 발생 전 단계 • 무발생으로 간주되나 긴급조치 추진 • 정착되지 않았으나 당분간 생존 가능한 고립된 집단이 검출된 경우
발생	• 국제기구, 수출상대국 등에 의무통보 • 대내.외 공식 발표 • 국가 주도의 방제작업 추진 • 다수가 검출되거나 정착되어 지속적으로 존재하는 경우

• 과실파리별 발생의 기준

과실파리명	발생기준
오리엔탈 과실파리류	• 유충이나 번데기 또는 교미된 암컷 1마리 이상 또는 • 1세대 이내에 발견지중심(1.6 km×1.6 km) 내 성충 5마리 이상이 금지해충트랩에서 검출된 경우(수컷, 미교미암컷)
지중해 과실파리	• 유충이나 번데기 또는 교미된 암컷 1마리 이상 또는 • 1세대 이내에 반경 4.8 km 이내 성충 2 마리 이상이 금지해충 트랩에서 검출된 경우
오이 · 퀸슬랜드 과실파리	• 2마리/km/2 주 검출→주2 회 모니터링+트랩추가+유충조사→3마리 추가 발견/2 주→발생 • 5마리 이상/km/2 주 또는 교미된 암컷 또는 유충이 발견된 경우

＊이 외 과실파리가 검출되었을 경우 유사한 과실파리 기준에 적용

5.2 예찰 및 조치사항

(1) **예찰방법** : 트랩조사와 포장순회 예찰

① **기간** : 5월~10월 (2 주 마다 조사, 제주지역 4월~11월)

② **대상식물** : 과실 및 과채류의 생과실

③ **대상지역** : 전국

④ 방법

㉠ 예찰방법

검역본부 : 공항, 항만 지역과 수출재배단지에 설치한 예찰트랩에 의한 정기조사와 병행하여 부패과일 등을 중심으로 발생여부를 조사한다.

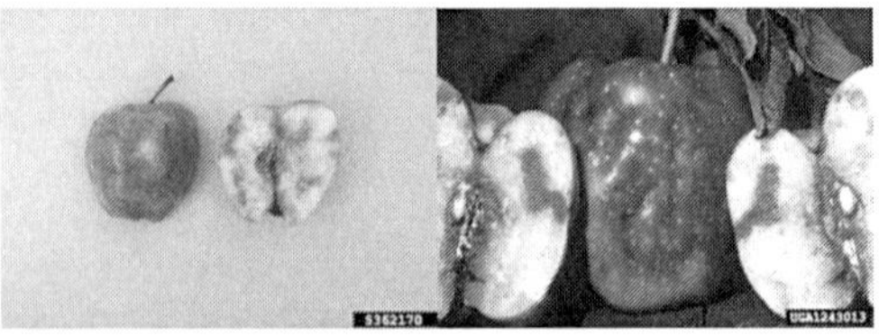

과실파리에 의한 사과 피해(좌 : H. J.Larsen, 우 : Whitney Cranshaw)

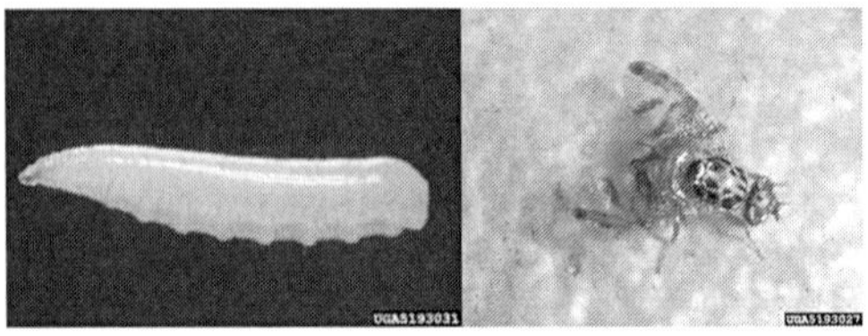

Ceratitis속 과실파리 유충과 성충(Division of Plant Industry Archive)

㉡ 예찰 트랩 조사

• 조사대상 과실파리별 유인제

해충명	유인제명
지중해과실파리	Capilure
오리엔탈과실파리류	Dorsalure
오리 · 퀸슬랜드과실파리	Cuelure
기타 과실파리류 및 암컷	Proteinlure

• 트랩설치방법〈삭제〉

• 유인제 주입요령〈삭제〉

• 트랩 설치현황 비치 : 트랩별로 번호를 부여하고 위치를 도면에 표시한다.

(2) 발견시 조치사항

① 확산방지를 위한 긴급조치

㉠ 적용약제 살포

- 유살제 설치
  - 대상 과실파리의 유인제에 페니트로티온유제 등 적용약제 1%를 혼합하여 섬유판이나 면끈에 흡수시켜 발견지 주변 256 ha(1.6 km×1.6 km)에 30 개를 설치한다.

    * 상황에 따라 유살제 형태 등은 변형가능하며 추가설치 및 proteinlure 사용 가능
  - 〈삭제〉
- 토양소독 처리

  성충이 발견된 지점을 중심으로 200 m 이내에 있는 모든 기주 과일나무 밑에 다이아지논유제(입제)등 적용약제를 15 일 간격으로 관주(살포)하여 토양속의 번데기를 사멸시킨다.

  * 적용약제에 따라 주기 및 처리횟수 조정 가능
- 적용약제 살포

  한국작물보호협회에서 발행한 농약사용지침서를 참고하여 적용약제를 발견지점 200 m 내에 살포한다.

② 발견(생) 시 범위설정을 위한 조사

㉠ 과실파리 예찰 trap 설치 : 설치지역 내에 트랩설치가 불가능한 논, 산림, 비기주 경작지 등에는 설치하지 않으며, 격자배치구에서 추가 발견된 경우에도 추가로 트랩을 설치하지 않는다.

- 지중해과실파리

  최초 발견지점을 중심으로 그 주변을 1.6 km 간격으로 격자배치구를 설정한 후 중심부에서 주변부로 256 ha(1.6 km×1.6 km) 당 100-50-25-20-10 개의 트랩을 설치하고, 중심지역에 트랩 25 개를 추가 설치한다.
- 오리엔탈과실파리류

  최초 발견지점을 중심으로 그 주변을 1.6 km 간격으로 격자배치구를 설정한 후 중심부에서 주변부로 256 ha 당 25-5-5-5-5 개의 트랩을 설치하고, 중심지역에 멕페일트랩 25 개를 추가 설치한다.
- 오이과실파리, 퀸즐랜드과실파리

  최초 발견지점을 중심으로 그 주변을 1.6 km 간격으로 격자배치구를 설정한 후 중심부에서 주변부로 256 ha당 50-25-15-10-5 개의 트랩을 설치하고, 중심지역에 멕페일트랩 25 개를 추가 설치한다.

예찰 트랩 설치

10개	10	10	10	10	10	10	10	10
10	20	20	20	20	20	20	20	10
10	20	25	25	25	25	25	20	10
10	20	25	50	50	50	25	20	10
10	20	25	50	100 25*	50	25	20	10
10	20	25	50	50	50	25	20	10
10	20	25	25	25	25	25	20	10
10	20	20	20	20	20	20	20	10
10	10	10	10	10	10	10	10	10

발생중심지역, 제1완충지역, 제2완충지역, 제3완충지역, 제4완충지역

* 표는 발생중심지역의 멕페일트랩

- 기타 과실파리류

  최초 발견지점을 중심으로 1.6 km 간격으로 격자배치루를 설정한 후 중심부에서 주변부로 256 ha당 30-40-20-10-5 개의 트랩을 설치한다.

㉡ 조사방법

- 트랩 조사기간 및 조사빈도
  - 조사기간: 마지막 발견 후 3 세대 기간(발견시 2 세대 기간)
  - 조사빈도: 1 세대 기간의 최초발견 1 주 동안은 매일 조사하고, 그후 기간은 주당 2 회 조사한다. 2~3 세대는 2 주 1 회 조사한다.
- 트랩 조사와 병행하여 과일을 수거하여 유충 감염여부를 조사한다. 특히 발견주변 200 m이내에 과수원 명부를 작성하고, 포장과 정원에 재배되고 있는 기주식물을 조사한다.(발견지점으로부터 2.4 km 이내에 있는 과일을 7~10 일 간격으로 조사)
- 트랩에 채집된 암컷은 교미여부를 조사한다.
- 트랩 및 과일 수거조사와 함께 탐문조사를 병행 실시하여 유입경위 등을 조사한다.

5.3 발생시 박멸사업 수행

(1) 박멸사업수행을 위한 기준

① 박멸사업 착수시점

과실파리 발생 시 박멸사업 착수, 다만 발견시에는 2세대 동안 감시활동(트랩 및 과일조사)을 강화한다.

② 과일수거 폐기 발생지점을 중심으로 200 m 이내에 있는 모든 과일을 신속히 수거 · 소각하거나 50 cm 이상의 깊이에 묻는다.

* 매몰시 생석회(0.4%) 첨가

③ 유살제 설치 및 살포

- methyl eugenol(dorsalure)이나 Cuelure에 디클로르보스유제 또는 페니트로티온유제 등 적용약제 1%를 첨가한 후 다공성 섬유판이나 면끈에 흡수시켜 발견지중심 256 ha (1.6 km × 1.6 km)내에 30 개 설치(오리엔탈과실파리류, 오이과실파리, 퀸슬랜드과실파리)
  - 마지막 해충발견 후 3세대기간 계속 처리
- 최초 발생지점으로부터 최소한 2.4 km에 첫 6 주동안 주 2 회 살포하고 더 이상 발견되지 아니할 경우 주 1 회 살포한다(지중해과실파리, 기타 과실파리류)

- 마지막 발견 후 2세대 기간 동안 더 이상 발견되지 아니할 경우 중단할 수 있다.

- 발생이 심한 경우 유살제에 단백질을 첨가하여 설치 및 살포
  * 상황에 따라 수컷유인제 대신 단백질만 첨가하여 사용

④ 토양소독처리

발생지점을 중심으로 200 m 내에 있는 모든 기주는 과일나무 밑에 적용약제를 14~16일 간격으로 관주(살포한다)

* 적용약제에 따라 주기 및 처리횟수 조정 가능

⑤ 유살제 지상살포(삭제)

5.4 이동 · 재배제한 등의 규제조치

(1) 비상조치절차

규제조치는 과실파리가 박멸될 때까지 다음 사항들이 차례로 이행되어야 한다.

① 과실파리가 발견된 지점을 중심으로 반경 7.2 km 이내에 있는 규제대상 품목의 재배 · 취급 · 가공업자들에게 비상조치 내용을 통보한다.

② 해당 과실파리의 생태 · 기후여건 및 확산상태 등을 검토한 후 종합적으로 검역규제조치(안)을 만든다.

(2) 규제조치에 포함되어야 할 주요내용

규제조치는 발생의 정도에 따라 정한다. 경미하고 제한된 발생시는 해당과일의 소규모 판매활동은 규제하지 않을 수 있다.

① 과일 채소류의 상업구역에서 소독처리 상황 감시 · 감독 · 증명서 발급

② 농산물 가공시설의 주기적 방문

③ 규제품목 폐기물에 대한 감시

④ 공항 · 터미널에서 규제대상품목의 이동감시

⑤ 검역규제지역 경계의 국도, 지방도로 등에서의 이동감시

＊ 지중해과실파리의 경우 발생지점이 1 개 지점에 한하고 발생이 심하지 않을 경우, 약제 살포, 트랩 설치, 검역규제 등은 1 km 내로 할 수 있다.

5.5 박멸효과 확인 및 박멸선언

(1) 트랩 조사

마지막 발견 후 3 세대 기간 동안 예찰을 실시한다.

(2) 과일수거검사

- 중앙지점 및 제1완충지역(발견지점으로부터 2.4 km 이내)등에 있는 과일을 7~10 일 간격으로 조사한다. 특히 중앙지점의 기주과일은 명부를 작성하고 즉석에서 칼로 절개하여 검사한다.
- 시설이 갖추어진 경우에는 수거된 과일은 과실파리 최적온도인 26℃/70% 습도조건에서 1 주~1세대기간동안 사육 후 검사한다. 과일이 저장되는 시설은 우화하는 과실파리가 날아가지 않도록 안전관리에 만전을 기해야 한다.

(3) 기타사항

정밀조사 이외의 지역에서 1.6 km 간격사이에 5 개 트랩 밀도로 3세대 동안 예찰을 실시한다.

(4) 박멸선언

과실파리 최종발견 후 3세대기간 처리(예찰 및 박멸사업) 후 발견이 되지 아니하였을 경우 박멸된 것으로 본다.

인용 문헌

Allwood, A.J., Chinajariyawong, A., Kritsaneepaiboon, S., Drew, R.A.I., Hamacek, E.L., Hancock, D.L., Hengsawad, C., Jipanin, J.C., Jirasurat, M., Krong, C.K., Leong, C.T.S., Vijaysegaran, S., 1999. Host plant records for fruit flies (Diptera: Tephritidae) in Southeast Asia. Raffles Bull. Zool. 47(Supplement 7), 1-92.

Baker, R.T., Cowley, J.M., 1991. A New Zealand view of quarantine security with special reference to fruit flies, In: Vijaysegaran S, Ibrahim AG, eds. First International Symposium on Fruit Flies in the Tropics, Kuala Lumpur, 1988. Kuala Lumpur, Malaysia: Malaysian Agricultural Research and Development Institute, 396-408.

Bateman, M.A., 1982. III. Chemical methods for suppression or eradication of fruit fly populations, In: Drew RAI, Hooper GHS, Bateman MA eds. Economic Fruit Flies of the South Pacific Region. 2nd edn. Brisbane, Australia: Queensland Department of Primary Industries, 115-128.

Bo, W., Ahmad, S., Dammalage, T., Tomas, U.S., Wornoayporn, V., Haq, I.U., Caceres, C., Vreysen, M.J.B., Schutze, M.K., 2014. Mating compatibility between Bactrocera invadens and Bactrocera dorsalis (Diptera: Tephritidae). J. Econ. Entomol. 107, 623-629.

CABI, 2017. Invasive Species Compendium, Bactrocera carambolae (carambola fruit fly). Last modified on 11 October 2017 (available at https://www.cabi.org/isc/datasheet/8700

CABI, 2018. Invasive Species Compendium, Bactrocera neohumeralis (lesser Queensland fruit fly). Last modified on 3 January 2018. (available at https://www.cabi.org/isc/datasheet/8727)

CABI, 2018. Invasive Species Compendium, Bactrocera latifrons (Solanum fruit fly). Last modified on 13 May 2018. (available at https://www.cabi.org/isc/datasheet/8719)

CABI/EPPO, 2018 (accessed on 27 Sep.). Data Sheets on Quarantine Pests, Bactrocera tsuneonis. EPPO quarantine pest, 3 pp. (https://gd.eppo.int/taxon/DACUTS/documents)

CABI/Plantwise, 2018. Plantwise Technical Factsheet: Japanese orange fly (Bactrocera tsuneonis). Accessed on 28 September, 2018. (available at https://www.plantwise.org/KnowledgeBank/

Datasheet.aspx?dsid=8745)

Chew, Y.K., 1992. Kesan saiz buah dan densiti lalat ke atas pengovipositan. B. Sc. Hons. Thesis, University Malaya, 64pp.

Christenson, L.D., Foote, R.H. 1960. Biology of fruit flies. Annu. Rev. Entomol. 5, 171-192.

Chua, T. H. 1991. Comparison of demographic parameters in wild Bactrocera sp.(Malaysian A)(Diptera: Tephritidae) from different hosts. J. Pl. Prot. Trop.

Chua, T. H. 1992. Relationship between female body size and demographic parameters in Bactrocera Malaysian A (Diptera: Tephritidae). Res. Pop. Ecol. 34, 285-292.

Chua, T.H., Khoo, S.G., 1995. Variation in carambola infestation rates by Bactrocera carambolae Drew and Hancock (Diptera: Tephritidae) with fruit availiability in a carambola orchard. Res. Popul. Ecol. 37, 151-157.

Clarke, A.R., Armstrong, K.F., Carmichael, A.E., Milne, J.R., Raghu, S., Roderick, G.K., Yeates, D.K., 2005. Invasive phytophagous pests arising through a recent tropical evolutionary radiation: The Bactrocera dorsalis complex of fruit flies. Annu. Rev. Entomol. 50, 293-319.

Danjuma, S., Thaochan, N., Permkam, S., Satasook, C. 2014. Effect of temperature on the development and survival of immature stages of the carambola fruit fly, Bactrocera carambolae, and the Asian papaya fruit fly, Bactrocera papayae, reared on guava diet. J. Insect Sci. 14, 126.

Drew, R.A.I., 1982a. I. Taxonomy, In: Drew RAI, Hooper GHS, Bateman MA, eds. Economic Fruit Flies of the South Pacific Region. 2nd edn. Brisbane, Australia: Queensland Department of Primary Industries, pp. 1-97.

Drew, R.A.I., 1982b. IV. Fruit fly collecting. In: Drew RAI, Hooper GHS, Bateman MA, eds. Economic fruit flies of the South Pacific Region, ed. 2. Brisbane, Australia: Queensland Department of Primary Industries, pp. 129-139.

Drew, R.A.I., 1989. The tropical fruit flies (Diptera: Tephritidae: Dacinae) of the Australian and Oceanian regions. Memoirs of the Queensland Museum 26, 1-521.

Drew, R.A.I., Hancock, D.L., 1994. The Bactrocera dorsalis complex of fruit flies (Diptera: Tephritidae: Dacinae) in Asia. Bull. Entomol. Res. 84(Suppl. S2), 1-68.

Drew, R.A.I., Romig, M.C., 2013. Tropical fruit flies of South-East Asia. CAB International, Wallingford, UK.

EPPO, 2017. Pest risk analysis for Bactrocera latifrons. EPPO, Paris. Available at http://www.eppo.int/QUARANTINE/Pest_Risk_Analysis/PRA_intro.htm and https://gd.eppo.int/taxon/DACULA.

Flath, R.A., Cunningham, R.T., Liquido, N.J., McGovern, T.P., 1994. α-Ionol as attractant for trapping Bactrocera latifrons (Diptera: Tephritidae). J. Econ. Entomol. 87, 1470–476.

Fukai, K., 1953. Japanese orange fly in Oita prefecture; 1. Dirtribution and characteristics (大分県に於けるミカンバエ(一).分布と経過習性について). Pl. Prot. Act. 7 301-306.

Garcia, F. R. M. 2009. Fruit fly: biological and ecological aspects. Current trends in fruit flies control on perennial crops and research prospects. Kerala: Transworld Research Network, 1-35.

Godoy, M.J.S., 2006. The carambola fruit fly program in state of Amapa, Brazil. 7th International Symposium on Fruit Flies of Economic Importance. Bahia, Brazil, ID 372 –381.

Hadi, M. S., Himawan, T., Aini, L. Q. 2012. The application of Beauveria bassiana and lufenuron could reduce the reproduction of fruit fly (Bactrocera carambolae) (Drew dan Hancock) (Diptera: Tephritidae). J. Trop. Pl. Prot. 1, 22-29.

Han, H.Y., Ro, K.E., 2005. Molecular phylogeny of the superfamily Tephritoidea (Insecta: Diptera): new evidence from the mitochondrial 12S, 16S, and COII genes. Mol. Phylogenet. Evol. 34, 416-430.

Hancock, D.L., Hamacek, E.L., Lloyd, A.C., Elson-Harris, M.M., 2000. The distribution and host plants of fruit flies (Diptera: Tephritidae) in Australia. Department of Primary Industries, Queensland, Information Series Q199067 1-75.

Heimoana, V., Nemeye, P., Langi, T., Allwood, A.J., 1997. Assessment of protein bait sprays for the control of fruit flies in chilli and capsicum crops in Tonga, In: Allwood AJ, Drew RAI, eds. Management of Fruit Flies in the Pacific. A Regional Symposium, Nadi, Fiji. ACIAR Proceedings 76, 179-182.

Hill, A.R., Hooper, G.H.S., 1984. Attractiveness of various colours to Australian tephritid fruit flies in the field. Entomol. Exp. Appl. 35, 119-128.

Himawan, T., Karindah, S., Hendrawan, D. 2012. Growth and Development of Bactrocera carambolae Drew & Handcock (Diptera: Tephritidae) on three artificial diets. J. Trop. Pl. Prot. 1, 14-21.

Ishida T, Nakahara S, Minoura K, Dohino T, 2005. Development and reproductive ability of Bactrocera latifrons (Hendel) (Diptera: Tephritidae) on Yonaguni Island. Res. Bull. Pl. Prot. Ser. Jpn. 41, 39-42.

Iwahashi, O., Syamusdin-Subahar, T.S., Sastrodihardjo, S., 1996. Attractiveness of methyl eugenol to the fruit fly Bactrocera carambolae (Diptera: Tephritidae) in Indonesia. Ann. Entomol. Soc. Am. 89, 653-660.

Jang, E.B., Nagata, J.T., Chan, H.T. Jr., Laidlaw, W.G.,, 1999. Thermal death kinetics in eggs and larvae of Bactrocera latifrons (Diptera: Tephritidae) and comparative thermotolerance to three other tephritid fruit fly species in Hawaii. J. Econ. Entomol. 92, 684-690.

Kanazaki, S., Sakiyama, S., Miyashita, Y. 2011. Research of occurrence of citrus fruit flies (Bactrocrea tsuneonis Miyake), and Chemical Control of them in the Satsuma mandarin. Bulletin of the Fruit Tree Research Center, Ehime Res. Inst. Ag. For. Fish. 3, 1-17.

Kim, Y, Kim, D., Park, K., Han, H., 2017. Security system manual against invasion of high risk fruit flies. Hongreung Science Press, Seoul, Korea.

Korneyev, V.A., 1999. Phylogenetic relationships among the families of the superfamily Tephritoidea, in: Aluja, M., Norrbom, A.L. (Eds.), Fruit flies (Tephritidae): phylogeny and evolution of behavior. CRC Press, pp. 3-22.

Kuba H, Matsuyama T, Mougi N. 2006. Current status of the solanaceous fruit fly control project in Yonaguni Island. FFTC-OPARC Joint International Symposium on Area-Wide Management of Insects Pests. October 2-3, 2006. Okinawa Prefectural Agricultural Research Center, Okinawa, Japan. Proceeding of the Symposium, pp. 41-51.

Kumar, S., Agarwal, M.L., 2003. Life history of solanum fruit fly Bactrocera latifrons (Hendel) (Tephritidae: Diptera). Insect Environ. 9, 111-112.

Ma, X., Li, Z., Ni, W., Qu, W., Wu, J., Wan, F., Hu, X., 2012. The current and future potential geographical distribution of the solanum fruit Fly, Bactrocera latifrons (Diptera: Tephritidae) in China. In Computing Technologies in Agriculture V. 5th IFIP TC 5/SIG 5.1 Conference, CCTA 2011, Beijing, China, October 29-31, 2011, Proceedings, Part I. IFIP Advances in Information and Communication Technology, Volume 368, pp. 236-246.

Marchioro, C.A., 2016. Global potential distribution of Bactrocera carambolae and the risks for fruit production in Brazil. PLoS ONE 11, e0166142.

May, A.W.S., 1963. An investigation of fruit flies (Trypetidae: Diptera) in Queensland. Queensland J. Ag. Sci. 20, 1-82.

McQuate, G.T., Liquido, N.J., 2013. Annotated World Bibliography of Host Fruits of Bactrocera latifrons (Hendel) (Diptera: Tephritidae). Insecta Mundi. Paper 792.http://digitalcommons.unl.edu/ insectamundi/792.

McQuate, G.T., Peck, S.L., 2001. Enhancement of attraction of alpha-ionol to male Bactrocera latifrons (Diptera: Tephritidae) by addition of a synergist, cade oil. J. Econ. Entomol. 94, 39–46.

McQuate, G.T., Keum, Y.-S., Sylva, C.D., Li, Q.X., Jang, E.B., 2004. Active ingredients in cade oil which synergize the attractiveness of alpha-ionol to male Bactrocera latifrons (Diptera: Tephritidae). J. Econ. Entomol. 97, 862–70.

McQuate, G.T., Royer, J.E., Sylva, C.D., 2018. Field Trapping Bactrocera latifrons (Diptera: Tephritidae) with Select Eugenol Analogs That Have Been Found to Attract Other 'non-Responsive' Fruit Fly Species. 2018, 9, 50 (1-7); doi:10.3390/insects9020050.

Meats, A., 2006. Attributes pertinent to overwintering potential do not explain why Bactrocera neohumeralis (Hardy) (Diptera: Tephritidae) does not spread further south within the geographical range of B. tryoni (Froggatt). Austral. J. Entomol. 45, 20-25.

Miyake T. 1919. Imperial Cent. Agricultural Experiment Station Bulletin (Tokyo) 2: 85-165, Illustrations in English. 1919. Rev. Appl. Entomol. 7, 238-239.

Mziray HA, Makundi RH, Mwatawala M, Maerere A, De Meyer M. 2010. Host use of Bactrocera latifrons, a new invasive tephritid species in Tanzania. J Econ. Entomol. 103, 70-76.

Narahara, M., Wakamura, S., Yasuda, T. 2006. Effect of temperature on exit of larvae from infeste fruits, puparation, and emergence on citrus fruit fly (Bactrocera tsuneonis Miyake). Kyushu Ag. Res. 67, 74.

Ndii, A. M., Rahardjo, B. T., Himawan, T. 2016. The Combination of Entomopathogenic Fungus of Beauveria bassiana (Balls) Vuill. with the Insect Growth Regulator (IGR) of Lufenuron Against Reproductive of Bactrocera carambolae Fruit Flies (Diptera: Tephritidae). J. Exp. Life Sci. 6, 25-28.

Nishi, I. 2008. Natures on rearing of Japanese orange fly (ミカンバエ飼育上の諸形質) 日本応用動物昆虫学会大会講演要旨. 52: 175. [in Japanese]

Norrbom, A.L., Carroll, L.E., Thompson, F.C., White, I.M., Freidberg, A., 1999. Systematic database of names. In: Thompson, F.C. (Ed.), Fruit Fly Expert System and Systematic Information Database, Diptera Data Dissemination Disk 1 & Myia. pp. 65–251.

Papadopoulos NT, Plant RE, Carey JR. 2013. From trickle to flood: the large-scale, cryptic invasion of California by tropical fruit flies. Proceedings of the Royal Society B no. 208, 30131466. http://dx.doi.org/10.1098/rspb.2013.1466

Peck, S.P., Mcquate, G.T., 2004. Ecological aspects of Bactrocera latifrons (Diptera: Tephritidae) on Maui, Hawaii: Movement and host preference. Environ. Entomol. 33, 1722-1731.

Renault, D., Nedveˇd, O., Hervant, F., Vernon, P., 2004. The importance of fluctuating thermal regimes for repairing chill injuries in the tropical beetle Alphitobius diaperinus (Coleoptera: Tenebrionidae) during exposure to low temperature. Physiol. Entomol. 29, 139-145.

Roessler, Y., 1989. Control; insecticides; insecticidal bait and cover sprays. In: Robinson AS, Hooper G, eds. Fruit Flies. Their Biology, Natural Enemies and Control. World Crop Pests 3(B). Amsterdam, Netherlands: Elsevier, pp. 329-336.

Royer, J.E., 2015. Responses of fruit flies (Tephritidae: Dacinae) to novel male attractants in north Queensland, Australia, and improved lures for some pest species. Austral. Entomol. 54, 411-426.

Schutze, M.K., Aketarawong, N., Amornsak, W., Armstrong, K., Augustinos, A.A., Barr, N., Bo, W., Bourtzis, K., Boykin, L.M., Cáceres, C., Cameron, S.L., Chapman, T.A., Chinvinijkul, S., Chomic, A., de Meyer, M., Drosopoulou, E., Englezou, A., Ekesi,, S., Gariou-Papalexiou, A., Geib, S.M., Hailstones, D., Hasanuzzaman, M., Haymer, D.,Hee, A.K.W., Hendrichs, J., Jessup, A., Ji, Q., Khamis, F.M., Krosch, M.N., Leblanc, L., Mahmood, K., Malacrida, A.R., Mavragani-Tsipidou, P., Mwatawala, M., Nishida, R., Ono, H., Reyes, J., Rubinoff, D., Sanjose, M., Shelly, T.E., Srichachar, S., Tan, K., Thannaphum, S., Haq, I., Vijaysegaran, S., Wee, S.L., Yesmin, F., Zacharopoulou, A., Clarke, A.R., 2015. Synonymization of key pest species within the Bactrocera dorsalis species complex (Diptera: Tephritidae): taxonomic changes based on 20 years of integrative morphological, molecular, cytogenetic, behavioral, and chemoecological data. Syst. Entomol. 40, 456-473.

Shiga, M., 1989. Control; sterile insect technique (SIT); current programme in Japan, In: Robinson AS, Hooper G, eds. Fruit flies; their biology, natural enemies and control. World Crop Pests. Amsterdam, Holland: Elsevier, 3(B): 365-374.

Smith, D., Nannan, L., 1988. Yeast autolysate bait sprays for control of Queensland fruit fly on passionfruit in Queensland. Queensland J. Ag. Anim. Sci. 45, 169-177.

Sunil Kumar, Agarwal ML, 2003. Life history of solanum fruit fly Bactrocera latifrons (Hendel) (Tephritidae: Diptera). Insect Environ. 9, 111-112.

Takano, S.-I., 2014. Survival of Bactrocera latifrons (Diptera: Tephritidae) adults under constant and fluctuating low temperatures. Appl. Entomol. Zool. 49, 411-419.

Tatemoto, S. 2008. Distribution of Japanese orange fly larvae in citrus canopy and orchard (ウンシュウミカン樹内および園内におけるミカンバエ幼虫の分布につい). 日本応用動物昆虫学会大会講演要旨. 52: 41. [in Japanese]

van Sauers-Muller, A., 1991. An overview of the Carambola fruit fly Bactrocera species (Diptera: Tephritidae), found recently in Suriname. Fl. Entomol. 74, 432-440.

van Sauers-Muller, A., 2005. Host plants of the carambola fruit fly, Bactrocera carambolae Drew & Hancock (Diptera: Tephritidae), in Suriname, South America. Neotrop. Entomol. 34, 203-214.

van Sauers-Muller, A., 2008. Carambola fruit fly situation in Latin America and the Caribbean. Proc. Carib. Food Crops Soc. 44, 135-144.

Vargas, H., and T. Nishida. 1985a. Survey for Dacus latifrons (Diptera: Tephritidae). J. Econ. Entomol.78, 1311-1314.

Vargas, R.I., Nishida, T, 1985b. Life history and demographic parameters of Dacus latifrons (Diptera: Tephritidae). J. Econ. Entomol. 78, 1242-1244.

Vargas, R.I., Walsh, W.A., Jang, E.B., Armstrong, J.W., Kanehisa, D.T. 1996. Survival and development of the immature stages of four Hawaiian fruit flies (Diptera: Tephritidae) reared at five constant temperatures. Ann. Entomol. Soc. Am. 89: 64-69.

Vargas, R.I., Pinero, J.C., Leblanc L., 2015. An overview of pest species of Bactrocera fruit flies (Diptera: Tephritidae) and the integration of biopesticides with other biological approaches for their management with a focus on the Pacific region. Insects 6, 297-318.

Virgilio, M., Jordaens, K., Verwimp, C., White, I.M., De Meyer, M., 2015. Higher phylogeny of frugivorous flies (Diptera, Tephritidae, Dacini): Localised partition conflicts and a novel generic classification. Mol. Phylogenet. Evol. 85, 171-179.

Vijaysegaran, S. and Osman, M.S. 1991. Fruit flies in peninsular malaysia: their economic importance and control strategies. In: Kawasaki, K., Iwahashi, K.O., Kaneshiro, K. (Eds.) Biology and control of fruit flies. Ginowan, Okinawa, Japan, pp. 105-115.

Wang, H.S.; Zhao, C.D.; Li, H.X.; Lou, H.Z.; Liu, Q.R.; Kang, W.; Hu, J.G.; Zhang, H.Q.; Chu, J.M.; Xia, D.R.; Yang, R.X. (1990) [Control of Dacus citri by the irradiated male sterile technique]. Acta Agriculturae Nucleatae Sinicae 4, 135-138.

Weems, Jr. H.V., Fasulo, T.R., 2015. Japanese Orange Fly, Bactrocera tsuneonis (Miyake) (Insecta: Diptera: Tephritidae). UF/IFAS Extenson, University of Florida. EENY263, 2 pp.

White, I.M., Elson-Harris, M.M., 1992. Fruit flies of economic significance: Their identification and bionomics. CAB International, Wallingford, 601p.

White, I.M., Elson-Harris, M.M., 1994. Fruit Flies of Economic Significance: Their Identification and Bionomics. CAB International. Oxon, UK. 601 pp.

Wingsanoi, A., Siri, N., 2012. The oviposition of the chili fruit fly (Bactrocera latifrons Hendel) (Diptera: Tephritidae) with reference to reproductive capacity. Songklanakarin J. Sci. Technol. 34, 475-478.

Yang, P. 1992. Demographic investigations on selected dacine fruit flies in southern China and Hawaii. Ph. D. dissertation, University of California, Davis.

Yasamatsu, K., Nagatomi, A. 1959. Studies on the control of Dacus (Tetradacus) tsuneonis. I. Some fundamental and biological investigations essential for its control. Sci Bull Fac Agric Kyushu Univ, 17, 129-146.

Yasuda, T., Narahara, M., Tanaka, S., Wakamura, S. 1994. Thermal responses in the citrus fruit fly, Dacus tsuneonis: evidence for a pupal diapause. Entomol. Exp. Appl. 71, 257-261.

Zhang, Y., 1989. Citrus fruit flies of Sichuan Province (China). BuU. OEPP/EPP Bull. 19, 649-654.

찾아보기

영 문

찾아보기

국 문

[ㄱ]

[ㄴ]

[ㄷ]

[ㅇ]

[ㅈ]

저자약력

김용균 교수
경북 안동시 송천동 388번지
안동대학교 식물의학과 곤충생리학 연구실
hosanna@anu.ac.kr

김동순 교수
제주특별자치도 제주시 제주대학로 102 (아라동)
제주대학교 생명대 식물자원환경전공 곤충생태학 연구실
dongsoonkim@jejunu.ac.kr

박계청 박사
New Zealand Institute for Plant and Food Research
Private Bag 4704, Christchurch 8140, New Zealand
kpark@plantandfood.co.nz

한호연 교수
강원도 원주시 흥업면 연세대길 1
연세대학교(원주) 생명과학기술학부 생물계통분류학 연구실
hyhan@yonsei.ac.kr

정가 29,000원

주요 금지급 과실파리 침입대비 위기 대응 매뉴얼 II

2018년 12월 20일 초판 인쇄
2018년 12월 30일 초판 발행
저　자 : 김용균 · 김동순 · 박계청 · 한호연
발행자 : 송　준
발행처 : 홍릉과학출판사
주　소 : 서울시 강북구 인수봉로 50길 10
01093
등　록 : 1976년 10월 21일 제5-66호
전　화 : (02) 999-2274~5, 903-7037
팩　스 : (02) 905-6729
e-mail: hongpub@hongpub.co.kr
http://www.hongpub.co.kr
ISBN: 979-11-5600-634-3

저자와의 협의하에 인지생략